"十三五"职业教育国家规划教材

职业素养诊断与提高
（第2版）

陈承欢　陈秀清　彭新宇 | 著

电子工业出版社
Publishing House of Electronics Industry
北京·BEIJING

内 容 简 介

职业教育不仅要传授知识、培养能力，还要引导学生树立正确的世界观、人生观和价值观，要将培养学生的思想素质、人文素质、职业素质与专业技能放在同等重要的地位并紧密结合。

本书的教学设计突出系统性：通过系统、全面的训练，促使职业院校的学生成为具有弘扬工匠精神、融入团队、诚实守信、阳光心态、优雅形象、遵规明礼、关注细节、防微杜渐、敬业担责、善于沟通、好学勤思、勇于创新12个方面通用职业素养的特质职业人。本书的教学组织体现灵活性：每个教学单元设置5个教学阶段——自我诊断、自主学习、课堂教学、活动教育、总结评价，再细分为14个教学环节，课前、课中、课后有机结合，个人自主学习、老师指导训练、小组协作强化有机结合。此外，本书的教学活动突出实践性、教学案例体现职业性、训练方法具有多样性、教学内容凸显可操作性、学习方式呈现创新性、价值引领强化有效性。通过进行悟、思、测、听、说、读、写、议、辩、演、做、玩、评等多途径训练，提升学生组织协调、表达交流、团队合作、信息处理、计划决策、解决问题等多方面的关键能力。

本书可作为各类职业院校创新创业教育专门课程群中"职业素养诊断与提高"课程的教材。

未经许可，不得以任何方式复制或抄袭本书之部分或全部内容。
版权所有，侵权必究。

图书在版编目（CIP）数据

职业素养诊断与提高 / 陈承欢，陈秀清，彭新宇著. —2 版. —北京：电子工业出版社，2022.5

ISBN 978-7-121-43397-9

Ⅰ. ①职… Ⅱ. ①陈… ②陈… ③彭… Ⅲ. ①职业道德－高等学校－教材 Ⅳ. ①B822.9

中国版本图书馆 CIP 数据核字（2022）第 075402 号

责任编辑：左　雅　　　　特约编辑：田学清
印　　刷：涿州市京南印刷厂
装　　订：涿州市京南印刷厂
出版发行：电子工业出版社
　　　　　北京市海淀区万寿路 173 信箱　　邮编：100036
开　　本：787×1092　1/16　　印张：18.75　　字数：480 千字
版　　次：2018 年 8 月第 1 版
　　　　　2022 年 5 月第 2 版
印　　次：2023 年 8 月第 4 次印刷
定　　价：59.00 元

凡所购买电子工业出版社图书有缺损问题，请向购买书店调换。若书店售缺，请与本社发行部联系，联系及邮购电话：（010）88254888，88258888。

质量投诉请发邮件至 zlts@phei.com.cn，盗版侵权举报请发邮件至 dbqq@phei.com.cn。

本书咨询联系方式：（010）88254580，zuoya@phei.com.cn。

前言
PREFACE

随着社会的发展和科技的进步，市场竞争日趋激烈，行业内企业间的竞争已经发展成为人才的竞争，技能人才的标准也在不断提高，内涵在不断变化。除技能的科技含量显著增加外，创新、合作、敬业、责任、心态、诚信、沟通、主动、形象、自信等素养因素也逐步增多，高素养成为现代技能人才新的内涵和特征。用人单位对从业人员的职业道德、职业意识、职业态度、职业行为等方面的职业素养越来越重视，要求也越来越高。因此，职业教育应当转换视角，重新审视技能人才的内涵和培养，兼顾技能和素养，把提高职业素养作为重要的教育内容，有力促进提高学生职业技能和培养职业精神的高度融合。

《教育部关于深化职业教育教学改革　全面提高人才培养质量的若干意见》（教职成〔2015〕6号）中明确要求："把提高学生职业技能和培养职业精神高度融合。积极探索有效的方式和途径，形成常态化、长效化的职业精神培育机制，重视崇尚劳动、敬业守信、创新务实等精神的培养。充分利用实习实训等环节，增强学生安全意识、纪律意识，培养良好的职业道德。深入挖掘劳动模范和先进工作者、先进人物的典型事迹，教育引导学生牢固树立立足岗位、增强本领、服务群众、奉献社会的职业理想，增强对职业理念、职业责任和职业使命的认识与理解。"意见还要求："面向全体学生开设创新创业教育专门课程群。"

"素质冰山模型"认为，技能人才的综合职业素养包括显性职业素养和隐性职业素养。显性职业素养可以通过各种学历证书、职业证书来证明，或者通过专业测试来验证；而隐性职业素养包括职业道德、职业意识、职业态度和职业行为等方面，又称通用职业素养，它决定并支撑着显性职业素养，影响着显性职业素养的发挥。所以，通用职业素养对一个人的职业发展至关重要。决定一个技能人才长远发展、有所成就的，不仅是传统意义上的技能，还包括其通用职业素养。实践证明，一个具有良好职业素养的技能人才，才是真正受企业欢迎的人才。

职业教育肩负着为我国产业大军培养技术技能型人才的光荣使命，凸显职业教育的立德树人特色，这不仅是学生自我完善与自我发展的需要，也是我国未来产业大军整体素质提升的需要。职业教育不仅要传授知识、培养能力，还要引导学生树立正确的世界观、人生观和价值观，要将培养学生的思想素质、人文素质、职业素质与专业技能放在同等重要的地位并紧密结合；要训练学生养成良好的职业素养，帮助他们在未来的职业生涯中更快地适应岗位需要，在不断变化的工作环境中，有能力不断调整自我，及时发现和处理各种问题，很好地与他人相处，适应更高层次的职业岗位需要。

当学生跨入职业院校的大门时，实际上已经完成了人生道路上初步的职业选择，开始接受职业教育。培养和提高学生的职业素养，有助于提高学生的职业技能并增强其职业竞争力。把学生培养成为德才兼备、深受用人单位欢迎的优秀员工已成为职业院校的首要任务。

为加快推进党的二十大精神进教材、进课堂、进头脑，本次教材再版将进一步创新优化教材的模块化结构，选取适应岗位职业素养新需要的教学内容，编制满足岗位职业素养新要求的教学案例，应用有效提高职业素养新效果的教学方法，以贯彻"创新是第一动力""创新驱动发展战略"精神。

本书具有以下特色和创新。

（1）教学设计突出系统性。本书将职业人应具备的通用职业素养细分为 12 个方面：弘扬工匠精神、融入团队、诚实守信、阳光心态、优雅形象、遵规明礼、关注细节、防微杜渐、敬业担责、善于沟通、好学勤思、勇于创新。将这 12 个方面通用职业素养的训练与提升提炼成 12 个教学单元，将其他的通用职业素养和关键能力（踏实、主动、坚持、感恩、忠诚、自信、守时、惜时、执行、计划、自控、内省、自律等）分别嵌入这 12 个教学单元进行培养与训练，通过系统、全面的训练，促使职业院校的学生成为具有 12 个方面通用职业素养的特质职业人。全书力求将案例与知识融为一体，形象生动、有理有据、易学易懂。

（2）教学组织体现灵活性。每个教学单元设置 5 个教学阶段——自我诊断、自主学习、课堂教学、活动教育、总结评价，再细分为 14 个教学环节，课前、课中、课后有机结合，个人自主学习、老师指导训练、小组协作强化有机结合。其中，"自我诊断"阶段分为"自我测试""分析思考"2 个教学环节，课前学生自主完成；"自主学习"阶段分为"熟知标准""明确目标""榜样激励""知识学习"4 个教学环节，课前学生自主完成；"课堂教学"阶段分为"观点剖析""感悟反思""各抒己见""扬长避短"4 个教学环节，课中老师指导完成；"活动教育"阶段分为"互动交流""团队活动"2 个教学环节，课后小组协作完成；"总结评价"阶段分为"改进评价""自我总结"2 个教学环节，课后学生自主完成。设置这些教学环节主要是为了实现教学内容灵活组织，有些教学环节可以安排在课前由学生自主完成，有些教学环节可以安排在课中由老师指导完成，有些教学环节可以安排在课后由学生自主完成。各个教学阶段的教学环节没有严格的先后顺序，可以根据教学需要和教学条件灵活安排，有些教学环节可以以主题活动的形式实施，有些教学环节可以以团日活动的形式实施，有些教学环节可以以兴趣小组活动的形式实施，有些教学环节可以以社团活动的形式实施。总之，时间安排灵活，课前、课中、课后均可实施；学习形式多样，自主在线学习、老师组织教学、团队主题活动可以合理安排。

（3）教学活动突出实践性。良好的职业素养不是与生俱来的，而是通过日常训练习得的。本书强调"做中学"，试图通过强化训练，帮助学生养成良好的行为习惯，提升综合职业素养。

（4）教学案例体现职业性。在案例的选取和技能训练的设计上融入职场元素，通过职场案例熏陶、职业情境体验，让学生提前对职场有所了解，感受职场氛围，使学生能严格按照职场的规范要求自己，力争使他们的观念、语言、行为体现出职场所要求达到的标准，成为训练有素的准员工。

（5）训练方法具有多样性。训练活动尽量做到课堂教学与课外活动相结合，理论指导与小组行动相结合，个人训练、小组训练与班级训练相结合。课堂展示和课外学习以小组为单位，训练团队合作能力。"团队活动"环节的主题活动由各个小组自行组织，每位成员轮流主持；"扬长避短""互动交流"等环节的主题活动以班级为单位组织实施，每个小组轮流主持，授课老师充当导演角色。采用分组讨论、职场模拟、角色扮演、互动游戏等多种教学方法，通过进行悟、思、测、听、说、读、写、议、辩、演、做、玩、评等多途径训练，提升学生组织协调、表达交流、团队合作、信息处理、计划决策、解决问题等多方面的关键能力。

（6）教学内容凸显可操作性。强调行动导向，以技能训练为主、以理论指导为辅，通过有针对性的训练让学生在活动、交流中掌握相关技能，使相关技能真正做到"有趣、有用、有效"。充分考虑职业院校学生的认知特点，力求将烦琐的理论条理化、明了化，将抽象的理论具体化、形象化。

（7）学习方式呈现创新性。创新教学内容的组织形式，改革教学内容的学习方式。由于书中涉及大量的成功案例、理论知识和基本观点，对于一些篇幅较长的案例、知识和观点，不方便删减，为了保证这些案例、知识、观点内容的完整性和连续性，书中只列出主干内容，其完整内容存放在本课程的教学资源网站中，学习者可通过扫描书中二维码浏览这些案例、知识和观点的完整内容。用线上和线下相结合的学习方式，既可以适度控制本书的篇幅，也可以保证教学内容的完整。同时，本书充分利用智能手机等信息化教学手段，激发学习兴趣，提高教学效率，从而提高教学效果。

（8）价值引领强化有效性。全面贯彻党的教育方针，弘扬社会主义核心价值观，有意、有机、有效地对学生进行思想政治教育。本书挖掘了敬业、精益、专注、创新、职业意识、职业精神、团队意识、团队精神、团队协作、合作共赢、诚信、忠诚、守时、积极、宽容、乐观、感恩、主动、坚持、文明、友善、自信、热情、审美意识等50项思政元素。为了实现"知识传授、技能训练、能力培养与价值塑造有机结合"的教学目标，从教学目标、教学过程、教学策略、教学组织、教学活动、考核评价等方面"因势利导、顺势而为"地融入这些思政元素。在知识学习、技能训练中以"润物细无声"的方式培养学生崇高的理想信念和价值追求，着力提高学生的政治觉悟、道德品质和职业素养。

本书由陈承欢、陈秀清、彭新宇著，罗友兰、刘硕、朱华玉、李光茂、张丽芳等多位老师参与了教学案例的设计与部分单元的编写工作。同时，本书在编写过程中参阅了多本同类教材和大量网上资料，其中主要来源已在参考文献中列出，但有些资料的准确来源无从考证，在此谨向资料的原创作者致以真挚的感谢！

由于编著者水平有限，书中难免存在疏漏之处，敬请专家与读者批评指正。

编著者

目录
CONTENTS

单元1 弘扬工匠精神、提高职业素养 1
  自我诊断 1
    自我测试 1
      【测试1-1】 工匠精神测试 1
      【测试1-2】 职业素养测试 2
      【测试1-3】 职业价值观测试 2
    分析思考 2
  自主学习 2
    熟知标准 2
    明确目标 3
    榜样激励 3
      【案例1-1】 "大国工匠"朱林荣:"焊卫"高铁安全,永远追求极致 3
      【案例1-2】 "高铁工匠"宁允展:毫厘之间见"匠心" 5
      【案例1-3】 "铁轨工匠"信恒均:21年苦心钻研成"土专家" 5
      【案例1-4】 "航空工匠"胡双钱:"零差错"才能无可替代 5
    知识学习 5
  课堂教学 9
    观点剖析 9
    感悟反思 10
      【案例1-5】 国际著名企业的用人之道 10
      【案例1-6】 品读好文"善待你所在的单位" 11
    各抒己见 11
      【案例1-7】 自我完善职业素养,大力培育工匠精神 11
      【案例1-8】 弘扬大国工匠的工匠精神 12
    扬长避短 13
      【案例1-9】 分析自身情况,培育和传承工匠精神 13
      【案例1-10】 独立决定成败 14
  活动教育 14
    互动交流 14
      【话题1-1】 读懂王京生先生的精彩观点,悟透工匠精神的内涵 14
      【话题1-2】 职业素养的自我剖析 15
    团队活动 15
      【活动1-1】 组建团队 15
      【活动1-2】 熟知岗位职业素养需求 15
      【活动1-3】 职业兴趣自测问卷 16
  总结评价 17
    改进评价 17
    自我总结 18

单元2 融入团队、合作共赢 19
  自我诊断 19
    自我测试 19
      【测试2-1】 团队合作能力测试 19
      【测试2-2】 团队合作精神测试 19
    分析思考 20
  自主学习 21
    熟知标准 21
    明确目标 22
    榜样激励 23
      【案例2-1】 阿里巴巴创业团队:"十八罗汉" ... 23
      【案例2-2】 腾讯"五虎将":难得的黄金创业团队 23
    知识学习 25
  课堂教学 26
    观点剖析 26
    感悟反思 27
      【案例2-3】 将一滴水融进大海 27
      【案例2-4】 漂流的蚁球 28
      【案例2-5】 8分23秒的牛狮之战 29
    各抒己见 29
      【案例2-6】 唐僧师徒团队 29
      【案例2-7】 海豚的观点 31
      【案例2-8】 居功自傲是团队精神的杀手 31
    扬长避短 32
      【案例2-9】 雁行千里排成行,团结协作齐飞翔 32
      【案例2-10】 团队合作比优秀成绩更宝贵 33
      【案例2-11】 博士乘船过河 34

活动教育 35
　　　互动交流 35
　　　　【话题2-1】 拔河比赛与团队精神 35
　　　　【话题2-2】 微软超越自我的团队意识 35
　　　　【话题2-3】 团队与自我 36
　　　　【话题2-4】 融入团队并成为优秀的团队成员 ... 37
　　　　【话题2-5】 你认为一个优秀的团队成员应该是
　　　　　　　　　　什么样的 38
　　　　【话题2-6】 优秀团队建设之我见 38
　　　团队活动 38
　　　　【活动2-1】 拾荒游戏 38
　　　　【活动2-2】 齐眉棍游戏 39
　　　　【活动2-3】 人椅游戏 40
　　　　【活动2-4】 蒙眼布阵 40
　　　　【活动2-5】 坐地起身 40
　　　　【活动2-6】 名称接龙 41
　　　　【活动2-7】 扑克分组 41
　　　　【活动2-8】 疯狂的设计 42
　　总结评价 42
　　　改进评价 42
　　　自我总结 43
单元3　诚实守信、言行一致 45
　　自我诊断 45
　　　自我测试 45
　　　　【测试3-1】 诚实测试 45
　　　　【测试3-2】 诚信测试 46
　　　分析思考 46
　　自主学习 47
　　　熟知标准 47
　　　明确目标 48
　　　榜样激励 49
　　　　【案例3-1】 "信义兄弟"接力还薪 49
　　　　【案例3-2】 同仁堂：诚信为本，药德为魂 ... 50
　　　　【案例3-3】 诚信成就了海尔的事业 50
　　　知识学习 51
　　课堂教学 52
　　　观点剖析 52
　　　感悟反思 55
　　　　【案例3-4】 亏钱就是赚钱 55
　　　　【案例3-5】 安然公司做假账最终导致破产 ... 56
　　　　【案例3-6】 逃票导致失信 56
　　　各抒己见 57
　　　　【案例3-7】 将诚信视为重中之重 57
　　　　【案例3-8】 三鹿集团因缺乏诚信而破产 58

　　　　扬长避短 58
　　　　【案例3-9】 伟大的人品造就伟大的工程 58
　　　　【案例3-10】 第12块纱布 59
　　活动教育 59
　　　互动交流 59
　　　　【话题3-1】 当前部分大学生诚信缺失的现状、
　　　　　　　　　　原因及对策 59
　　　　【话题3-2】 诚实守信，从我做起 60
　　　　【话题3-3】 做诚信员工之我见 61
　　　团队活动 62
　　　　【活动3-1】 做一个诚信的人 62
　　　　【活动3-2】 诚信考试，真才实学 64
　　　　【活动3-3】 遵守时间 66
　　　　【活动3-4】 学业诚信 66
　　　　【活动3-5】 交往诚信 66
　　　　【活动3-6】 求职诚信 67
　　　　【活动3-7】 从业诚信 68
　　总结评价 68
　　　改进评价 68
　　　自我总结 68
单元4　阳光心态、快乐人生 69
　　自我诊断 70
　　　自我测试 70
　　　　【测试4-1】 心态测试 70
　　　　【测试4-2】 人生态度测试 70
　　　　【测试4-3】 心理测试 70
　　　分析思考 71
　　自主学习 71
　　　熟知标准 71
　　　明确目标 73
　　　榜样激励 73
　　　　【案例4-1】 以感恩的心态面对一切 73
　　　　【案例4-2】 放飞生命中最美丽的"蝴蝶" ... 74
　　　　【案例4-3】 奥普拉式的自信 75
　　　知识学习 76
　　课堂教学 79
　　　观点剖析 79
　　　感悟反思 81
　　　　【案例4-4】 心中的太阳 81
　　　　【案例4-5】 昂起头来真美 82
　　　　【案例4-6】 不再"拒签" 82
　　　各抒己见 83
　　　　【案例4-7】 一张白纸 83
　　　　【案例4-8】 解梦 84

【案例 4-9】 心态是真正的主人 84
扬长避短 85
　【案例 4-10】 两位秘书 85
　【案例 4-11】 两行话的回信 86
　【案例 4-12】 两种不同的工作态度 86
活动教育 87
　互动交流 87
　　【话题 4-1】 自信助你成功 87
　　【话题 4-2】 常怀感恩的心 87
　　【话题 4-3】 怎样才能获取更多的快乐 87
　　【话题 4-4】 说出你想感恩的人 88
　团队活动 88
　　【活动 4-1】 做一个更自信的人 88
　　【活动 4-2】 走路与自信 89
　　【活动 4-3】 笑容可掬敬他人 89
　　【活动 4-4】 激情工作日 89
　　【活动 4-5】 不要再说这些话 90
　　【活动 4-6】 表现出主动、热情的心态 90
总结评价 91
　改进评价 91
　自我总结 92

单元 5　优雅形象、彰显内涵 93

自我诊断 94
　自我测试 94
　　【测试 5-1】 测试你给别人的第一印象 94
　　【测试 5-2】 形象测试 94
　分析思考 94
自主学习 97
　熟知标准 97
　明确目标 99
　榜样激励 99
　　【案例 5-1】 看电影学职场着装礼仪，如何像女主角
　　　一样穿着优雅又得体 99
　　【案例 5-2】 从真诚握手开始 100
　知识学习 101
课堂教学 104
　观点剖析 104
　感悟反思 106
　　【案例 5-3】 修养也是一门课程 106
　　【案例 5-4】 女老板穿成女秘书 107
　各抒己见 107
　　【案例 5-5】 一把椅子的问候 107
　　【案例 5-6】 微笑赢得赞许 108

扬长避短 108
　【案例 5-7】 着装比你想象得更重要 108
　【案例 5-8】 穿衣打扮，颇有讲究 109
活动教育 110
　互动交流 110
　　【话题 5-1】 讨论如何给别人留下完美的第一
　　　印象 110
　　【话题 5-2】 众说微笑 110
　　【话题 5-3】 做举止得体的合格员工 110
　团队活动 111
　　【活动 5-1】 面试姿态模拟演练 111
　　【活动 5-2】 形象诊断 111
　　【活动 5-3】 打造成功的职业形象 111
　　【活动 5-4】 微笑表情训练 112
　　【活动 5-5】 规范站姿训练 113
　　【活动 5-6】 规范坐姿训练 114
　　【活动 5-7】 规范行姿训练 114
　　【活动 5-8】 规范蹲姿训练 115
总结评价 115
　改进评价 115
　自我总结 117

单元 6　遵规明礼、良言善行 118

自我诊断 119
　自我测试 119
　　【测试 6-1】 规范礼仪测试 119
　　【测试 6-2】 文明礼仪测试 119
　分析思考 119
自主学习 120
　熟知标准 120
　明确目标 123
　榜样激励 123
　　【案例 6-1】 列宁排队理发 123
　　【案例 6-2】 海尔的 13 条管理条例 124
　知识学习 125
课堂教学 127
　观点剖析 127
　感悟反思 128
　　【案例 6-3】 良言善行构和谐 128
　　【案例 6-4】 不认同企业文化的戴维斯 129
　各抒己见 129
　　【案例 6-5】 美丽的规则 129
　　【案例 6-6】 为领一支笔 130
　扬长避短 131
　　【案例 6-7】 修养就是最好的介绍信 131

【案例6-8】	因"煲电话粥"被"炒鱿鱼" 132

活动教育 132
互动交流 132
【话题6-1】 到办公室向老师请教应注意哪些规范 132
【话题6-2】 职场用语伴我行 132
【话题6-3】 针对以下文明行为，谈谈你今天做得怎样 133
【话题6-4】 扔掉你的坏毛病 133
团队活动 133
【活动6-1】 告别不文明行为 133
【活动6-2】 小空间，大礼仪 133
【活动6-3】 制定一份图书馆文明公约 133
【活动6-4】 接打电话训练 134
【活动6-5】 握手礼仪训练 135
【活动6-6】 介绍礼仪训练 136

总结评价 137
改进评价 137
自我总结 138

单元7 关注细节、塑造完美 139
自我诊断 139
自我测试 139
【测试7-1】 关注细节能力测试 139
【测试7-2】 时间管理能力测试 140
分析思考 141

自主学习 143
熟知标准 143
明确目标 145
榜样激励 145
【案例7-1】 史蒂芬的成功之路 145
【案例7-2】 爱迪生的惜时 146
【案例7-3】 海尔的"日事日毕、日清日高" ... 147
知识学习 148

课堂教学 149
观点剖析 149
感悟反思 152
【案例7-4】 细节彰显力量 152
【案例7-5】 作品是这样完美起来的 152
各抒己见 153
【案例7-6】 小习惯成就大未来 153
【案例7-7】 请把废纸捡起来 154
【案例7-8】 一定要做到最好 155
扬长避短 156
【案例7-9】 多余的3秒 156

【案例7-10】	这也是面试 157

活动教育 158
互动交流 158
【话题7-1】 细节是什么 158
【话题7-2】 如何做一个注重细节的员工 ... 158
【话题7-3】 职场上应关注哪些工作细节 ... 158
【话题7-4】 提高时间管理能力 158
团队活动 159
【活动7-1】 读《德胜员工守则》，学细节工作精神 159
【活动7-2】 坚持培养细节工作精神 159
【活动7-3】 时间都去哪儿了 160
【活动7-4】 高效利用时间，努力成为时间管理高手 161
【活动7-5】 在学生宿舍推行6S管理 161
【活动7-6】 在实训（实验）室推行7S管理 ... 161

总结评价 162
改进评价 162
自我总结 162

单元8 防微杜渐、确保安全 164
自我诊断 165
自我测试 165
【测试8-1】 大学生安全常识测试 165
【测试8-2】 安全用电测试 165
【测试8-3】 消防安全测试 165
【测试8-4】 交通安全测试 165
【测试8-5】 食品安全测试 165
【测试8-6】 安全生产测试 165
分析思考 165

自主学习 166
熟知标准 166
明确目标 167
榜样激励 167
【案例8-1】 感动中国十大人物之救火英雄王锋 167
【案例8-2】 母子三人落入冰窟！十余人自发拉起"生命锁链" 168
知识学习 169

课堂教学 175
观点剖析 175
感悟反思 179
【案例8-3】 "4·28"胶济铁路特别重大交通事故 179

【案例 8-4】 "5·15"天津中医药大学火灾事故 180
【案例 8-5】 轻信被骗钱 180
各抒己见 181
【案例 8-6】 "7·23"甬温线特别重大铁路交通事故 181
【案例 8-7】 "8·19"徐玉玉被电信诈骗案 182
【案例 8-8】 "12·31"上海外滩踩踏事故 182
【案例 8-9】 网上交友不慎而被骗 183
【案例 8-10】 边听音乐边走路的后果 183
扬长避短 184
【案例 8-11】 "11·14"上海商学院火灾事故 184
【案例 8-12】 支付宝账户余额被盗 185
活动教育 185
互动交流 185
【话题 8-1】 火场如何正确逃生自救 185
【话题 8-2】 发生交通事故时当事人该如何处理 186
【话题 8-3】 发生交通事故时现场急救的注意事项有哪些 186
【话题 8-4】 换手机及手机号前必须做的几件事 186
【话题 8-5】 高校校园常见骗局有哪些 186
【话题 8-6】 高校诈骗案件的预防措施 186
【话题 8-7】 个人信息的主要泄露途径有哪些 187
【话题 8-8】 校园内如何防止、减少手机和银行卡被盗 187
【话题 8-9】 个人信息遭泄露后，有哪几种维权方式 187
【话题 8-10】 造成死亡谁之过 187
团队活动 188
【活动 8-1】 收集并认识安全标志 188
【活动 8-2】 收集与分析未来可能从事职业的安全规程 188
【活动 8-3】 正确使用灭火器的演练 188
【活动 8-4】 火灾烧伤急救演习 188
【活动 8-5】 触电急救演习 189
【活动 8-6】 交通事故急救演习 189
总结评价 189
改进评价 189
自我总结 191

单元 9 敬业担责、奋发有为 192
自我诊断 193
自我测试 193
【测试 9-1】 敬业程度测试 193
【测试 9-2】 忠诚敬业测试 193
【测试 9-3】 责任感测试 194
分析思考 194
自主学习 196
熟知标准 196
明确目标 197
榜样激励 198
【案例 9-1】 马班邮路的坚守者 198
【案例 9-2】 承担责任，让人变得更强 198
知识学习 199
课堂教学 201
观点剖析 201
感悟反思 204
【案例 9-3】 敬业的齐瓦勃 204
【案例 9-4】 自己建造的房子 204
各抒己见 205
【案例 9-5】 福特公司最年轻的总领班 205
【案例 9-6】 工作责任感赢得客户 206
【案例 9-7】 洛克菲勒的敬业 206
扬长避短 207
【案例 9-8】 把职业当事业 207
【案例 9-9】 三位面试者 208
【案例 9-10】 勇于负责，恪尽职守 209
活动教育 209
互动交流 209
【话题 9-1】 如何培养责任感 209
【话题 9-2】 让敬业成为你的工作态度 209
【话题 9-3】 自我检讨是否具有责任感 210
【话题 9-4】 如何提高责任意识 210
团队活动 210
【活动 9-1】 寻找身边的敬业榜样 210
【活动 9-2】 做，或者不做 210
【活动 9-3】 "我错了" 211
【活动 9-4】 赶制宣传手册 211
【活动 9-5】 在工作中如何做到敬业 211
总结评价 212
改进评价 212
自我总结 212

单元 10　善于沟通、营造和谐 ... 214
自我诊断 ... 214
自我测试 ... 214
- 【测试 10-1】沟通能力测试之一 ... 214
- 【测试 10-2】沟通能力测试之二 ... 215
- 【测试 10-3】沟通能力测试之三 ... 215
分析思考 ... 215
自主学习 ... 218
熟知标准 ... 218
明确目标 ... 219
榜样激励 ... 219
- 【案例 10-1】赞美是最好的推销方法 ... 219
知识学习 ... 220
课堂教学 ... 222
观点剖析 ... 222
感悟反思 ... 225
- 【案例 10-2】当大船遭遇暴风雨时 ... 225
- 【案例 10-3】不善于沟通的乔治 ... 226
各抒己见 ... 226
- 【案例 10-4】永恒的半分钟 ... 226
- 【案例 10-5】理发师的说话技巧 ... 227
- 【案例 10-6】敢于说话是成功的第一步 ... 228
扬长避短 ... 228
- 【案例 10-7】美国"汽车推销之王"乔·吉拉德：认真聆听才能成功 ... 228
- 【案例 10-8】杰克和约翰买报 ... 229
活动教育 ... 230
互动交流 ... 230
- 【话题 10-1】导游的说话技巧 ... 230
- 【话题 10-2】恰当的说话方式 ... 230
- 【话题 10-3】你认真听了吗 ... 231
- 【话题 10-4】借项链 ... 231
团队活动 ... 232
- 【活动 10-1】按照我说的做 ... 232
- 【活动 10-2】有趣的传话游戏 ... 232
- 【活动 10-3】幸运搭档 ... 232
- 【活动 10-4】青蛙跳水 ... 233
- 【活动 10-5】校园人物访谈 ... 233
- 【活动 10-6】提升倾听能力训练 ... 233
- 【活动 10-7】交流表达训练 ... 234
- 【活动 10-8】说话技巧训练 ... 235
总结评价 ... 235
改进评价 ... 235
自我总结 ... 236

单元 11　好学勤思、增长才干 ... 237
自我诊断 ... 237
自我测试 ... 237
- 【测试 11-1】学习能力测试 ... 237
- 【测试 11-2】学习类型测试 ... 238
- 【测试 11-3】学习主动性测试 ... 238
分析思考 ... 239
自主学习 ... 240
熟知标准 ... 240
明确目标 ... 241
榜样激励 ... 242
- 【案例 11-1】比尔·盖茨的好学 ... 242
- 【案例 11-2】李嘉诚成功的奥秘在于学习 ... 242
知识学习 ... 243
课堂教学 ... 248
观点剖析 ... 248
感悟反思 ... 253
- 【案例 11-3】沃森家族及 IBM 的座右铭：学无止境 ... 253
- 【案例 11-4】永远不要认为自己学满了 ... 254
各抒己见 ... 254
- 【案例 11-5】爱读书的犹太人 ... 254
- 【案例 11-6】洛克菲勒与儿女谈学习 ... 255
扬长避短 ... 256
- 【案例 11-7】学习与业绩 ... 256
- 【案例 11-8】奥康的"学习银行卡" ... 257
活动教育 ... 258
互动交流 ... 258
- 【话题 11-1】畅想新技术在未来的应用 ... 258
- 【话题 11-2】介绍在线学习平台 ... 258
- 【话题 11-3】结合你的经验，分享提高学习效率的方法 ... 258
团队活动 ... 259
- 【活动 11-1】制订一份卓越的学习计划 ... 259
- 【活动 11-2】制订一份长期的学习计划 ... 259
- 【活动 11-3】学会学习 ... 260
- 【活动 11-4】养成高效率的学习习惯 ... 260
- 【活动 11-5】合理利用自己的大脑 ... 261
总结评价 ... 262
改进评价 ... 262
自我总结 ... 262

单元 12　勇于创新、激发活力 263
自我诊断 263
自我测试 263
【测试 12-1】　创新能力测试 263
【测试 12-2】　工作创新测试 264
分析思考 264
自主学习 265
熟知标准 265
明确目标 266
榜样激励 266
【案例 12-1】　苹果公司与众不同的创新哲学 ... 266
【案例 12-2】　邬口关博的奇思异想 268
知识学习 269
课堂教学 272
观点剖析 272
感悟反思 273
【案例 12-3】　大英图书馆搬家 273
【案例 12-4】　三个和尚水多得喝不完 274
各抒己见 275
【案例 12-5】　发展背后是创新 275
【案例 12-6】　金门大桥堵车问题的解决 275
【案例 12-7】　电梯里的创意 276
扬长避短 277
【案例 12-8】　迪士尼乐园的路径设计 277
【案例 12-9】　柯特大饭店的电梯 278
【案例 12-10】　格林斯曼成功的秘诀 278
活动教育 279
互动交流 279
【话题 12-1】　解决城市交通问题 279
【话题 12-2】　我所期待的高等职业教育 279
【话题 12-3】　未来汽车 279
【话题 12-4】　突破自我，尝试创新 279
团队活动 280
【活动 12-1】　传递乒乓球 280
【活动 12-2】　图形绘制 280
【活动 12-3】　设计安全过河方案 281
【活动 12-4】　将两个看似不相干的词语建立起联系 281
【活动 12-5】　巧分苹果 281
【活动 12-6】　运用"奥斯本检核表法"进行创新设计 281
【活动 12-7】　运用"希望点列举法"进行创新设计 282
总结评价 282
改进评价 282
自我总结 283
附录 A　课程整体设计 284
参考文献 286

单元 1 弘扬工匠精神、提高职业素养

一个人的能力和专业知识固然重要，但是要想在职场中成功，最关键的并不在于他的能力和专业知识，而在于他所具有的职业素养。所以，职业素养是一个人职业生涯的关键因素。职业素养主要包括职业能力、职业意识、职业道德、职业行为、职业作风等方面，职业素养是人才选用的第一标准，也是职场制胜、事业成功的第一法宝。

工匠精神，是新时代的职业精神，是一种不断追求完美和极致的精神，是当代职业素养的极致绽放。每个即将走上职业之路的人，都必须具有工匠精神。

工匠精神，就是对工作执着、热爱的职业精神，对所做的事情和产品精雕细琢、精益求精的工作态度，对制造技艺一丝不苟，对完美孜孜追求，以及对工作敬畏、热爱和奉献的工作境界。工匠精神是一种态度、一种追求、一份挚爱、一种专注、一份坚持、一份严谨、一份细致，更是一个方向、一种积累、一种修养。它树立起了人们对职业的敬畏、对工作的执着、对产品的负责。

只有具有爱岗敬业、精益求精、持续专注、守正创新的品格，才能做一名新时代的"匠人"，才能在实现梦想的道路上越飞越高、越飞越远。

课程思政

本单元为了实现"知识传授、技能训练、能力培养与价值塑造有机结合"的教学目标，从教学目标、教学过程、教学策略、教学组织、教学活动、考核评价等方面有意、有机、有效地融入敬业、精益、专注、创新、职业意识、职业精神6项思政元素，实现了课程教学全过程让学生在思想上有正向震撼、在行为上有良好改变，真正实现育人"真、善、美"的统一、"传道、授业、解惑"的统一。

自我诊断

自我测试

【测试1-1】 工匠精神测试

请扫描二维码，浏览并完成工匠精神测试题。

在线测试

【测试 1-2】 职业素养测试

请扫描二维码，浏览并完成职业素养测试题。

在线测试

【测试 1-3】 职业价值观测试

职业价值观测试并不是所谓的标准测试，测试题目的设计目的是帮助你发掘你对于职业的期待、你的专长及你的职业满意领域。

请扫描二维码，浏览表 W1-1 所示的 35 道自我测试题目，请选择符合你期待的答案。你的得分并不会被予以纵向或横向对比，因为这种对比毫无意义。参加测试的目的是更好地了解你自己，因此请你尽可能真实地回答每道问题。

在线测试

分析思考 ▶

在现代社会中要想成功，不可能完全靠单打独斗，每个人都是某一组织的成员，因此从某种程度上讲，每个人都应当具备员工的心态和员工的素养，提升自己的品质。请扫描二维码，浏览表 W1-2 所示的"优秀员工应具备的职业素养"。表 W1-2 所列的优秀员工应具备的 15 种职业素养中的哪些方面还需要改进和提升？

自主学习

熟知标准 ▶

1. **员工基本素质标准**

   要有仁者之心，不要损人利己，要有礼者之表，不要庸俗粗鲁；
   要有诚者之心，不要虚情假意，要有容者之怀，不要心胸狭隘；
   要有义者之举，不要背信弃义，要有明者之见，不要黑白不分；
   要有智者之才，不要不学无术，要有勤者之行，不要懒惰投机；
   要有勇者之气，不要畏难怕苦，要有贤者之志，不要贪图安逸。

2. **员工基本行为规范**

   爱国爱企，敬业忠诚，遵纪守法，知荣明耻，崇尚科学，务实创新，素质过硬，诚实守信，理解宽容，乐于助人，文明礼貌，举止文雅，保护环境，节约能源，爱惜公物，勤奋学习。

3. **华为公司员工行为准则**

   请扫描二维码，浏览并理解"华为公司员工行为准则"。

4. 海尔集团员工行为规范

（1）倡导的行为。海尔集团倡导的行为如表 W1-3 所示，请扫描二维码，浏览表 W1-3 的详细内容。
（2）抵制的行为。海尔集团抵制的行为如表 W1-4 所示，请扫描二维码，浏览表 W1-4 的详细内容。

明确目标 ▶

有目标才会有思想，有思想才会有行动，一切思想与行动都源于有一个清晰且专一的目标。在校学习期间和在未来的工作中，针对弘扬工匠精神、提高职业素养方面，努力实现以下目标。

（1）理解、倡导与践行精雕细琢、精益求精、追求完美的工匠精神。
（2）理解、倡导与践行勇往直前、勇于担当、严守规矩的铁路精神。
（3）在学习和工作中弘扬与践行脚踏实地、不断创新的品质。
（4）弘扬工匠精神，培养追求精益、专注、执着、坚守、耐心、恒心等品质。
（5）努力学习理论知识和专业知识，提高职业素养和专业技能，增强实际操作能力和岗位适应能力。
（6）以坚持不懈、脚踏实地、精益求精、尽职尽责的态度对待学习和工作，坚持做什么都要做到更好、最好的理念。
（7）学习工匠们谨慎仔细、一丝不苟的工作作风，在工作岗位上兢兢业业、求真务实、不断进取，以工作规范和行业标准严格要求自己。立足本职岗位，发挥自身特长，增强责任意识，改进工作作风，提高工作效率。
（8）通过努力学习、积极工作来实现人生梦想，展现自己的人生价值。

榜样激励 ▶

工匠，既是称谓，也是赞誉。工匠既是职业，也是态度，更是精神。工匠既平凡，又不平凡。于国，工匠是重器；于家，工匠是栋梁；于人，工匠是楷模。

【案例 1-1】 "大国工匠"朱林荣："焊卫"高铁安全，永远追求极致

【案例描述】

高铁时代，动车组列车飞驰的背后，凝聚了无数人的辛勤与智慧。朱林荣就是一名高铁安全的"焊卫者"，他用数十年时光铸造着高质量的长钢轨，为列车的平稳运行保驾护航。

1. 每道工序都要达到满分

如今，旅客乘坐高铁或动车，已经很难听到"哐啷哐啷"的撞击摩擦声，取而代之的是"嗖嗖嗖"飞驰的声音，这正是长钢轨发挥了作用。长钢轨减少了钢轨接头间的撞击，让列车行驶得更加平稳。

"500 米长的钢轨，是由 5 根百米钢轨经过 12 道关键工序加工，最终焊接而成的。""长

钢轨的焊接工艺复杂、科技含量高，钢轨接头顶部行车面的平直度要控制在每米 0.1～0.3 毫米，接头导向面的平直度要控制在每米 -0.2～0.1 毫米，相当于 5 根头发丝那么粗细。"

焊接一根 500 米长的钢轨，首先需要"焊轨师"对钢轨母材进行几何尺寸、表面伤损检测，然后经过除锈除湿、配轨、焊接、焊后粗磨、热处理、钢轨时效、精调直、精铣、接头探伤、接头平直度检测等 12 道关键工序，最后经检验合格才能出厂。

"对于焊轨而言，流水线上的每道工序都至关重要，前道工序中出现疏漏都会直接影响到下道工序的开展。"朱林荣要求"每道工序都要达到满分！"

2. 简单一小步成就创新一大步

1993 年，为了引进钢轨焊机，朱林荣去瑞士学习，感受到那里的现代化。同样是焊轨，那里的一个车间就只有四五个工人，这让他很震惊。

从那时起，朱林荣就下定决心，要创新工艺、优化设备，解放技术工人的双手。

多年来，他主持或参与的科研项目多次获原铁道部、上海铁路局（现为中国铁路上海局集团有限公司）、上海市科技成果奖，他提出的合理化建议多次获上海铁路局合理化建议奖。在长钢轨焊接流程中，处处都有朱林荣的研究成果。

钢轨焊前除湿装置就是其中之一。朱林荣介绍，焊接过程中钢轨需要保持干燥，雨雪天气对焊接工作会产生很大的影响。遇到这种情况，有的厂干脆停产等雨停，等钢轨自然风干，有的厂则人工将钢轨擦干。前者耽误工期，后者耗费人力，怎么解决呢？

钢轨焊前除湿装置就是朱林荣想出的解决方法。该装置集除冰、除湿、除浮锈功能为一体，通过机械擦拭和风干，解决了特殊天气下难以开展工作的问题。

在流水线上的很多工序中，都实现了半自动化，将简单却耗时的工作交给机器处理。朱林荣打趣说："科技的发展，可以让人类合理'偷懒'。"

在采访中，朱林荣最津津乐道的就是他发明的"三个罩子"。第一个是在空气压缩机上设计了一个风罩和消音器，解决了工作环境温度过高带来的机器趴窝问题和空气压缩机声音过大带来的扰民问题。第二个是在钢轨除锈环节的除尘装置，它的除尘效果达到了 80%，优化了工人的工作环境。第三个是在焊机上的"除烟罩"，它有效缓解了焊轨时产生的锰蒸汽给工人带来的不适感。

"这些改进看似简单，但切实地解决了实际问题，而我们就是要用这些简单的办法来解决工作中点点滴滴的问题。"朱林荣说。

3. 没有最好，只有更好

设备的改进可以提高生产效率，优化工作环境，但也对工人素质提出了更高的要求。

朱林荣认为，被先进设备解放了双手的技术工人不能"只会按按钮"，而要了解机器的运行原理和维修知识，不断提升自己，只有这样才能越做越好，保证钢轨品质。

"没有最好，只有更好。"朱林荣眼中的工匠精神完美地体现在他的人生轨迹中。工作上，他从实习生、电工到安全员、技术员，再到助理工程师、工程师、高级工程师，一直在实现着更高的目标。学习上，1982 年技校毕业后就参加工作的他不忘提升专业理论水平，1988 年毕业于上海轻工业高等专科学校夜大电气自动化专业，2001 年毕业于上海第二工业大学工业电气自动化专业。

1998 年起，他参与了我国首台提速区段无缝线路钢轨脉动闪光焊机的研制，开我国移动式钢轨脉动闪光焊机国产化的先河；2002 年，他参与了国产首列焊轨列车的研制并在京九线得以成功运用；后续又参与移动焊轨基地的设计、安装、调试和应用，为上海城市轨道交通线焊接长钢轨提供了条件……

他总是说："想法和实际实施之间会存在很多问题与困难,但只要有决心,就一定能克服这些困难。"

【案例 1-2】 "高铁工匠"宁允展：毫厘之间见"匠心"

【案例描述】

请扫描二维码,认真品读"高铁工匠"宁允展的优秀事迹。

【案例 1-3】 "铁轨工匠"信恒均：21 年苦心钻研成"土专家"

【案例描述】

请扫描二维码,认真品读"铁轨工匠"信恒均的优秀事迹。

【案例 1-4】 "航空工匠"胡双钱："零差错"才能无可替代

【案例描述】

请扫描二维码,认真品读"航空工匠"胡双钱的优秀事迹。

【思考讨论】

以上列举了 4 位优秀工匠的典型事迹。这些优秀工匠的职业精神给了你什么启示？他们身上有哪些值得你学习的精神品质？对你有哪些激励作用？作为在校学生,如何践行大国工匠的职业精神和职业品质？

知识学习

1. 工匠精神

简单来说,工匠精神就是对自己的工作和产品精雕细琢、精益求精的精神理念,是一种情怀、一种执着、一份坚守、一份责任。

从本质上讲,工匠精神是一种职业精神,它是职业道德、职业能力、职业品质的体现,是从业者的一种职业价值取向和行为表现。工匠精神就是追求卓越的创造精神、精益求精的品质精神、用户至上的服务精神。

工匠精神的基本内涵包括爱岗敬业、精益求精、持续专注、守正创新等方面的内容。

（1）爱岗敬业的态度。

爱岗即热爱自己的工作岗位、热爱自己的本职工作,敬业即以恭敬的态度对待自己的工作和任务。爱岗敬业是从业者基于对职业的敬畏和热爱而

产生的一种全身心投入的认认真真、尽职尽责的职业精神状态。从业者把工作当成修行,通过工作,提高心性、修炼灵魂,把工作当成一生的信仰和追求。而这一切都要从爱岗敬业开

始,让敬畏和热爱充斥工作的始末,立足本职,不慕虚荣,珍惜每份工作,干一行爱一行,以寻找人生最大的快乐。"敬业乐群""忠于职守",这也是中华民族历来的传统。爱岗敬业是中国人的传统美德,也是当今社会主义核心价值观的基本要求之一。

(2) 精益求精的作风。

精益求精是从业者对每件产品、每道工序都凝神聚力、追求极致的职业品质。所谓精益求精,是指已经做得很好了,还要求做得更好,"即使做一颗螺丝钉也要做到最好"。老子曰:"天下大事,必作于细。"作为从业者,要认准目标、执着坚守,耐得住工作上的枯燥与寂寞,经得起职场上的诱惑与打击,为自己的意念执着,切不可浅尝辄止、半途而废。以"匠人"之心,追求技艺的极致,大胆创新和突破,练就令人叹为观止的完美技艺。要想做出成绩,只有专心致志地做一件事情,把其做精、做到极致,方能成就无限完美。瑞士手表得以誉满天下、畅销世界、成为经典,靠的就是制表匠们对每个零件、每道工序、每块手表都精心打磨、专心雕琢的精益求精精神。

(3) 持续专注的品质。

持续专注是守正创新的力量之源,也是爱岗敬业、精益求精的力量之源。

专注就是要踏实严谨、一丝不苟。在职场上就应该严格遵循工作标准,杜绝粗心大意,认真做好工作中的每个细节。严格遵循工作标准,每个步骤、每个环节都按要求做到位,因为细节决定成败,细节成就伟大。杜绝粗心大意,"差不多"就是差很多,要细致入微,把每个细节都做到极致、做到完美。

(4) 守正创新的信念。

所谓"守正",即恪守正道。身处市场经济时代,我们更应该恪守正道,按规章制度行事,做到古人所说的那样"君子爱财,取之有道"。

工匠精神强调执着、坚持、专注,甚至是陶醉、痴迷,但绝不等同于因循守旧、拘泥一格的"匠气",工匠精神包括追求突破、追求革新的创新内蕴。工匠精神强调把"匠心"融入生产的每个环节,既要对职业有敬畏、对质量求精准,又要富有追求突破、追求革新的创新活力。事实上,古往今来,热衷于创新和发明的工匠们一直是世界科技进步的重要推动力量。

2. 铁路精神

铁路精神就是勇往直前、勇于担当、严守规矩,就是团队精神、奉献精神、担当精神、创新精神和协作精神,就是责任意识、安全意识、时间意识、服务意识和集体意识。

新时代的铁路精神要在继承传统铁路精神的优良作风的基础上,秉承和发扬艰苦奋斗、严谨认真、团结协作的工作作风、责任意识和奉献精神,让优良的职业品德和操守成为铁路精神的基石,切实为社会提供安全、准时、快捷、高效的运输服务。新时代的铁路精神需要不断创新。创新是企业和产业进步的不竭动力,创新是新时代铁路精神的华彩篇章。

3. 火车头精神

(1) 创先争优、跑在前头的激情。

"火车头"总是奋勇争先、一往无前、追求卓越、不断超越。

(2) 信仰坚定、勇往直前的品格。

火车的奔驰,最重要的是方向,指令指向哪里,就要跑向哪里,这是"火车头"的基本品格。

(3) 勇于担当、负重前行的韧劲。

"火车头"知难而进不言难，迎难而上不畏难，攻坚克难不避难。

(4) 崇尚严实、严守规矩的操守。

"火车头"不越轨、不出轨，是火车行稳致远的前提。

4. 职业素养

素养是指一个人的修养，从广义上讲，包括道德品质、外表形象、知识水平与能力等各个方面。在知识经济的今天，人的素养的含义大为扩展，包括思想政治素养、文化素养、业务素养、身心素养等各个方面。

职业素养鼻祖 San Francisco 在其著作《职业素养》中这样定义：职业素养是人类在社会活动中需要遵守的行为规范，是职业内在的要求，是一个人在工作过程中表现出来的综合品质。职业素养具体量化表现为职商（Career Quotient，CQ），体现一个社会人在职场中的素养及智慧。

简而言之，职业素养是职业人在从事职业的过程中尽自己最大的能力把工作做好的素质和能力。它并非以这件事做了会为个人带来什么利益和造成什么影响为衡量标准，而是以这件事与工作目标的关系为衡量标准。更多时候，良好的职业素养应该是衡量一个职业人成熟度的重要指标。

职业素养是职业内在的规范和要求，是在工作过程中表现出来的综合品质，是劳动者对社会职业了解与适应能力的综合体现，其主要表现在职业兴趣、职业道德、职业能力、职业目标及职业个性等方面。影响和制约职业素养的因素很多，主要包括受教育程度、实践经验、社会环境、工作经历及自身的一些基本情况（如身体状况等）。一般来说，劳动者能否顺利就业并取得成就，在很大程度上取决于本人的职业素养高低。职业素养越高的人，获得成功的机会就越多。

5. 职业素养的基本特征

请扫描二维码，浏览并理解"职业素养的基本特征"。

6. 职业素养的三大核心

职业素养包含职业心态、知识技能和行为习惯三大核心。心态可以调整，技能可以提升，但要让正确的心态、良好的技能发挥作用，就需要不断地练习、练习、再练习，直到成为习惯。

（1）职业心态。

良好的职业素养应该包含良好的职业道德、积极的职业心态和正确的职业价值观意识，其中积极的职业心态是一个成功的职业人必须具备的核心素养。积极的职业心态应该是由爱岗、敬业、忠诚、奉献、正面、乐观、用心、开放、合作及始终如一等这些关键词组成的。

（2）知识技能。

知识技能是做好一项工作应该具备的专业知识和职业技能。俗话说"三百六十行，行行出状元"，如果没有过硬的专业知识，没有精湛的职业技能，就无法把一件事情做好，就更不可能成为"状元"了。各个职业有各个职业的知识技能，每个行业有每个行业的知识技能。总之，提升知识技能是为了让我们把事情做得更好。

(3) 行为习惯。

行为习惯就是在职场上通过长时间的学习、改变、形成，最后变成习惯的一种职场综合素质。习惯是一种定型的行为，是长期养成的思维、语言、行为等生活方式。

7. 素质冰山模型

请扫描二维码，浏览并理解"素质冰山模型"。

8. 素质洋葱模型

美国学者R.博亚特兹对麦克利兰的素质理论进行了深入和广泛的研究，提出了"素质洋葱模型"，展示了素质构成的核心要素，并说明了各构成要素可被观察和衡量的特点。

请扫描二维码，浏览并理解"素质洋葱模型"。

9. 通用职业素养

"素质冰山模型"认为，个体的素质就像水中漂浮的一座冰山，水上部分的知识技能仅代表表层的特征，不能区分绩效优劣，水下部分的动机、品质、态度、责任心才是决定人的行为的关键因素，可以鉴别绩效优秀者和一般者。员工的职业素养也可以看成是一座冰山，包括显性职业素养和隐性职业素养两部分，其总和就构成了一个职业人所具备的全部职业素养。

浮在水上的部分往往只有1/8，是一个人所拥有的资质、知识和技能，这些都是员工的显性职业素养，可以通过各种学历证书、职业证书来证明，或者通过专业测试来验证。

潜在水下的部分，包括职业道德、职业意识和职业态度等，称为隐性职业素养。隐性职业素养又称通用职业素养。职业素养有部分潜伏在水下，就如同冰山有7/8存在于水下一样，正是这7/8的通用职业素养部分支撑了一个人的显性职业素养部分。所以，通用职业素养对一个人的职业发展至关重要。

通用职业素养就是职业人适应职业工作、能把工作做好应具备的最基本、最核心、最关键的素质和能力。其重要特征在于跨行业、跨专业和跨地域的一般普适性，在于不仅针对专业要求，而且更突出作为职业人的一般素质，是职业人可持续发展的基本能力。通用职业素养包括职业心理素养、职业礼仪素养、职业规范素养等方面。从构成上看，通用职业素养具体体现在学习能力、沟通能力、组织协调能力、意志品质、进取心、求知欲、敬业精神、责任意识、团队意识等诸多方面。通用职业素养涉及面广、覆盖内容较多，其中最重要、最核心的内容可以概括为：敬业、诚信、务实、沟通、协作、主动、支持、自控、学习和创新。它们是通用职业素养所涵盖的职业道德、职业意识、职业态度等的具体体现。通过职业素养提升训练，学生可形成正确的工作态度和工作情感，提高自身的职业素养，增强可持续发展能力。

10. 职业核心能力

请扫描二维码，浏览并理解"职业核心能力"。

11. 职业意识

职业意识是职业人在特定的社会条件和职业环境影响下，在教育培养和职业岗位任职实践中形成的某种与所从事的职业有关的思想及观念，是职业人在职业问题上的心理活动，是人们对职业的认识和意向及对职业所持的主要观点，是自我意识在职业选择领域的表现。它反映一个人对于职业的根本看法和态度，是职业认知与职业行为的综合。

职业意识是人们对职业劳动的认识、评价、情感和态度等心理成分的综合反映，是支配和调控全部职业行为与职业活动的"调节器"。职业意识是职业道德、职业操守、职业行为等职业要素的总和，包括责任意识、创新意识、合作意识、规则意识、竞争意识、服务意识、安全意识和质量意识等方面。

请扫描二维码，浏览并理解"职业意识"。

课堂教学

观点剖析

1. 工匠精神具有重要的时代价值与广泛的社会意义

要想实现中华民族伟大复兴的中国梦，不仅需要大批科学技术专家，也需要千千万万的能工巧匠。更为重要的是，工匠精神作为一种优秀的职业道德文化，它的传承和发展契合了时代发展的需要，具有重要的时代价值与广泛的社会意义。在我们身边，"匠人"无处不在，他们是各行各业的从业者中倔强而执着的那部分人，他们的存在让这个世界除利益的追逐外，多了一份单纯的诉求。喧嚣尘世，我们能否守一种精神、做一个"匠人"呢？

请扫描二维码，浏览并剖析"工匠精神具有重要的时代价值与广泛的社会意义"。

2. 大学生应注重培养哪些基本能力

（1）学习能力。
（2）表达能力。
（3）适应能力。
（4）动手能力。
（5）交往能力。
（6）创新能力。
（7）组织管理能力。

请扫描二维码，浏览并剖析"大学生应注重培养哪些基本能力"。

3. 职业素养是事业成功的第一法宝

职业素养具有十分重要的意义。从个人的角度来看，适者生存，如果个人缺乏良好的职业素养，就很难取得突出的工作业绩，更谈不上建功立业；从企业的角度来看，唯有具备较高职业素养的人才能帮助企业节省成本、提高效率，从而提高企业在市场中的竞争力；从国家的角度看，国民的职业素养直接影响着国家经济的发展，是社会稳定的前提。正因如此，"职业素养教育"才显得尤为重要。

正如前面所说，一个人的能力和专业知识固然重要，但是要想在职场中成功，最关键的并不在于他的能力和专业知识，而在于他所具有的职业素养。工作中需要知识，但更需要智慧，而最终起关键作用的就是素养。缺少这些关键的素养，将一生庸庸碌碌，与成功无缘；拥有这些关键的素养，会少走很多弯路，以最快的速度走向成功。

企业已经把职业素养作为对员工进行评价的重要指标。很多企业在招聘新人时，要综合考察新人的5个方面：身体素质、职业素养、协作能力、心理素质和专业素质。其中，身体素质是最基本的，好身体是工作的物质基础；职业素养、协作能力和心理素质是最重要和必需的；而专业素质则起锦上添花的作用。职业素养可以通过个体在工作中的行为来表现，而这些行为以个体的知识、技能、价值观、态度、意志等为基础。良好的职业素养是企业必需的，是个人事业成功的基础，是大学生进入企业的"金钥匙"。

4. 多方协同培养大学生的职业素养

大学生的职业素养也可以看成是一座冰山：冰山浮在水面以上的部分只有1/8，它代表大学生的形象、资质、知识、职业行为和职业技能等方面，是人们看得见的、显性的职业素养，这些可以通过各种学历证书、职业证书来证明，或者通过专业测试来验证；而冰山隐藏在水面以下的部分占整体的7/8，它代表大学生的职业道德、职业意识和职业态度等方面，是人们看不见的、隐性的职业素养。显性职业素养和隐性职业素养共同构成了所应具备的全部职业素养。由此可见，大部分的职业素养是人们看不见的，但正是这7/8的隐性职业素养决定、支撑着显性职业素养，显性职业素养是隐性职业素养的外在表现。因此，大学生职业素养的培养应该着眼于整座冰山，并以培养显性职业素养为基础，重点培养隐性职业素养。当然，这个培养过程不是大学生本人、学校、企业哪一方能够单独完成的，而应该由三方协同，实现"三方共赢"。

请扫描二维码，浏览并剖析"多方协同培养大学生的职业素养"。

感悟反思 ▶

【案例1-5】国际著名企业的用人之道

【案例描述】

1. IBM的"高绩效"

IBM需要"高绩效"人才，在IBM的"高绩效"文化中，主要包括以下3个方面：Win——必胜的决心；Execution——又快又好的执行能力；Team——团队精神。

2. 宝洁的"8项基本原则"

宝洁对人才的重要性是这样理解的：如果你把我们的资金、厂房及品牌留下，把所有的人带走，我们的公司会垮掉；相反，如果你拿走我们的资金、厂房及品牌，留下我们的人，10年内我们将重建一切。宝洁对人才素质的要求可以归结为8个方面：领导能力、诚实正直、能力发展、承担风险、积极创新、解决问题、团结合作、专业技能。需要指出的是，"这8个方面是并列的，没有先后顺序。""诚实正直"和"专业技能"一样重要。

3. 微软的"雇用有潜质的人"

比尔·盖茨曾说:"在我的公司里,我愿意雇用有潜质的人,而不是那些有经验的人。因为从长远来看,潜质更有价值。如果雇员以加薪或升职为条件威胁要辞职,那么即使会造成短期的麻烦局面,我也让他们走,因为不受眼前因素左右的雇佣政策将有利于公司的长远发展。"

4. 朗讯的 GROWS 标准

朗讯的企业文化是 GROWS,朗讯在招聘时一项重要的考察就是看你是否能够适应 GROWS 标准。所谓 GROWS,包括以下 5 个方面:G 代表全球增长观念;R 代表注重结果;O 代表关注客户和竞争对手;W 代表开放和多元化的工作场所;S 代表速度。

【感悟反思】

请理解与分析 IBM、宝洁、微软、朗讯等国际著名企业的选人、用人标准,认识到从业人员职业素养的重要性。这些标准对在校期间加强职业素养培养有哪些指导意义?

【案例1-6】 品读好文"善待你所在的单位"

【案例描述】

请扫描二维码,阅读并理解好文"善待你所在的单位"。

【感悟反思】

即将走上工作岗位的你,将属于一个单位,不管单位大小、竞争力强弱,你都是该单位的一员。品读好文"善待你所在的单位",谈谈你的读后感。

各抒己见

【案例1-7】 自我完善职业素养,大力培育工匠精神

【案例描述】

工匠是指熟练掌握某一领域技术的手艺人,而工匠精神是指与工匠人才所匹配的精神状态。广义来讲,工匠精神是社会劳动者在其职业活动中所遵循的价值纲领,是其职业价值观、职业态度和职业精神的集合体。狭义来讲,工匠精神是以技术技能型人才为首的社会劳动者对于产品品质精益求精的价值追求,是一种敬畏职业、工作执着、崇尚精品、追求极致的职业精神。

现在全国上下大力弘扬工匠精神,职业教育更被赋予了培育工匠精神的重要使命。

工匠精神有着丰富的内涵，涵盖职业操守、思想态度、素养品德、文化氛围等多个层面，具体表述为：精于工、匠于心、品于行、化于文。

（1）精于工，是一种精神。即对产品精雕细琢，对工作精益求精，把事情做到极致、做到完美，甚至一辈子专心致志就做这一件事情。央视纪录片《大国工匠》记录了8位在平凡岗位工作的工人。他们看似只是普通的钳工、电焊工，却有着精湛的技艺，他们几十年如一日潜心研究工艺，把对产品日臻完善的追求化作工作的动力，使自己成为所在领域不可或缺的人才。理念直接影响职业认知，工匠精神价值取向的确立，会在无形中强化工匠的职业认同感和归属感，从而转化为实践精神，开展技能攻关。

（2）匠于心，是一种创新。即工作要独具匠心，要有巧妙独到的心思，在技巧和艺术方面有创造性、开拓性。工匠精神既是传承技艺，更是创造未来。工匠们需要在坚实的技术基础上具备敢为人先、勇攀高峰的胆识与勇气，善于将经验技艺与先进科技相结合，积极推陈出新，勇于攻坚克难，敢于在探索中不断进步。

（3）品于行，是一种品行。即在平凡的岗位上，吃苦耐劳、勤勤恳恳、尽职尽责，将技能报国的理想落实到具体的行动中，努力提高生产中的工艺精细化水平，严谨对待每个流程、每个环节，在细微处见真章，认真雕塑自己的工匠人生。工匠精神外化到行为层面，主要表现为对工艺的用心钻研、及时反思、反复改进、总结升华，从而体现出强大的行动力和执行力，促进产品质量的提升。

（4）化于文，是一种文化。当前国家大力提倡工匠精神，就是要让工匠精神在全社会受到尊崇，让精益求精的精神成为社会发展的准则。工匠精神上升到社会层面，会使企业经济效益和社会效益整体提升，形成良性竞争，推动社会可持续发展。

【各抒己见】

试从思想教育、课堂教学、技能比武、校园文化等方面谈谈职业院校培育和弘扬工匠精神的必要性及方法途径。

【案例1-8】弘扬大国工匠的工匠精神

【案例描述】

在喧嚣中，他们固执地坚守着内心的宁静，凭着一颗耐得住寂寞的"匠心"，创新传统技艺，传承工匠精神。大国工匠，匠心传世。

1."火药雕刻师"徐立平

在自己的工作中精益求精、追求创新，才是一个"匠人"极致的成就体现。中国航天科技集团公司第四研究院7416厂发动机药面"整形师"、国家高级技师徐立平，因为勇于创新的坚持精神不断达成专业突破，他发明了一种药面整形刀具，并以其名字命名为"立平刀"。

2."书画修复大师"单嘉玖

单嘉玖是故宫博物院的一名书画修复师，她通过"望闻问切"，让珍贵的古代书画作品的生命得以延续。在其工作的数十年里，经她手修复的书画有近两百件，耗时最长的需要一年，最短的也要三个月。

3. "老法师"施品芳

工匠精神最主要的内涵，便是执着，一定要把一件事情做好。上海飞机制造厂的施品芳正是这样执着的"匠人"之一。他经历 30 多个春秋，一直坚守自己的"国产大飞机"梦："我就是喜欢这个行当，我对飞机有感情！只要身体允许，我就会站在这里。"

4. "镗工大王"戎鹏强

戎鹏强，北重集团响当当的"镗工大王"，他主要负责对火炮身管内膛进行精镗，这是保证火炮直线度、确保火炮打击精度的关键工序。他的"超长小口径管体深孔钻镗"操作法破解了高压釜出口偏难题，填补了国内空白。

5. "铸造大师"毛正石

毛正石出身于工人世家，是中车集团大连机车车辆厂的高级技师。他经过潜心钻研和苦苦求索，攻克了铸造战线上一道道技术难关，成为精雕国际标准的"铸造大师"、行业技术权威。

【各抒己见】

这 5 位大国工匠身上体现了工匠精神的哪些特征？在现阶段的学习与实训中和未来的职业岗位上，我们应该从大国工匠身上学习哪些优秀职业素养？

扬长避短 ▶

【案例1-9】分析自身情况，培育和传承工匠精神

【案例描述】

工匠精神的内涵有以下多种解释。

（1）说法之一：精益求精、持之以恒、爱岗敬业、守正创新。

（2）说法之二：敬业、精业、奉献。

（3）说法之三：思想层面——爱岗敬业、无私奉献；行为层面——开拓创新、持续专注；目标层面——精益求精、追求极致。

（4）说法之四：工匠精神就是追求卓越的创造精神、精益求精的品质精神、用户至上的服务精神。

（5）说法之五：工匠精神是一种精神，也是一种品质、一种追求和一种氛围，包括爱岗敬业、无私奉献的孺子牛精神，善于学习、勤于攻关的金刚钻精神，专心专注、精益求精的鲁班精神，百折不挠、坚韧不拔的苦行僧精神，传承技术、传播技能的园丁精神，打造品牌、追求卓越的弄潮精神。

【思考讨论】

以上是对工匠精神内涵的不同说法。对照这些说法，分析自己的理想追求、性格特点、品德修养、处事风格、知识技能等方面，思考在校期间应如何扬长避短，不断提高职业素养，努力培育工匠精神，以在未来的职场中立于不败之地。

【案例1-10】独立决定成败

【案例描述】

一家规模很大的公司正在招聘副经理一职。经过初试，从简历里选中了三位优秀的年轻人进行面试，最终选定一个。最后的面试由总经理亲自把关，面试的方式是跟三位应聘者逐个进行交谈。

面试之前，总经理特意让秘书把为应聘者准备的椅子拿到了外面。

第一位应聘者沉稳地走了进来，他是经验最为丰富的。总经理轻声对他说："你好，请坐。"应聘者看着自己周围，发现并没有椅子，充满笑意的脸上立即现出了些许茫然和尴尬。"请坐下来谈。"总经理再次微笑着对他说。他脸上的尴尬显得更浓了，有些不知所措，最后只得说："没关系，我就站着吧！"

第二位应聘者反应较为机敏，他环顾左右，发现并没有可供自己坐的椅子，立即谦卑地笑道："不用不用，我站着就行！"

第三位应聘者进来了，这是一个应届毕业生，一点经验也没有，他面试成功的概率是最低的。总经理的第一句话同样是："你好，请坐。"他看看周围没有椅子，先是愣了一下，随后立即微笑着请示总经理："你好，我可以把外面的椅子搬进来一把吗？"总经理脸上的笑容终于舒展开来，温和地说："当然可以。"

面试结束后，总经理录用了最后一位应聘者，他的理由很简单：我们需要的是有思想、有主见的人，缺少了这两样东西，一切的学识和经验都毫无价值。

【思考讨论】

"独立"这个词听起来很空泛，可以指生活，也可以指思想。案例中第三位应聘者较前两位相比，经验和能力上可能是最差的，但有一点最为宝贵的东西，那就是他具有独立自主的思想，能在问题出现的时候最好地解决它，这就是独立更深一层的意义。

（1）你从这个案例中学到了什么？
（2）在未来的求职过程中应如何扬长避短？
（3）为了更好地适应未来的工作，在校期间应如何扬长避短？

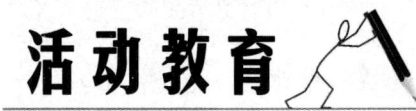

【话题1-1】读懂王京生先生的精彩观点，悟透工匠精神的内涵

王京生先生一直在关注工匠精神，并做了深入研究，他多次发表了以工匠精神为主题的文章，如《工匠精神三论》，对工匠精神有着深刻的理解和独到的见解。

请扫描二维码，浏览并理解"王京生先生关于工匠精神的精彩观点"，其观点能让你更好地读懂"工匠精神"这4个字。读懂王京生先生的精彩观点，谈谈如何理解工匠精神的内涵，为什么要弘扬工匠精神，以及怎样弘扬工匠精神。

【话题1-2】 职业素养的自我剖析

请扫描二维码，浏览并理解"优秀员工必备的职业素养"，之后对照优秀员工必备的职业素养，谈谈你基本具备哪些职业素养、哪些正在形成，还有哪些存在差距。

团队活动 ▶

【活动1-1】 组建团队

为了更好地开展团队活动，培养学生的团队合作精神，让学生体会团队合作的重要性和互助精神的宝贵，本课程一开始要组建学习小组，通过将学生分成各个不同的小组进行课堂活动，同时引入竞争机制，以培养学生的竞争意识、荣誉感和自信心。

（1）通过报数的形式进行分组。例如，分6个小组，学生按顺序报数"1、2、3、4、5、6"，依次循环，报数字"1"的就被分到第一组，报数字"2"的就被分到第二组，以此类推。

（2）推选组长，每个小组自行推选出组长。

（3）设计组名和口号，由组长组织大家讨论，设计出全体成员一致认可的组名和口号。

（4）确定组歌、组服、章程等。

【活动1-2】 熟知岗位职业素养需求

上智联招聘网、前程无忧网等，浏览与自己所学专业相关的岗位需求，加深对职业素养的现实需求的了解，并撰写本专业岗位需求调研报告，重点针对岗位职业素养进行调研。

【参考材料】

某企业针对岗位职业素养的要求如下。

（1）沟通协调能力：正确理解别人的感受和想法，善于倾听，能够理解他人思想和行为背后的原因。

（2）团队合作：愿意与他人合作，主动与团队其他成员进行沟通和交流，分享信息、知识和资源，愿意帮助团队其他成员解决所遇到的问题，毫无保留地将自己所掌握的技能传授给团队其他成员。

（3）思维能力：头脑灵活、思路清晰，具备缜密的思维能力及耐心细致的观察能力，处理事务条理清晰，工作重点明确，具备较强的执行能力，学习能力强，有创新意识。

（4）坚韧性：在处于较大的工作压力下或产生可能影响工作的消极情绪时，能够有效地控制自己的情绪，通过进行建设性的工作化解工作压力或消极情绪。

【活动1-3】职业兴趣自测问卷

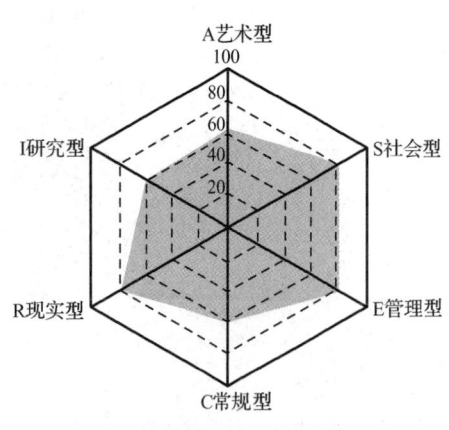

【方法指导】

霍兰德职业兴趣测试由美国著名职业指导专家霍兰德编制，主要用于确定被测试者的职业兴趣倾向和能力专长，进而用于指导被测试者选择适合自身职业兴趣的专业发展方向和职业发展方向。霍兰德认为，兴趣是人们活动的巨大动力，凡是有兴趣的职业，都可以提高人们的积极性，促使其积极地、愉快地从事该职业，并有助于在该职业上取得成功。霍兰德提出的6种基本人格类型为：C常规型、R现实型、I研究型、E管理型、S社会型、A艺术型。

请扫描二维码，浏览表W1-5所示的"人格类型与职业环境的匹配"的详细内容。

【活动过程】

人的个性与职业有着密切的关系，不同职业对从业者的个性特征的要求是有差距的。如果通过科学的测试，可以预知自己的个性特征，将有助于选择适合个人发展的职业。通过填写下面的"职业兴趣自测问卷"，可以帮助你进行个性自评，从而获知自己更适合从事哪方面的工作。

（1）回答问题。

请扫描二维码，浏览并回答"职业兴趣自测问卷"，根据对每个题目的第一印象作答，不必推敲，答案没有好坏、对错之分。具体填写方法是：根据自己的情况回答"是"或"否。"

（2）自我评价。

符合以下"是"或"否"答案的记1分，不符合的记0分（括号中的数字为对应题号）。

① 常规型（C）：是（7、19、29、39、41、51、57），否（5、18、40）。
② 现实型（R）：是（2、13、22、36、43），否（14、23、44、47、48）。
③ 研究型（I）：是（6、8、20、30、31、42），否（21、55、56、58）。
④ 管理型（E）：是（11、24、28、35、38、46、60），否（3、16、25）。
⑤ 社会型（S）：是（26、37、52、59），否（1、12、15、27、45、53）。
⑥ 艺术型（A）：是（4、9、10、17、33、34、49、50、54），否（32）。

（3）得出结论。

请将得分最高的三种类型的字母从高到低排列，得出一个（或两个）三个字母的组合答案，再对照"人格类型与职业环境的匹配"和"测试结果与职业匹配对照表"得出不同人格类型所匹配的职业。

请扫描二维码，浏览表W1-6所示的"测试结果与职业匹配对照表"的详细内容。

总结评价

改进评价

在表 1-1 所示的有关职业道德、职业意识、行为规范、技能规范、时间管理、沟通技巧各个观点的描述中，你赞成哪些观点？将其序号填写在最右列对应的行中。

表 1-1　综合职业素养自我评价

要　素	观　点　描　述		赞成的观点
职业道德	① 以诚实守信的态度对待职业 ② 廉洁自律，秉公办事 ③ 严格遵守职业规范和公司制度 ④ 绝不泄露公司机密 ⑤ 忠诚对待公司	⑥ 公司利益高于一切 ⑦ 全力维护公司品牌 ⑧ 克服自私心理，树立节约意识 ⑨ 培养职业美德，缔造人格魅力 ⑩ 敬业是做事的基本原则	
职业意识	① 团队是个人事业成功的基石 ② 个人因为团队而更加强大 ③ 面对问题要学会借力与合作 ④ 帮助别人就是帮助自己	⑤ 懂得分享，不独占团队成果 ⑥ 与不同性格的团队成员默契配合 ⑦ 通过认同的力量增强团队意识 ⑧ 顾全大局，甘当配角	
行为规范	① 以顾客的眼光看事情 ② 耐心对待客户 ③ 把职业当成事业 ④ 对自己的言行负一切责任 ⑤ 用最高的职业标准要求自己 ⑥ 一切都应以业绩为导向	⑦ 为实现自我价值而工作 ⑧ 积极应对工作中的困境 ⑨ 懂得感恩，接受工作的全部 ⑩ 不断创新，为公司注入新元素 ⑪ 正确对待与同级、上级的关系	
技能规范	① 制定清晰的职业目标 ② 学以致用，把知识转化为职业能力 ③ 把复杂的工作简单化 ④ 第一次就把事情做对 ⑤ 加强沟通，把话说得恰到好处	⑥ 重视职业中的每个细节 ⑦ 多给客户一些有价值的建议 ⑧ 善于学习，适应变化 ⑨ 突破职业思维，具备创新精神	
时间管理	① 制订时间管理计划 ② 养成快速的节奏感 ③ 学会授权 ④ 高效的会议技巧	⑤ 养成整洁、有条理的习惯 ⑥ 专心致志，有始有终 ⑦ 简化工作流程	
沟通技巧	① 讲出来，尤其是坦白地讲出内心的感受、感情、痛苦、想法和期望，但绝对不是批评、责备、抱怨、攻击 ② 不无根据地批评、不责备、不抱怨、不攻击、不说教 ③ 互相尊重	④ 绝不口出恶言，所谓"祸从口出" ⑤ 不说不该说的话 ⑥ 情绪中不要沟通，尤其是不能做决定 ⑦ 理性地沟通，不理性时不要沟通 ⑧ 反省，不只是沟通才需要反省，一切都需要	

自我总结

经过本单元的学习与训练，针对工匠精神和职业素养方面，在思想观念、理论知识、行为表现方面，你认为自己哪些方面得以改进与提升，将这些成效填入表 1-2 中。

表 1-2　工匠精神和职业素养方面的改进与提升成效

评 价 维 度	改进与提升成效
思想观念	
理论知识	
行为表现	

单元 2

融入团队、合作共赢

今天的职场,无论你从事什么工作、处于什么环境,都无法脱离其他人对你的支持。靠个人单打独斗已经很难赢得胜利,只有通过团队的力量才能提升自己的竞争力。可以说,随着竞争日趋激烈,团队精神已经越来越为企业和个人所重视,因为这是一个合作的时代。

我们必须认识到团队对于个人事业成功的重要意义,努力提高自身的团队合作能力,为事业的发展营造和谐的职场环境。只有依靠团队的力量,才能为自己的事业成功奠定坚实的根基。

 课程思政

本单元为了实现"知识传授、技能训练、能力培养与价值塑造有机结合"的教学目标,从教学目标、教学过程、教学策略、教学组织、教学活动、考核评价等方面有意、有机、有效地融入团队意识、团队精神、团队协作、合作共赢4项思政元素,实现了课程教学全过程让学生在思想上有正向震撼、在行为上有良好改变,真正实现育人"真、善、美"的统一、"传道、授业、解惑"的统一。

自我诊断

自我测试

【测试 2-1】 团队合作能力测试

请扫描二维码,浏览并完成团队合作能力测试题。

在线测试

【测试 2-2】 团队合作精神测试

请扫描二维码,浏览并完成团队合作精神测试题。

【测评结果】

(1) 全部回答"A":你是一个极善良、极有爱心的人,但你要当心,千万别被低效率的人拖后腿。

(2) 大部分回答"A":你善于合作,但并非失去个性,认为礼尚往来是一种美德,在商业生活中亦不可或缺。

（3）大部分回答"B"：你是一个以自我为中心的人，不愿意为自己找麻烦，不想让自己的生活和工作受到任何干扰。

（4）大部分回答"C"：你是一个名副其实的"孤家寡人"。

分析思考 ▶

在现代社会中要想成功，不可能完全靠单打独斗，每个人都是某个组织的成员，每个人都应融入团队，与团队其他成员成为好的合作伙伴，共同促进、共同提升。从执行力、融合度、责任感、危机感方面分析自己是否具备团队意识与团队精神，并对表2-1所示的各项指标的现状进行选择和分析。

表2-1 团队意识与团队精神分析

项目	指标	行为层级描述	你的选择
执行力	计划制订	不能领会企业的整体规划，根据自己的想法制订计划	
		在上级安排任务时，对工作有大致的思考，能根据具体的要求制订计划	
		上级只给出一个方向，就能主动安排自己的工作计划	
		能主动进行部门的工作规划，从长远和系统的高度来安排工作	
	沟通能力	能主动和其他部门沟通，对他人的表达认真倾听	
		对他人的意图能准确理解和判断，并能及时给予反馈	
		能换位思考，处理好各项工作，能说服平级、上级接受某一看法与意见	
		表达简明扼要，能快速、准确地理解对方的想法和要求，同时能说服别人接受某一看法与意见，施加自我影响力	
	目标达成	在部门各项工作中墨守成规，工作业绩较差	
		能按照模板和规程，推动日常工作顺利开展，达成日常工作目标	
		能在工作中积极思考，按照轻重缓急开展工作，能按计划形成明显的阶段性成果	
		能对整个工作过程进行全程有效的管理，积极探索新的工作思路与方法，能达成极具挑战性的工作目标	
融合度	团队合作	团队意识较差，甚至散播谣言、挑拨是非	
		能和团队其他成员正常共事并进行工作交流	
		能和团队其他成员成为好的合作伙伴，共同促进	
		能影响和带动团队其他成员，形成个人魅力	
	团队建设	定期召开团队会议，合理分配任务	
		采取积极措施，提升团队工作效率	
		采取行动为团队提供支持和发展机会	
		主动学习其他优秀团队的做法，引领团队建立卓越的团队行为模式	
	包容和开放性	愿意接纳新观念与新事物，能积极了解企业的变化与发展	
		能以积极的心态接受新观念和新知识，并乐意随时和团队其他成员分享这些新观念和新知识	
		能在团队内营造开言纳谏的氛围，乐于接受下级的客观意见，勇于自我批评并不断改正	
		当组织进行调整和变革时，能积极引导团队其他成员调整和适应，并在新形势下，根据需求快速达成新的目标	

续表

项 目	指 标	行为层级描述	你的选择
责任感	敬业担责	在工作中，常遇事推诿，逃避责任	
		仅能承担简单、重复性的工作	
		能对自己职责范围之内的事负全部责任	
		主动担责，对于职责模糊、交叉性的工作也能主动承担	
	大局意识	只站在自身角度思考问题，谋求个人利益	
		大多数时候能站在团队角度思考问题，以谋求团队利益为己任	
		能站在企业的角度思考问题，积极配合其他部门开展工作	
		能在企业遇到大的困难和危机时挺身而出，主动放弃自身利益	
危机感	共同提升	所在团队的成员不积极参加企业组织的各类培训和素质提升计划	
		能清楚地认识到团队其他成员的长处与短处，并进行有针对性的引导	
		能定期对工作做阶段性的总结，并将心得和经验在后续工作中加以应用	
		能针对工作需求，有针对性地总结和开发出成体系的课程，供团队其他成员学习与借鉴	
	风险控制	对风险发生的背景与原因了解不足，风险防范意识不强	
		当风险发生时，能采取一定的措施，团队被动应对	
		当风险发生时，团队积极应对，采取一些措施进行有效的控制	
		能预见风险的发生，并采取相应的措施进行预防，规避风险	

熟知标准 ▶

1. 团队合作能力的评价要素

团队合作能力是指具有全局观，能够服从指挥，能够根据工作目标与他人通力合作，协调各方面的关系、调动各方面的积极性，并能够及时处理和解决工作过程中的各种问题的能力。

团队合作能力的评价要素如表 2-2 所示。

表 2-2 团队合作能力的评价要素

评价要素	要 点 描 述
信息共享	① 愿意与他人合作开展工作，自愿参与和支持团队的决定 ② 能与团队其他成员共同交流，分享有用的信息和资源
征求意见	① 尊重他人的意见和专业知识，愿意向他人学习 ② 在做决策时，诚恳地征求团队其他成员的意见、创意和经验
鼓励合作	① 用正面的态度看待和谈论团队其他成员，表达出对他人才智的尊重，对团队其他成员的能力和贡献给予公开赞赏与鼓励 ② 在危机或关键时刻愿意站出来帮助团队其他成员解决难题
创造氛围	在团队中建立起饱满的士气、统一的行为标准和价值观，以及健康的合作氛围，提升团队凝聚力
解决冲突	不会隐藏和回避团队中的冲突，开诚布公地处理团队内部矛盾，并积极寻求有利的冲突解决方案

2. 团队合作能力的评价标准

团队合作能力的评价标准如表 2-3 所示。

表 2-3 团队合作能力的评价标准

等 级	行 为 描 述
1 级	合作意识淡薄，不懂得以开放的心态对待合作者，不懂得欣赏他人、信任他人；认为自己是团队中可有可无的一员，与团队其他成员沟通不畅达，配合不够默契；缺乏集体荣誉感、责任感
2 级	有一定的合作意识，能与团队其他成员配合好；意识到自己是团队中不可或缺的一员，能在自己的能力范围内承担起责任；与团队其他成员沟通较好，与成员有较好的协作性；以团队利益为重，以作为团队的一员而骄傲
3 级	尽可能地彼此支援与配合，认为自己所在的团队是一个充满战斗力与活力的集体；在团队中扮演重要角色，能够利用自己的特长为团队做出贡献；能够以欣赏、信任和支持的心态对待工作伙伴，尊重每个人为团队所做的努力
4 级	能够以自己的专业知识与素养建立信任，具备优秀的团队沟通能力与合作能力；角色适应能力极强，能够在最短的时间内找到自己对团队的最佳贡献区，调整并承担起相应的责任；具备强烈的集体荣誉感与责任感

3. 优秀团队的评价标准之一

请扫描二维码，浏览并理解表 W2-1 所示的"优秀团队的评价标准之一"。

4. 优秀团队的评价标准之二

请扫描二维码，浏览并理解表 W2-2 所示的"优秀团队的评价标准之二"。

5. 优秀团队的评价标准之三

请扫描二维码，浏览并理解表 W2-3 所示的"优秀团队的评价标准之三"。

明确目标 ▶

在校学习期间和在未来的工作中，针对融入团队、合作共赢方面，努力实现以下目标。
（1）努力融入团队，成为团队中不可或缺的一员，成为深受欢迎的一员。
（2）积极参加团队的培训和学习，努力提高职业素养和工作能力。
（3）对所在的团队有高度的认同感，认同团队目标且愿意一起为实现目标而努力。
（4）团队成员之间关系和睦融洽、合作意识强，能和团队其他成员成为好的合作伙伴，相互促进和提高。
（5）团队成员之间相互信任、相互尊重、相互支持，分工明确、协作配合，在工作上相互帮扶，在生活中相互关照。
（6）团队成员的交流比较公开，能换位思考，加强沟通，做好各项工作。
（7）能在团队内营造开言纳谏的氛围，民主意识强，民主氛围浓厚，乐于接受不同的客观意见，勇于自我批评并不断改正。
（8）乐意和团队其他成员分享新观念和新知识。
（9）能定期对工作做阶段性的总结，并在后续工作中加以应用。
（10）能以务实勤恳的工作作风、诚实守信的良好品行、聪明敏锐的专业形象等，赢得他人的信任和尊重，同时能以开放的心态对待合作者，懂得欣赏他人、信任他人。

榜样激励 ▶

【案例 2-1】 阿里巴巴创业团队:"十八罗汉"

【案例描述】

阿里巴巴的飞速发展令人惊叹不已,而其创始人马云和 17 位志同道合的朋友并肩创业的那段美丽的传奇经历更是令人叹为观止。"十八罗汉"作为创造阿里巴巴这样一个商业传奇的创始人团队,在众人的眼中多少有一点奇幻色彩。但事实上,20 多年前,他们也只是一群用青春、梦想和激情赌未来的年轻人,只是因为志同道合,他们才走到了一起。

1999 年 2 月,在杭州市区一个名为湖畔花园的小区内,18 位年轻人聚在一起开了一个动员会。马云将手一挥,说:"从现在起,我们要做一件伟大的事情。我们的 B2B 将为互联网服务模式带来一次革命!因为失败的可能性极大,我们必须准备好接受'最倒霉的事情'。但是,即使是泰森把我打倒,只要我不死,我就会跳起来继续战斗!至于将来具体要做什么,我还不知道,我只知道我要做一个全世界最大的商业网站。"

他们将成立一家新的公司,启动资金是 50 万元,18 个人纷纷"凑份子",各自占了不同的股份。办公室设在马云家里,最多挤过 35 个人。在随后很长的时间里,这些人每个月拿 500 块钱的工资,10 个月内没有假期,在湖畔花园附近租房子住,有两三人一起合租的,还有人租了农房。他们称自己为"十八罗汉"。而在那部记录马云早期创业经历的纪录片《扬子江大鳄》中提到,在阿里巴巴最困难的时期,一度发不出员工工资,不得不让员工自掏腰包来渡过难关。阿里巴巴"十八罗汉"为今日的阿里集团立下了汗马功劳。

创业的艰苦很多,这不足为怪,但是阿里巴巴的这 18 个人却可以在那样艰苦的岁月里"玩命"工作,同时没有失去快乐的生活态度,这一点不是所有人都可以做到的。可以说,那段日子,他们是冒着风雨、哼着小曲过来的。

如今,他们中的很多人已经成为亿万富翁。在公司十周年庆典上,这 18 位创始人辞去了创始人的身份,从零开始。用马云的话说,阿里巴巴进入合伙人的时代。

马云认为:"判断网络公司好坏的依据有三个——第一是团队,第二是技术,第三是观念。一家公司是不是优秀,不要看它里面有多少名牌大学毕业生,而要看这帮人干活是不是'发疯'一样,看他们每天下班是不是笑眯眯地回家。"

【思考讨论】

(1)阿里巴巴创业团队体现了一个优秀创业团队的哪些要素?
(2)阿里巴巴创业团队之所以能够创业成功,你认为关键要素是什么?
(3)阿里巴巴创业团队的创业故事给了你哪些启示?

【案例 2-2】 腾讯"五虎将":难得的黄金创业团队

【案例描述】

腾讯的创业五兄弟十分难得,其合作框架堪称标本。二十几年前的那个秋天(编者注:1998 年 11 月),马化腾与他的同学张志东合资注册了深圳市腾讯计算机系统有限公司。之后又吸纳了3位股东：曾李青、许晨晔、陈一丹。这5个创始人的QQ号，据说是从10001到10005。

为避免彼此争夺权力，马化腾在创立腾讯之初就和4个伙伴约定清楚：各展所长、各管一摊。马化腾是CEO（首席执行官），张志东是CTO（首席技术官），曾李青是COO（首席运营官），许晨晔是CIO（首席信息官），陈一丹是CAO（首席行政官）。

都说"一山不容二虎"，尤其是在企业迅速壮大的过程中，要保持创始人团队的稳定合作尤其不容易。在这个背后，工程师出身的马化腾从一开始对于合作框架的理性设计功不可没。

从股份构成上看，5个人一共凑了50万元。其中，马化腾出了23.75万元，占47.5%的股份；张志东出了10万元，占20%的股份；曾李青出了6.25万元，占12.5%的股份；其他两人各出5万元，各占10%的股份。

虽然主要资金都由马化腾所出，但他自愿把所占的股份降到一半以下，仅出资23.75万元，主要原因就是："要他们的总和比我多一点点，不要形成一种垄断、独裁的局面。"而同时，他自己又一定要出主要的资金，占大股。"如果没有一个主心骨，股份大家平分，到时候肯定会出问题，同样完蛋。"

保持稳定的另一个关键要素，就在于搭档之间的"合理组合"。

马化腾非常聪明，但非常固执，注重用户体验，愿意从普通用户的角度去看产品。张志东是头脑非常活跃，对技术十分沉迷的一个人。马化腾在技术上也非常好，但是他的长处是能够把很多事情简单化，而张志东更多是把一件事情做得完美化。

许晨晔和马化腾、张志东同为深圳大学计算机系的同学，他是一个非常随和而又有自己的观点，但不轻易表达的人，是有名的"好好先生"。而陈一丹是马化腾在深圳中学的同学，后来也就读于深圳大学。他十分严谨，同时是一个非常张扬的人，他能在不同的状态下激起大家的激情。

如果说，其他几位合作者都只是"搭档级人物"，那只有曾李青是腾讯5个创始人中最好玩、最开放、最具激情和感召力的一个，与温和的马化腾、爱好技术的张志东相比，他是另一个类型。其大开大合的性格，也比马化腾更具备攻击性，更像拿主意的人。不过或许正是这一点，也导致他最早脱离了团队，单独创业。

后来，马化腾在接受多家媒体的联合采访时承认，他最开始也考虑过和张志东、曾李青3个人均分股份的方法，但最后还是采取了5人创业团队，根据分工占不同的股份结构的策略。即便后来有人想加钱、拿更多的股份，马化腾也说不行，"根据我对你的能力的判断，你不适合拿更多的股份。"因为在马化腾看来，未来的潜力要和应有的股份相匹配，不匹配就要出问题。如果占大股的不干事，干事的股份又少，矛盾就会爆发。

当然，经过几次稀释，最后他们在上市时所持有的股份比例只有当初的1/3，但即便这样，他们每个人的身价还是达到了数十亿元人民币，是一个皆大欢喜的结局。

可以说，在中国的民营企业中，能够像马化腾这样，既包容又拉拢，选择性格不同、各有特长的人组成一个创业团队，并在成功开拓局面后还能依旧保持着长期默契的合作，是很少见的。而马化腾的成功之处就在于，其从一开始就很好地设计了创业团队的责、权、利。能力越大，责任越大，权力越大，利益也就越多。

【思考讨论】

（1）分析腾讯创业团队中的"五虎将"在性格、特长等方面的互补性，以及他们各代表了创业团队中哪种类型的人。

(2) 你认为腾讯创业团队最成功之处是什么？
(3) 腾讯创业团队的创业经历给了你哪些启示？

知识学习

1. 团队

管理学家斯蒂芬·罗宾斯认为：团队就是由两个或两个以上的、相互作用、相互依赖的个体，为了特定目标而按照一定规则结合在一起的组织。

团队是拥有不同技能的人员的组合，他们致力于实现共同的工作目标和共同的相互负责的处事方法，通过协作的决策组成战术小组，以达到共同的目的。一个好的团队并不是说每一份子的各方面能力都特别棒，而是能够很好地借力使力，取团队其他成员的长处来弥补自己的短处，也把自己的长处分享给大家，相互学习，共同进步。

团队在日常工作中很常见。例如，企业要研制某个新产品，开发新产品的项目组就是一个团队，为解决特定的问题组成的跨部门临时应急攻关小组也是一个团队。团队的形式虽然多样，但都是为了一个明确清晰的目标，有组织地选择具备解决问题的特殊技能的人，为解决问题而组成的小组。

2. 团队意识

团队意识是指整体配合意识，分为团队目标、团队角色、团队关系及团队运作过程。团队意识是一种主动性的意识，将自己融入整个团队并对问题进行思考，想团队之所需，从而最大限度地发挥自己的作用，共同促进团队的发展。

3. 团队精神

请扫描二维码，浏览并理解"团队精神"。

4. 团队合作能力

团队合作能力是指建立在团队的基础之上，发挥团队精神，互补互助以达到团队最大工作效率的能力。对于团队成员来说，不仅要有个人能力，更要有在不同的位置上各尽所能、与其他成员协调合作的能力。

我们是一个整体，我们要共同面对困难，一起分享成功，时刻记住团队的利益与自己息息相关。在实现共同目标的过程中，对于失败我们应坦然面对，在困境中绝不放弃，面对失败，从来不退缩、屈服，想尽一切办法实现目标。

5. 团队构成要素

团队整体由 5 个要素构成：目标、定位、权限、计划和人员，总结为 5P。
请扫描二维码，浏览并理解"团队构成要素"。

6. 团队精神的功能

如今的职场，团队成为企业生存和发展不可或缺的重要因素，个人独闯天下的成功机会微乎其微。而要建立一个强有力的团队，每个员工必须树立团队精神，统一思想、团结合作、步调一致，以团队和企业利益为重。只要团队成员精诚合作，定能战胜困难、摆脱险境、创造奇迹。

请扫描二维码，浏览并理解"团队精神的功能"。

7. 高效团队的主要特征

高效团队是指发展目标清晰、完成任务前后对比效果显著，团队成员在有效的领导下相互信任、沟通良好、积极协同工作的团队。

请扫描二维码，浏览并理解"高效团队的主要特征"。

8. 团队合作能力的培养

团队合作对个人的素质有较高的要求，除应该具备优秀的专业知识外，还应该有优秀的团队合作能力，这种合作能力有时甚至比你的专业知识更加重要。

请扫描二维码，浏览并理解"团队合作能力的培养"。

课堂教学

观点剖析

1. 团队是个人事业成功的基石

在任何群体活动中，个人的行为都将对整体的效果产生重大影响，而一个目标统一、能力互补、团结和谐的团队，其业绩会大大超出个人业绩的简单相加之和，达到"1+1>2"的效果。员工只有将自己融入团队，才能获得无限的灵感和创意，才能赢得强大的支持，才能在困难面前拥有战胜挫折的勇气和信心。个人的发展离不开团队，离不开员工间的通力协作。只有依靠团队的力量，才能为自己的事业成功奠定坚实的根基。因此，现代企业的员工必须重视培养自己的团队精神。

一滴水融入大海，便获得了永生，进而才能有所作为，才能掀起滔天巨浪。同样，我们每个人都是汪洋大海中的一滴清亮的水，只有融入团队，与团队同呼吸、共命运，才能使自己获得成长和发展。正如前面所说，今天的职场，靠个人单打独斗已经很难赢得胜利，只有通过团队的力量才能提升自己的竞争力。

著名心理学家荣格曾列出一个公式：I+We=Fully I。意思是说，一个人只有将自己融入集体，才能最大限度地实现个人价值，绽放出完美绚丽的人生。如果团队成员各司其职、各尽其责，团队目标的实现就有保障；如果团队成员亲密无间、同心协力，团队就能拧成一股绳，劲往一处使，创造"1+1>2"的佳话。

团队是制胜的堡垒，是个人事业成功的基石。我们不能没有团队精神，因为成功在于合力，在于协作。

2. 将自己融入团队

我们进入大学校园开始了集体生活，如何与老师、同学、朋友或社团成员友好相处、团结协作，培养自己的合作意识，提高自己的团队合作能力，成了大学校园学习内容的重要组成部分。学校社团是一个微观的社会，参与社团是步入社会前最好的锻炼。在社团中，可以培养团队合作能力和领导才能，也可以培养和提升沟通能力。

（1）培养合作意识。

实际上，集体中的每个人各有所长、各有所短，关键是以什么样的态度来看待。能够在平常中发现对方的优点，而不是专挑他人的毛病，培养自己求同存异的素质，这一点不仅是培养合作意识的需要，也是获得人生快乐的重要因素。

（2）树立全局观念。

团队合作要求团队成员相互帮助、相互照顾、相互配合，为实现集体的目标而共同努力。无论我们是以小组的方式一起学习，还是以小组的方式完成一项任务，都应彼此相互信任、取长补短、相互配合，实现小组共同的目标。团队合作不反对个性张扬，但必须与团队的行动一致，要有整体意识和全局观念。

（3）提升沟通能力。

在一个团队中，应积极表达自己对各种事物的看法和意见，有好的想法，要尽快让团队其他成员了解。如果因为不善于表达或不及时沟通而发生误会或失去机会，那会给团队带来不必要的损失。

（4）尝试开放心态。

在与人交往时，你怎样对待别人，别人也会怎样对待你。这就好比照镜子，自己的表情和态度，可以从他人流露出的表情和态度中一览无遗。若以诚待人，别人也会以诚待你，对他人要诚挚、宽容，对自己要勇于自我批评、有过必改。

3. 有效沟通营造团队和谐氛围

请扫描二维码，浏览并剖析"有效沟通营造团队和谐氛围"。

感悟反思

【案例2-3】 将一滴水融进大海

【案例描述】

相传，佛教创始人释迦牟尼问他的弟子："一滴水怎样才能不干涸？"弟子们面面相觑，无从回答。释迦牟尼告诉弟子："把它融进大海。"

一滴水只有融进大海，才会有不竭的生命。

一只大雁只有飞入雁阵，才会有成功的迁徙。

一只蚂蚁只有加入蚁群,才会有搬动庞然大物的可能。

生长在美国的红杉,高达100米,相当于30层楼高。一般来说,越高大的植物,它的根扎得越深,但红杉的根只是浅浅地浮在地面。理论上讲,高大的植物,如果它的根不深,是经不起风雨的洗礼的,但是红杉能在风中屹立不倒。研究表明,红杉总是成片地生长,一大片红杉彼此的根紧密相连,一株连着一株,结成一大片红杉林。所以,自然界中再大的狂风,也无法撼动几千株根部紧紧相连、占地超过上千公顷的红杉林。

这个世界上没有完美的人,一个人再完美也只是一滴水,而团队才是大海。

【感悟反思】

(1) 你对本案例有何感悟?

(2) 结合本案例的观点,反思学习、生活中不利于团队合作的言行。

【案例2-4】 漂流的蚁球

【案例描述】

黄昏时分,洪水如暴虐的猛兽,最终撕开了江堤,一个小垸子瞬间成了一片汪洋之地。清晨,受灾的人们三三两两聚在堤上,凝望着水中的家园。

忽然,有人惊呼:"看,那是什么?"一个黑点正顺着波浪漂过来,一沉一浮,像一个人!有人嗖地跳下水去,很快就靠近了黑点。但见他只停了一下,就掉头往回游,转瞬上了岸。

"一个蚁球。"那人说。"蚁球?"人们不解。"蚁球这东西,很有灵性。洪水来时,一窝蚂蚁迅速抱成团,随波漂流。只要能靠岸,或者碰上一个漂流物,蚂蚁就能得救了。"一位老者解释说。

说话间,蚁球已经漂过来了,越来越近,大家这才看清楚了:这是一个小足球大的蚁球!黑乎乎的蚂蚁密密匝匝地紧紧抱在一起。风起"波"涌,蚁球漂流,不断有小团蚁球被浪头打开,像铁器上的油漆片儿剥离开去。人们看得惊心动魄。

蚁球靠岸了,只见蚁球一层层散开,像打开的登陆艇。蚁群迅速而秩序井然地一排排冲上堤岸,顺利登陆了。岸边水中仍留下了一团不小的蚁球,那是英勇的牺牲者,它们再也爬不上来了,但它们的尸体仍然紧紧地抱在一起。团队可以发挥最大的力量,动物如此,人类更应该如此。

"千里之堤,溃于蚁穴",是来告诫人们不注重小事,就会酿成大问题。但转念一想:微小的力量却能将长堤溃决,不也显示了微小力量的威严与挑战吗?我们从没看在眼里、放在心头的小小生灵,竟有为了集体而敢于献身的英勇无畏的精神。作为人类的我们,在集体面前还有必要斤斤计较个人得失吗?

【感悟反思】

(1) 你对本案例有何感悟?

(2) 回想你自己或所在的团队曾发生过的团队合作事例。

【案例2-5】 8分23秒的牛狮之战

【案例描述】

一天傍晚,一群野牛沿着南非克鲁格国家公园的河岸缓缓前行,六七只狮子,正藏在草丛里,等待着猎物的到来。两头大野牛和一头小野牛不知道前方危机四伏,它们欢快地向前奔跑,距离队伍越来越远,却离狮子越来越近。没有任何征兆,埋伏的狮子们纷纷跃起,三头野牛猝不及防,已与狮子狭路相逢。

野牛急忙掉头逃跑,但是狮子的速度更快。一只狮子几个起落,就追上了落在最后的小野牛,并将其狠命地扑进河里。小野牛在河里挣扎着,几只狮子一起咬住它,它们要把这个"战利品"拖上河岸来享用。但是,就在小野牛即将被拖上岸的时候,河里突然一片翻腾,一条巨鳄从河中一跃而起,它张开血盆大口,牢牢地咬住了小野牛的尾巴,向河里狠命地拖拽着小野牛。就这样,群狮与巨鳄在河边展开了争夺小野牛的拉锯战。几番撕拉,胜负已定,最终小野牛被拉上了岸,那可怜的小野牛即将成为狮子的美餐。

此时,刚刚逃走的那两头野牛,竟带着近百头身强体壮的野牛狂奔而来。众野牛如风而至,把几只狮子团团围在中间。一头野牛开始狂追一只狮子,它吼声如雷,似威武的战将。而那狮子的威风早已消失殆尽,它在这头野牛面前落荒而逃。但是,剩下的狮子依然咬住小野牛不肯松口。野牛们终于发怒了,它们结成战阵,逼近狮子。又一头野牛对着狮子疾冲上去,它用牛角猛力一挑,一只狮子就飞到了空中,然后狠狠地摔到地上。群牛怒吼,开始发起进攻,在雷霆万钧的气势下,剩下的几只狮子终于面露惶恐,它们无力地抵抗了几下,便松开口,四散逃窜了。

如血的残阳中,野牛们如一个个勇猛的战士。它们用勇敢与力量,上演了一场悲壮的生命之歌,令人动容。从小野牛落入群狮之口,到众野牛奋力助小野牛奇迹逃生,这一过程只有短短的8分23秒。

8分23秒的牛狮之战,完全颠覆了对于强者和弱者的定义。强者与弱者,原来并不取决于体魄的强壮或羸弱,也不在于其食肉还是食草。强与弱,是一种精神与意志的较量。有些个体看似软弱,可它们一旦同仇敌忾、紧密团结在一起,就会形成一股无比强大的力量,在这种力量面前,再强悍的对手也会被折服、被击败。

依靠个人的力量,有些人可能很难在事业上有所成就,但如果融入团队,不同的组合可能发生剧烈的"化学反应",各自发挥自己的优势,形成优势互补,就会产生意想不到的业绩奇迹。

【感悟反思】

(1)你对本案例有何感悟?
(2)结合本案例的观点,思考个人如何融入团队,如何充分发挥团队的力量。

各抒己见 ▶

【案例2-6】 唐僧师徒团队

【案例描述】

《西游记》里的唐僧师徒四人(唐僧、孙悟空、猪八戒和沙悟净)一起去西天取经,他们性格迥异，各有优缺点，但共同的理想将他们联系在一起。他们一路虽多有冲突、险象环生，但终能同心协力、各显神通，历经千山万水，不惜跋山涉水，终于完成取经大任，并获得个人事业的成功，修成正果。

在取经团队中，四人是相互依存、缺一不可的。唐僧虽然既非擒妖能手，又不会料理行程上的事务，但是他能把握大局，信念坚定，得到上司的直接授权，又有广泛的社会资源。唐僧得到唐太宗的直接任命，被授以袈裟和金碗，又得到以观音为首的各路神仙的广泛支持和帮助，起到了凝聚和完善的作用，是团队的核心人物。孙悟空本领超强、冲锋陷阵、不拘小节，起着创新和推进的作用，是实现组织目标的关键人物。猪八戒虽然本事不大、组织纪律性不强、好吃懒做、贪财好色，但具有乐观主义精神、能屈能伸、能说会道，在团队中承担了润滑油的作用，并起到了信息沟通和监督的作用。沙悟净言语不多、任劳任怨，承担了挑担等粗笨无聊的工作，起到了协调和实干的作用。

师徒四人的技能相互补充、相得益彰，这是团队成功的关键。

【各抒己见】

（1）由一个小组选定一位成员讲述该案例。

（2）剖析唐僧师徒四人的性格特点，试解读个人性格与团队建设之间的关系。

（3）分析一个坚强团队的构成要素，如何让一个团队变得更加具有战斗力和合作力？

【小贴士】

唐僧是那种"完美型"的人，崇尚美德，喜欢探索人的内心世界，追求至善至美的艺术品位，严肃认真、注重细节、执着追求真理，一直遵循着"既然值得去做，就应该做到最好"的信念。孙悟空是那种"力量型"的人，永远充满活力，勇于超越自己，崇尚行动，无坚不摧，在意工作的结果，对过程和人的情感漠不关心，有时也会显得霸道和冷酷无情。猪八戒是那种"活泼型"的人，崇尚乐趣，情感外露，热情奔放，对生活充满热情，与他在一起永远也不会无趣，但有时会好逸恶劳，缺乏责任感。沙悟净是那种"和平型"的人，崇尚低调，情绪过于内敛，喜欢随波逐流，习惯既定的游戏规则，听天由命，但有时会没有主见，缺乏对生活的热情，比较马虎和懒惰。这四人各有各的性格特点，而我们也应该感叹：为什么四个不同性格特点的人，可以组成一个团队，能够成功地取到真经？每个团队成员都会有个性，这是无法也无须改变的，而经营团队的艺术就在于发掘成员的优缺点，根据其个性和特长合理安排工作岗位，使其达到互补的效果。

通过分析他们不同的性格特点，也给了我们一个启示：一个成功的团队并非需要每个人都很优秀，性格都一样。比如，一支足球队，除需要前锋来负责进球外，也需要后卫和门将来负责防守，只有这样才能在防住对方的同时，还可以进球，拿到比赛的胜利。一个团队也是如此，需要形形色色的人，只有这样才会让团队变得更加具有战斗力和合作力。

一个坚强的团队，应有四种人：德者、能者、智者、劳者。德者领导团队，能者攻克难关，智者出谋划策，劳者执行有力。唐僧是一个目标坚定、品德高尚的人；孙悟空有个性、有想法，执行力很强；猪八戒具有乐观主义精神，能屈能伸、能说会道，尊敬唐僧；沙悟净任劳任怨、忠心耿耿。总体来说，唐僧师徒团队能够优势互补、目标一致，每个人都能发挥自己的效用，所以形成了一个越来越坚强的团队。

【案例 2-7】 海豚的观点

【案例描述】

在茫茫大海里，几只海豚正在觅食。忽然，它们欣喜若狂地看到海洋深处游动着很大的鱼群，这时它们并没有因为饥饿冲向鱼群。因为如果那样，鱼群就会被冲散。它们尾随在鱼群后面，用特有的声音"吱、吱……"向大海的远方召唤。一只、两只、三只……越来越多的伙伴游了过来，不断地加入队伍，一起高声呼唤着。

哇，已经 50 多只了，它们还没有停止。当海豚的数量汇聚到 100 多只的时候，奇迹发生了。所有的海豚围着鱼群环绕，形成一个球状，把鱼群全部围绕在中心。它们分成小组有秩序地冲进球形中央，慌乱的鱼群无路可走，变成这些海豚的腹中佳肴。当中间的海豚吃饱后，它们就会游出来替换在外面的伙伴，让它们进去饱餐一顿。就这样不断循环往复，直到最后，每只海豚都得到了饱餐一顿的机会。

团队的力量无坚不摧。没有完美的个人，只有完美的团队，一个成功的团队造就无数个成功的个人。

【各抒己见】

（1）由一个小组选定一位成员讲述该案例。
（2）开始时，那几只海豚为什么没有直接捕食？如果它们单独行动会有什么后果？
（3）海豚采用什么方法捕食？

【案例 2-8】 居功自傲是团队精神的杀手

【案例描述】

三个和尚在一座破落的庙宇里相遇。
"这个庙为什么荒废了呢？"和尚甲触景生情。
"一定是和尚不虔诚，所以诸神不灵。"和尚乙说。
"一定是和尚不勤劳，所以庙产不修。"和尚丙说。
"一定是和尚不敬谨，所以信徒不多。"和尚甲说。
三人你一言我一语，最后决定留下来各尽所能，看看能不能成功地拯救此庙。
于是，和尚甲恭谨化缘招呼，和尚乙诵经礼佛，和尚丙殷勤打扫。
果然香火渐盛，朝拜的信徒络绎不绝，而这个庙宇也恢复了鼎盛兴旺的旧观。
"都是因为我四处化缘，所以信徒大增。"和尚甲说。
"都是因为我虚心礼佛，所以菩萨才显灵。"和尚乙说。
"都是因为我勤加整理，所以庙才焕然一新。"和尚丙说。
三人为此日夜争执不休，庙里的情况再次一落千丈。分道扬镳的那一天，他们总算得出了一致的结论：这庙之所以荒废，既非和尚不虔诚，也非和尚不勤劳，更非和尚不敬谨，而是和尚不和睦。

居功自傲是团队精神的杀手，是破坏团队合作的重要因素。团队成员应客观认识到自己和别人在团队中的作用，戒骄戒躁。团结是团队合作得以顺利进行的前提，是团队合作能够结出硕果的基础，是团队合作能够长期久远的保证。

【各抒己见】

（1）由一个小组选定一位成员讲述该案例。
（2）团队成功的关键是什么？
（3）一个团队应如何保证成员之间团结协作？

扬长避短

【案例2-9】 雁行千里排成行，团结协作齐飞翔

【案例描述】

秋去春归的大雁在飞行时总是结队为伴，队形一会儿呈"一"字形，一会儿呈"人"字形，一会儿又呈"V"字形。大雁为什么要结队飞行呢？

一群编成"人"字形飞行的大雁，要比具有同样能量而独自飞行的大雁多飞行70%的路程，也就是说，结队飞行的大雁能够借助团队的力量飞得更远。其原因是：大雁以"人"字形飞行，为首的大雁在前头开路，它能帮助左右两边的大雁形成空气由前向后的流动，减少飞行的阻力，使每只大雁都能够顺利到达目的地。

大雁的叫声热情十足，能给同伴鼓舞，所以后面的大雁用叫声鼓励飞在前面的同伴，使团队保持前进的信心。当一只大雁脱队时，会立刻感到独自飞行的艰难迟缓，所以会很快回到队伍中，继续利用前一只大雁形成的浮力飞行。

一个队伍中最辛苦的是领头雁。当领头的大雁累了时，会退到队伍的侧翼，另一只大雁会替代它的位置，继续领飞。当有的大雁生病或受伤时，就会有两只大雁来协助它飞行，日夜不分地伴随它的左右，直到它康复或死亡，然后它们再继续追赶前面的队伍。

如大雁一般，无论是困境还是顺境都能彼此维护、相互依赖，再艰辛的路程也不惧怕遥远。在雁阵中的每只大雁都会发出"呱呱"的叫声，鼓励领头的大雁勇往直前。生命的奖励是在终点，而非起点，在旅程中遭尽坎坷，可能还会失败，但只要团队成员相互鼓励、坚定信念，终究还是能够成功的。

【思考讨论】

（1）雁群是一个什么样的集体？大雁结队飞行的现象给了你哪些启示？
（2）大雁飞行时为什么要排成"V"字形？
（3）大雁飞行时常常发出叫声，这有什么作用？
（4）假如我们拥有大雁的精神，会怎么样？假如一个民族拥有大雁的精神，又会怎么样？

【小贴士】

雁群飞行的阵势，为我们揭示了一个深刻的道理：我们不能没有团队精神，因为成功在于合力，在于协作。一盘散沙难成大业，握紧拳头出击才有力量。任何一个团队，成员之间必须团结一致，大家心往一处想、劲往一处使，只有这样才能无往而不胜。团队行动的速度有多快，并不是取决于团队中走得最快的那个人，而是最慢的那个人。正如我们所熟悉的"木桶原理"，一个木桶的容量多少是由木桶中最短的那块木板的长度决定的。

启示1：与拥有相同目标的人同行，能更快速、更容易地到达目的地，因为彼此之间能相互推动。

启示2：如果我们与大雁一样聪明，我们就会留在与自己目标一致的队伍里，而且乐意接受他人的协助，也愿意协助他人。

启示3：在完成困难的任务时，轮流担任领头人与共享领导权是有必要的，也是明智的，因为团队中的每个人都是相互依赖的。

启示4：我们必须确定从我们背后传来的是鼓励的叫声，而不是批评的叫声。

启示5：如果我们与大雁一样聪明，我们也会相互扶持，不论是在困难的时刻还是在坚强的时刻。

【案例2-10】团队合作比优秀成绩更宝贵

【案例描述】

一家做市场策划的咨询公司招聘高层管理人员。9名优秀的应聘者经过初试，从上百人中脱颖而出，闯进了由公司老总亲自把关的复试。老总看过这9个人的详细资料和初试成绩后，相当满意。然而，此次招聘只能录用3个人，所以老总给大家出了最后一道试题。

老总把这9个人随机分为甲、乙、丙三组。指定甲组的3个人调查本市婴儿用品市场，乙组的3个人调查妇女用品市场，丙组的3个人调查老年人用品市场。老总解释说："我们录用大家是来搞市场研发的，所以你们必须对市场有敏锐的观察力。让大家调查这些行业，是想看看大家对新行业的感应能力。每个小组的成员务必全力以赴。"临走的时候，老总补充道："为避免大家盲目开展调查，我已经叫秘书准备了一份相关行业的资料，走的时候自己到秘书那里去取。"

两天后，9个人都把自己的市场分析报告送到了老总那里。老总看完后，站起身来，走向丙组的3个人，与之一一握手，并祝贺道："恭喜3位，你们已经被本公司录用了！"

面对大家疑惑不解的表情，老总不紧不慢地说："请大家打开那天我叫秘书给你们的资料，互相看看。"原来，每个人得到的资料都不一样，甲组的3个人得到的分别是本市婴儿用品市场过去、现在和将来的分析，其他两组的也类似。老总说："丙组的3个人很聪明，互相借用了对方的资料，补全了自己的分析报告。而甲、乙两组的6个人却各自行事、互不联系，自己做自己的，写出的报告内容很片面。我之所以出这样一道题目，其实最主要的目的，是看看大家的团队意识。甲、乙两组失败的原因在于，他们没有合作，忽视了队友的存在。要知道，团队精神在现代企业里比什么都重要，团队精神才是现代企业成功的保障！"

【思考讨论】

(1) 本案例给你的启示有哪些？最终老总为什么录用了丙组的3个人？
(2) 我们在团队中合作共事时应如何扬长避短？
(3) 在未来的工作岗位中，我们应如何合作共事、共享成果？

【案例2-11】 博士乘船过河

【案例描述】

博士乘船过河，在船上与船夫交谈。

"你会文学吗？"博士问船夫。"不会。"船夫答。

"会历史吗？"博士又问。"也不会。"船夫说。

"那么地理、生物、数学呢？你总会其中一样吧。"博士再问。"不，我一样都不会。"船夫说。

于是，博士感慨起来：一无所知的人生啊，将是多么可悲！

正说着，一阵大风忽然吹来，河中心波涛滚滚，小船危在旦夕。

船夫问博士："你会游泳吗？"博士怔住了，答道："我什么都会，就是不会游泳。"

话还没说完，一个大浪打来，船翻了，博士和船夫都落入了水中。

船夫凭借着自己熟练的游泳技术救起了奄奄一息的博士，这时船夫对博士说："我什么都不会，可是没有我，你早已淹死了。"

【思考讨论】

(1) 本案例给你的启示有哪些？
(2) 我们应如何扬长避短，组成一个战斗力强的团队？
(3) 如何理解一个团队要优劣互补，才能取得成功？

【小贴士】

在这个多元化的社会中，既需要有专业知识的人，也需要博学多识之人。当一个人做不了通才时，莫不如像船夫一样学一门游泳技术。

在团队中，没有一个角色是完美无缺的，作为普通人，每个人都必然有着这样或那样的优点与缺点。也正是因为个体之间的这种差异，团队才有了存在的意义。在任何一个团队里，团队成员总是各有所长，大家资源共享、相互协作。

常言道："尺有所短，寸有所长。"在团队中，我们既需要博士意义的通才，也需要船夫一样的专才，角色的不同正好互为补充，从而达成团队的目标。

俗话说："一个篱笆三个桩，一个好汉三个帮。"我们生活在一个充满竞争的年代，个体的生存似乎变得越来越艰难。因此，我们要与别人合作。只有将自己融入团队，借助团队的力量，个人才能获得生存与发展的机会。

活动教育

互动交流

【话题2-1】 拔河比赛与团队精神

相关材料如下：

星期天的早晨，参加拔河比赛的师生已经按捺不住了，早早地便来到了赛场上。各队队长开始和队员们商量对策，一个个表明了自己所在队伍必胜的决心。9:00比赛准时开始，参加拔河比赛的队员们全神贯注地等待裁判的一声令下。哨声一响，队员们纷纷拼尽全力地拔。赛场上加油助威声、呐喊声、欢呼声是那么响亮，那么欢畅。咔嚓、咔嚓，摄影人员不停地按下相机快门，生怕慢了会将这精彩的瞬间错过。队员们的汗水浸湿了衣服，他们还在坚持；手磨破了，他们仍然坚持！仿佛他们要用自己的坚持来告诉全世界：我们的团队是最棒的。赛场上，队员们用他们的坚强及拼搏的精神展现了自己的风采，也诠释了让人敬佩的团队力量。

比赛接近尾声，几场拔下来，好几个女同学的手都磨破了，手臂也擦伤了，问她们"痛吗"，她们却回了一个灿烂的微笑："不痛，为了团队，一点小伤没关系！"简简单单的一句话却将同学们的拼搏、坚强、团结体现得淋漓尽致。

比赛中也许会很累，拼搏时也许会汗流浃背。但是我们相信，经历了比赛之后我们会更了解自己，更了解自己的团队。也相信经过这小小的拔河比赛，团队将更坚强、更团结。

一场拔河比赛，看似简单喧闹，其实它的内涵要远远大于它的娱乐价值。它除给人带来了乐趣外，更多的是让人懂得了一种精神，那就是团队精神！

一个小家有了团队精神，就会是一个幸福的家；一个单位有了团队精神，就会蒸蒸日上；一个民族、一个国家有了团队精神，就会坚不可摧。

【互动交流】

（1）说一说你曾经历过的体现团队精神的活动。在过去的团队中，你扮演的是什么角色？
（2）为什么团队合作如此重要？自己能脱离团队吗？
（3）个人应该如何进行团队合作？

【话题2-2】 微软超越自我的团队意识

相关材料如下：

众所周知，微软使数以百计的雇员成了百万富翁。可是，他们中许多人在功成名就之后，却仍然继续留在微软工作。是什么原因使这些人在生活已经足够富足的情况下，仍然愿意留在微软工作，为微软贡献自己的力量呢？

如果你知道微软的工作条件并没有那么舒适、安逸，你就会觉得雇员的这种献身精神难能可贵。在这里，一周工作60小时是常事。在主要产品推出的前几周，每周的工作时数还会过百。微软也并非以高额津贴出名。相反，它却以"吝啬"著称。多年以来，比尔·盖茨在因公出差时，总是自己开车去机场，而且坐的是二等舱。

那么，是什么神奇的吸引力，竟使这帮百万富翁（甚至包括亿万富翁）并非出于自己的经济需要而如此卖命地工作呢？答案只有一个，那就是，完全超越了自我的团队意识。这种团队意识已在微软落地生根。微软人认为，他们不属于自己，而是从属于某种特别的东西——微软团队。在微软团队中，正是和团队成员开展有效的合作，才成就了他们今日的辉煌。

对此，比尔·盖茨做出了这样的解释："微软营造了一种开放的氛围，在这种开放的氛围中，员工会不断有创意和灵感产生，他们的潜能也会得到最大限度的激发。在微软团队中，团队成员可以拥有整个公司的资源，也可以利用整个团队的力量在达成共同目标的基础上，实现自己的梦想。"

团队意识是最能将微软的企业文化与其强大的竞争力、创造力联系在一起的东西。因为微软是一家技术开发公司，技术又是靠人来实现的，实现一种好的技术、创造一种好的产品，都需要有一个好的团队。微软开发了难以计数的产品，管理着数量超过 9000 个的项目组，它让所有团队都能团结在一起，且都能创造出最好的产品，这也是微软做得特别成功、特别值得骄傲的一个方面。

这种团队意识，绝非微软所独有。类似于这种把个人归属于集体的团队意识，也是其他公司都在刻意追求和培养的。

【互动交流】

（1）微软成功的秘诀之一是拥有超越了自我的团队意识。你所在小组的团队意识如何？你具有这种团队意识吗？

（2）微软的团队意识体现在哪些方面？

（3）联系实际谈谈个人应如何融入团队。

（4）你认为应当如何进行有效的团队合作呢？

【话题2-3】 团队与自我

相关材料如下：

团队是一个群体，包含很多个体单位。当团队形成以后，每个个体都会对团队及其他成员有一定的要求。明确其他人都会有哪些要求，对个体融入团队是非常有帮助的。

（1）团队有特定的目标，当某个个体在为实现这个目标而奋斗的时候，他希望团队其他成员也在努力工作。如果其他人不能为目标的实现做出贡献，就会拖累整个团队的工作进度，进而影响到个体的利益。

（2）既然团队是一个群体，那么群体在交往过程中就会有一定的规范，也可能表现为一种制度。作为个体，在努力遵守这些规范的同时，他会在意其他人有没有遵守。如果有人没有遵守，就会让团队失去公平的环境。

（3）团队所能获得的资源是团队中的每个人所共有的，可以说所有的东西都是个体的东西。因此，个体会很珍惜资源，如果其他人浪费了团队的资源，就和浪费了他自己的资源一样。

（4）为了更好地合作，团队内部的沟通是十分必要的。当个体倾听和弄清楚其他人在说什么和想什么的时候，他也希望别人能够来了解自己。

（5）因为个体的差异性，团队中会有不同的观点，这是正常的。但是，当最终针对某一问题已经制定出相应的对策的时候，个体不希望有人盲目地坚持己见、不按照团队的计划行事。

（6）团队是一个群体，团队成员在工作中有矛盾和冲突是正常的。不过，个体希望大家能够把问题拿到桌面上解决，而不希望大家钩心斗角，把精力浪费在排挤其他人身上。团队应不惜精力解决问题，阻止产生内部的人际纠纷，以免把大家的精力无益地消耗殆尽。

【互动交流】

（1）你是否赞成以上观点？结合实例谈谈你的看法。你有没有处在一个团队之中？

（2）你认为是团队协同工作的效率要高，还是一个人单独工作的效率要高？

（3）在曾经的团队中，你有没有很好地满足其他人的要求？你对团队其他成员都有什么样的要求？

（4）当团队成员有不同的观点时，你认为应如何消除分歧，最终形成团队的一致观点？

（5）团队其他成员对你的支持是不是十分重要？自己能不能脱离团队而靠一己之力完成工作？

【话题2-4】 融入团队并成为优秀的团队成员

相关材料如下：

在这个合作的时代，你不可避免地处在一个团队中。如果希望能够很好地融入团队，那你不仅要对团队的目标、计划等非常清楚，还要确定自己所扮演的团队角色。团队合作的基础是服务，所以你需要知道什么才是团队所需要的服务，以及如何提供服务。

1. 确定自己的团队角色，并为团队做出贡献

确定自己的团队角色，需要清楚地认识自己的能力、优势和性格特点。想一想，团队在进行人员配置的时候，是因为什么而选择你？你能为团队的发展做什么工作？哪些是团队已经发现了的优势？你还有哪些优势没有为团队所发现？你如何为团队创造更大的价值？

2. 找到最佳的时机介入团队事务

你一定要知道应当在什么时候以最合适的团队角色出现，也要知道应当在什么时候保持沉默。团队中的每件事情并非都需要你的参与，有些时候即使参与了也要知道自己是以决策者还是以参与者的身份来跟进事情的。只有这样，你才可能知道什么事情该做，什么事情不该做。为了寻找最佳的时机介入团队事务，你需要对团队的目标和计划有很清楚的了解及认识。

3. 能够在不同的团队角色之间灵活转换

随着团队目标不断变化，个人的角色也在不断转换。这个时候，你获得的团队所赋予的分解目标和权利也是不同的。你要适应这种变化，而不能让团队来适应你。同时，在团队角色转换的过程中，你也要让其他成员清楚你的这个变化，以避免不必要的冲突。

4. 要适当限制自己的团队角色

这是为了给别人更多的发展空间。团队的利益高于一切，有些时候团队需要其他人来担当本来属于你的角色，以发挥所有成员的潜力。同样，你也有可能去做自己并不擅长的事情。

这个时候，从团队的利益出发，你要适应这种调整，因为这样做符合团队的整体利益。你也要学会承担别人不愿意做的工作，因为这项工作需要有人来做。

【互动交流】

（1）在团队中，你是否找到了恰当的服务时机？你适应了角色的转换吗？

（2）在团队中，你有没有成为其他人发展的障碍？为了团队的整体利益，你是否曾承担过你并不擅长的事情或别人不愿意做的工作？

（3）在团队中，你是否有过以下想法。

① 当团队成绩被上司表扬的时候，你是否会想："一切还不都是我做的，你们做了什么？"

② 当团队没有采纳你的计划的时候，你是否会想："你们懂什么呀？乱指挥。反正我不会这么做，看你们怎么失败。"

③ 当因为自己的失误而影响了团队工作的时候，你是否会想："不是我不行，只是我疏忽大意了。"

④ 当团队其他成员在讨论方案选择的时候，你是否会想："我无所谓，领导怎么说我就怎么做。"

⑤ 当同事做了本应该属于你的工作的时候，你是否会想："这是我的工作，你为什么要插手？"

【话题 2-5】 你认为一个优秀的团队成员应该是什么样的

【小贴士】

一个优秀的团队成员应该具备以下三个要点：一是要有强烈的求知欲和学习欲望，这样才能保证和团队的步伐一致，不至于掉队；二是要有协调能力和合作精神，这样才不会和团队其他成员产生严重的矛盾与冲突；三是要有大局观，一切以大局的利益为主，不要因个人的原因而把集体利益抛到一边。

【话题 2-6】 优秀团队建设之我见

扫描二维码，浏览并理解表 W2-4 所示的"优秀团队的建设标准"。表 W2-4 围绕优秀团队建设的 15 个方面展开，每个方面均有具体描述。请根据你对各项描述的理解，结合团队现状，选择对应的分值填入"赞成程度"列：1～5 分代表你对这项描述的赞同程度，其中 1 分代表"非常不赞同"，5 分代表"非常赞同"。

团队活动 ▶

【活动 2-1】 拾荒游戏

拾荒游戏是指在规定时间里找到某些难以找到的东西，先得者或得到最多者获胜。

【活动目的】 让小组成员体验作为团队共同完成一项具体任务，并对这种体验进行分析。

【活动时间】 小组成员用 60 分钟的时间完成物品寻找任务，再用 30 分钟的时间一起分析和评估这段经历和体验。

【活动过程】

（1）在校园范围内，每个小组找到以下物品：

① 一份有关群体或团队的新闻报道；

② 一件有着学校名字或标志的衣服；

③ 一沓学校的办公信纸；

④ 一个 U 盘；

⑤ 一张账单；

⑥ 一本去年的日历；

⑦ 一张印有麦当劳产品的宣传单；

⑧ 一穗玉米；

⑨ 一张张学友的 CD。

（2）60 分钟后，所有的小组成员回到教室，找到最多物品的团队获胜。全班和老师一起判断这些物品是否符合活动的要求。

【活动总结】

每个小组对这项活动进行报告和自我评估，回答以下问题。

（1）团队使用的策略是什么？

（2）每个成员在完成任务的过程中扮演什么角色？

（3）团队的有效性如何？

（4）团队怎样做会更有效？

【活动 2-2】 齐眉棍游戏

齐眉棍游戏是一个看似简单但操作起来并不简单的互动游戏，可以让大家懂得团队合作中的重点，是一个不错的素质拓展游戏。

【活动目的】 培养参与者的团队精神，训练参与者的团队协调能力。

【活动要求】 8 人或 10 人一组，准备多根 3 米长的塑料棍。

【活动规则】

（1）每位参与者的手都必须接触到塑料棍，并且手都在塑料棍的下面。

（2）一旦参与者的手离开塑料棍或不完全在塑料棍的下面，或者塑料棍没往下水平移动，就宣告任务失败，必须重新开始游戏。

【活动过程】

（1）参与者站成两列，且两队面对面。

（2）每个人将双手举起，与额头齐平，每只手伸出一根食指。

（3）在参与者手上放上塑料棍，所有参与者用食指在下面托起塑料棍，然后缓慢下降，最终将塑料棍放在地上。

【活动总结】

（1）游戏结束后，所有参与者讨论，齐眉棍游戏给你的启示是什么？

（2）你们团队成功了吗？你的心情如何？哪个队友是你要感谢的？为什么？

【活动 2-3】 人椅游戏

【活动目的】 体验团队精神，发挥团队合作的作用，使参训团队中的每个成员充分贡献自己的力量。

【活动要求】 时间为 10～20 分钟，场地是空旷的地方，最好是户外。

【活动过程】

（1）每个小组围成一圈，每位参与者将他的手放在前面同学的肩上。

（2）听从老师的指挥，每位参与者慢慢坐在后面同学的大腿上。

（3）坐下之后，可以让大家喊出口号，如"努力奋斗、一往无前"。

（4）坚持时间较长的小组即获胜。

【活动总结】

（1）在游戏过程中，自己的精神状态是否出现变化？身体和声音是否也相继出现变化？在发现自己出现以上变化时，是否及时加以调整？

（2）是否有依赖思想，认为自己的松懈对团队影响不大？最后出现什么情况？

（3）要在竞争中取胜，关键因素有哪些？

【活动 2-4】 蒙眼布阵

【活动目的】 提高参与者的团队意识及团队协调能力。

【活动要求】 场地是空旷的地方，最好是户外，准备眼罩等用具。

【活动过程】

（1）给每位参与者蒙上眼罩。

（2）让参与者手拉手，在黑暗中布成一个正方形或三角形、圆形等规则图形的阵形。

【活动总结】

（1）回想一下在游戏过程中发生过什么事情？

（2）大家是怎么决定布何种阵形的？大家是怎样布阵的？

（3）在现实工作中你是怎么看待团队合作的？

（4）如果再玩一次，你会怎么做？

【活动 2-5】 坐地起身

坐地起身是一个让大家明白合作重要性的体育游戏。

【活动目的】 考察团队之间的配合，让大家明白团队合作的重要性。

【活动要求】 时间为 20～30 分钟，可以在教室内或室外操场上完成。

【活动过程】

（1）将参与者分成若干组，每组 6～10 人。

（2）各组先派出两名成员，背靠背坐在地上。坐的意思是臀部贴地，正常来说一个坐在地上的人，是无法手不着物地站起来的。

（3）两人双臂相互交叉，合力使双方同时起立。

（4）依次类推，每组每次增加一人，如果失败再来一次，直到成功才可再加一人。

（5）最后人数最多并且用时最少的一组获胜。

【活动总结】
（1）你能仅靠一个人的力量就完成起立的动作吗？
（2）如果参加游戏的成员能够保持动作协调一致，这个任务是不是更容易完成？
（3）是否想过一些办法来保证成员之间的动作协调一致？

【活动2-6】 名称接龙

【活动目的】 通过该项训练使小组成员之间迅速熟悉起来，记住彼此的姓名，提升成员的认知程度。

【活动要求】 按顺序记住所有小组成员的姓名即可成功，若中间出现差错则为失败。在一个愉快的氛围中完成该游戏。

【活动过程】
（1）所有小组成员围坐成一个圈。
（2）请每个成员介绍自己的姓名，且对自己的爱好和特长进行简单的介绍。
（3）从组长左手边的第一位成员起，所有成员采用以下方式进行介绍。第一位成员："我是×××"；第二位成员："我是×××（第一位成员的姓名）后面的×××"；第三位成员："我是×××（第一位成员的姓名）后面的×××（第二位成员的姓名）后面的×××"，依次类推……最后一位成员将前面所有成员的姓名重复一遍。

【活动总结】
（1）你是采取什么方式记住你前面成员的姓名的？
（2）如果让你作为团队中的最后一位成员，你有信心记住前面所有成员的姓名吗？
（3）别人能第一时间喊出你的姓名，你是什么样的感觉？

【活动2-7】 扑克分组

【活动目的】 培养个人的团队精神及顾全大局的精神，实现组织内部的信息共享。

【活动时间】 30~40分钟。

【活动教具】 对开白纸一张（事先固定在白板或教室墙上）；双面胶一卷（事先裁成40厘米左右，每组一条，由上而下间隔地粘贴在白纸上）；普通扑克牌一副（抽去大小王），一共为52张；红色白板笔一支。

【活动过程】
（1）分发扑克牌。每人从52张扑克牌中随机抽取一张牌，未得到开始指令时不许看牌。
（2）在3分钟之内，每人将自己抽到的一张扑克牌与另外的4张（或5张、6张）牌组合成一副牌组，要力争最快地组成优胜牌组。优胜规则如下。
① 按照同花顺子、同花、杂花顺子方式组合的，依次为第二、第三、第四优胜牌组。
② 由若干对子组成的杂花牌组中，对子数少者（如一组5张的牌中3+2相比2+2+1；一组6张的牌中3+3相比2+2+2）为第五优胜牌组。
③ 如果出现含"炸弹"（3张或4张相同的数字）的牌组，则化腐朽为神奇，一跃成为所有牌组中第一优胜牌组。

④ 某一组合类型中如出现两个以上同类牌组，则先组合成功（先上交）者为本类组合之优。

⑤ 各牌组中如果出现了一副没有一条符合上述标准的最差牌组，则表明整个牌局失败。

（3）宣布开始。密切观察参与者的表现，催促大家及时将组合好的牌组交来，分别放好。

（4）公布成绩。收齐各副牌组后，依照上交的时间先后，依次将各牌组中的每张牌有规律地粘贴在一条双面胶上，按照规则评出各牌组的位次，将其标注在各牌组旁。可以向优胜牌组颁发小奖品。如果出现最差牌组，则宣布本次组合失败。

【活动点评】

在整个游戏过程中，单张牌无论是好牌还是差牌，只有在组合后，才能实现其价值，才能发现是优胜牌组还是最差牌组。个人的价值是无法单个显现出来的，只有在群体中，个人的价值才能得到证实或显现。例如，孤立的一张K，或者一张5，是无所谓谁大谁小的，只有在组合后其价值才能得到最大实现，组成优胜牌组，或者最差牌组。另外，在组合牌组的时候，也有可能出现这样的问题：有无可能适当调动若干张牌，以消灭最差牌组，或者提升优胜位次较低的牌组的位次，从而使整个牌局改观？

【活动总结】

（1）单张牌有没有最好和最差之分？

（2）怎样才能实现组合的最优化？你所在的小组获胜了吗？你认为获胜的关键是什么？

（3）在游戏过程中，你是积极寻找还是等别人来找你？

（4）该游戏给你的启示是什么？

【活动2-8】 疯狂的设计

【活动目的】 锻炼大家的反应协调能力，提升大家的团队合作能力。

【活动时间】 30分钟。

【活动教具】 包含单个字母的纸片，包含单词的纸片。

【活动过程】

（1）第一轮：每个小组派一个代表从字母纸片中随机抽取一张，小组成员用最短的时间摆出这个字母。

（2）第二轮：每个小组派一个代表从单词纸片中随机抽取一张，小组成员用最短的时间摆出这个单词。

总结评价

改进评价

经过本单元的学习与训练，在团队合作能力方面有了较大提升。根据自身的表现与改进程度对团队合作能力进行自我评价，在表2-4"自我评价"列中对应处标识"√"，再根据评价结果进行进一步的改进。

表 2-4 团队合作能力提升的自我评价

等级	描述	自我评价
优秀	① 善于与他人合作共事，相互支持，并充分发挥各自的优势；能够营造良好的团队工作氛围 ② 能够主动帮助团队其他成员解决问题，积极鼓励团队内的协作，妥善解决团队内的冲突，培养团队荣誉感	
良好	① 能够与他人合作共事，相互支持，保证团队任务完成 ② 能够赞扬团队其他成员的成绩，通过适当的形式在一定程度上鼓励和激发团队其他成员的信心与勇气	
一般	① 具备一定的合作精神，能够和他人配合完成工作 ② 对团队有积极的心态，能够与他人分享知识和经验，但程度不深	
较差	基本能与团队其他成员和平相处和共事，发挥一定的作用，但团队精神不强，已对工作造成不良影响	
很差	① 很少与团队其他成员合作或不能配合他人工作，过分强调个人主义，已对工作造成严重影响 ② 不能有效地发挥自身能力，而且无法保持良好的团队工作氛围	

自我总结

我们组建了团队，并以团队的形式进行了学习和训练。为了进一步提升团队合作能力，改进团队中存在的不足，下面对各团队前一阶段的各方面表现进行评价，根据表 2-5 所示的评价指标评选出优秀团队。

表 2-5 优秀团队评选

评价指标（每个指标满分为 10 分）	小组自我评价得分	其他小组评价得分	老师评价得分	每项平均得分
团队有明确的学习和工作目标				
团队成员在学习和工作中扮演各种角色				
团队成员各自的技能得到充分发挥				
团队成员之间相互尊重				
团队成员都能积极参与讨论				
团队成员之间相互支持				
团队成员的交流比较公开				
团队成员能够真正做到相互倾听				
当团队成员之间出现冲突时，能勇于承认错误				
团队的学习和工作安排有序、清晰				
团队成员都能接受学习或工作的方法和程序				
定期检查团队的学习和工作情况				
定期检查团队的学习和工作进程				
把困难和错误看作学习的机会				
团队凝聚力强				
得分小计				

经过本单元的学习与训练，针对团队合作方面，在思想观念、理论知识、行为表现方面，你认为自己哪些方面得以改进与提升，将这些成效填入表 2-6 中。

表 2-6　团队合作方面的改进与提升成效

评价维度	改进与提升成效
思想观念	
理论知识	
行为表现	

单元 3

诚实守信、言行一致

诚实守信，是一盏明灯，它带来光亮，照亮人与人同行中的那段夜路。
诚实守信，是一把钥匙，它轻轻扭动，打开你心中那扇门上的锁。
诚实守信，是一座桥梁，它沟通你我，拉近人与人之间疏远的距离。
诚实守信，是一股清泉，它慢慢流淌，洗去人与人之间肮脏的欺诈。
诚实守信，也就是诚信，它是中华民族的传统美德，是大自然赐予人类的宝贵财富。诚信是一种职业生存方式。只有人人都具备诚信意识，才能赢得事业的辉煌。
诚信是现代社会和生活中每个人的立身之本，只有把诚信作为完善人格来追求和体验，才能自觉地培养诚信意识，达到更高的人生境界。我们在今后的人生道路上，要坚持践行"信以立志、信以守身、信以处世、信以待人"的诚信精神。
诚信是做人的基本品格，也是每个人良好道德境界的前提，更是人与人之间建立良好关系的关键。诚信既是一个具有普遍性的道德规范，又是一种法律原则，更是一种行为准则。人无信不立，业无信不兴，国无信不强。

课程思政

本单元为了实现"知识传授、技能训练、能力培养与价值塑造有机结合"的教学目标，从教学目标、教学过程、教学策略、教学组织、教学活动、考核评价等方面有意、有机、有效地融入诚信、忠诚、守时 3 项思政元素，实现了课程教学全过程让学生在思想上有正向震撼、在行为上有良好改变，真正实现育人"真、善、美"的统一、"传道、授业、解惑"的统一。

自我诊断

自我测试

【测试 3-1】 诚实测试

请扫描二维码，浏览并完成诚实测试题。

在线测试

【计分标准】
选 A 得 0 分，选 B 得 1 分，选 C 得 2 分。
【测评结果】
（1）得分为 31~40 分：你是一个诚信度很高的人，而且有很高的涵养，能充分意识到别人面临的困难，理解他们的难处。你可能会遭到别人暂时的不理解，但你仍不会同他们发生争执，你最终会成为许多人喜欢的朋友。倘若你能将这种宝贵的品质继续发扬下去，将来定会成就一番事业，不仅如此，你还将备受别人的尊重。

（2）得分为 21～30 分：你的诚信度还算可以，显得比较有涵养，在许多方面能容得下别人的意见。只要心诚，石头也会开出花来，紧握这些箴言，相信拥有诚信，你的人生之路会更平坦。要谨记："诚者，天之道也。"

（3）得分为 11～20 分：你的诚信度不算高，也许你还没有意识到这一点。你和朋友的友谊一般不会维持太久，你在许多没有价值的微小问题上浪费了许多时间。

（4）得分为 0～10 分：你相当缺乏诚信，而且比较专横，易冒犯他人。你不能容忍别人对你做错事，但常为自己的过失找理由。朋友，衷心希望你擦亮心灵的窗户，别给自己蒙上一层灰。只有做到"内诚于心"，才能"外信于人"。切记！切记！

【测试3-2】 诚信测试

请扫描二维码，浏览并完成诚信测试题。

分析思考

在学习、经济、生活、择业方面进行自我反思，回忆是否发生过类似不诚信的现象，将结果填入表 3-1 中。

表 3-1 诚信现状自我反思

类 型	不诚信的表现	是否发生过类似不诚信的现象
学习诚信	抄袭作业	
	考试违纪	
	考试作弊	
	上课迟到、早退	
	旷课	
	抄袭论文	
经济诚信	恶意欠费（学费、住宿费不按时交纳）	
	助学贷款不按时还款、还息	
	借阅的图书到期不还	
	弄虚作假，骗取各类困难资助	
	借款、借物到期不还	
生活诚信	违反校规校纪受到各种处分	
	在民主评议、选举、评奖评优中拉票或以不正当手段竞争	
	在日常生活中说谎话，欺骗领导、老师、家长、同学	
	偷窃他人物品，私翻偷看他人信件、日记、物品	
	在公共场合男女交往不得体	
	在课桌和墙壁等上乱写、乱贴、乱画	
	在教室、图书馆、食堂占座	

续表

类　　型	不诚信的表现	是否发生过类似不诚信的现象
生活诚信	买饭、买菜、打水插队	
	随地吐痰、乱扔垃圾、踩踏草坪，在公共场合吸烟	
	浪费水、电、粮食，毁坏公共财物	
	浏览不健康信息，沉迷于网络游戏	
	语言不文明、衣着不得体，酗酒、骑快车横冲直撞	
	在会场、教室接听手机扰乱秩序，在宿舍娱乐影响他人休息	
	生活铺张浪费，有超出自己消费能力的行为	
	隐瞒健康状况，提供虚假信息或出具假证明	
	拾到他人物品没有主动归还	
	学生干部不尽职，学生不履行自身义务	
择业诚信	求职简历或自荐书内容不属实（伪造荣誉证书、履历不属实、伪造学习成绩等）	
	择业中有贬低他人、抬高自己等不正当竞争行为	
	就业合同不履约	

自主学习

熟知标准

1. 诚信的评价要素

诚信的评价要素如表 3-2 所示。

表 3-2　诚信的评价要素

评价要素	要点描述
遵纪守法	遵守社会公德和法律规范，遵守各项规章制度，不超越制度规定的权限
信守承诺	不轻易承诺，但对承诺过的事情会想办法做到
实事求是	① 不说假话，真实反映客观情况，不为个人利益隐瞒事实或欺骗他人 ② 对事情进行公平公正的评价和处理，不受个人利益影响
正直廉洁	① 遇到利益诱惑时能够顶住压力、坚持原则 ② 正直廉洁，不凭借权力谋取个人私利

2. 诚信的评价标准

诚信的评价标准如表 3-3 所示。

表 3-3　诚信的评价标准

等　级	行　为　描　述
1 级	为人不够正直，待人不够真诚；不懂得尊重他人、遵守社会公德
2 级	为人比较正直，有着健康良好的心态，对他人比较尊重与真诚；较严格地遵守企业的制度，不因个人情绪而影响组织利益；有较好的社会公德意识

续表

等级	行为描述
3级	能够做到诚实守信、言行一致；能够以人为师、谦逊有礼，尊重老员工，虚心向他们学习；能够以认真负责的态度对待各项工作，从而赢得大家的信任；为人正直，有是非观念和社会公德意识
4级	随时随地以诚信开展业务，拥有积极向上的人生观与价值观，对人非常真诚；遵守企业制度规定和社会道德规范，对工作具有极强的责任感

3. 企业员工诚信准则

请扫描二维码，浏览并理解表W3-1所示的"企业员工诚信准则"。

4. 大学生诚信守则

请扫描二维码，浏览并理解表W3-2所示的"大学生诚信守则"。

5. 大学生诚信测评标准

诚信是中华民族的传统美德，是（大）学生良好精神面貌的重要体现，是学生全面发展和成长成才的关键。为进一步加强学生诚信教育，要提高学生的诚信意识和诚信素养，引导和教育学生诚信做人、诚信做事、诚信学习，努力培养和造就诚信人才。

对在校学生建立诚信档案，通过准确如实的诚信行为记录及全面系统的诚信量化评价体系，促使学生正确认识和重视自己的诚信行为，珍惜和维护自己的信用形象。

每个学生的诚信度满分为100分，对每个学生在学习诚信、经济诚信、生活诚信、择业诚信方面的现实表现进行如实调查、记录，并根据其出现的不诚信行为给予相应减分，最后计算出诚信测评得分。

按照诚信测评得分情况将学生的诚信度分为A、B、C、D 4个等级。

（1）A级（95～100分）：讲诚信，具有良好的道德品质，起到模范作用。

（2）B级（80～94分）：能做到讲诚信，具有良好的道德品质。

（3）C级（60～79分）：不诚信的行为时有发生，需要进一步约束自己的行为。

（4）D级（低于60分）：经常有不诚信的行为，情节严重。

请扫描二维码，浏览并理解表W3-3所示的"大学生诚信测评标准"。

明确目标

诚信是中华民族的优良传统，是每个人都应具备的行为规范和道德修养，其核心内容包括诚实、守信和责任。诚信是为人处世的基本原则，是一个人的立身之本、立德之基。有诚信才能建立良好的人际关系，有诚信才能获得他人的尊重与信任。

学校应普遍提高和增强学生的诚信意识、法律意识，帮助学生牢固树立诚信光荣、失信可耻的道德观念，形成诚信为本、操守为重的良好校园风尚，促进学校精神文明建设。

学校应鼓励和要求学生遵从学业规范，恪守学业道德，自觉做到学业诚信，培养诚实勤奋、学术作风严谨的学业习惯。

对企业来说，诚信是立业之本。对企业员工来说，更应该发扬诚信的优良作风，多一些实干精神，少一些虚情假意，认真、务实地履行自己的义务，干好本职工作，诚信做人，踏实做事。

在校学习期间和在未来的工作中，针对诚实守信、言行一致方面，努力实现以下目标。

（1）秉承诚信传统。

以诚信为荣，以失信为耻。树诚信观念，立为人之本。

（2）端正诚信态度。

待人以真诚，处事亦有信。养诚信之德，树诚信之风。

（3）牢记诚信制度。

诚信记于心，制度寓于行。失信莫效仿，是非应辨明。

（4）笃行诚信行为。

评奖求真实，考试应自警。诚实求贷款，求职信守诺。

（5）恪守诚信准则。

私利须正视，诱惑当拒绝。立场须坚定，底线当严守。

（6）发扬诚信品格。

践诚信之道，扬诚信之美。传递正能量，共修诚信仰。

榜样激励

【案例 3-1】 "信义兄弟"接力还薪

【案例描述】

孙水林、孙东林，湖北省武汉市黄陂区泡桐镇人，武汉东方建筑集团有限公司项目经理。2010年2月9日，腊月廿六。在北京做建筑工程的孙水林回到天津，原定与暂住在天津的家人和弟弟孙东林聚一天再回武汉，但他在查看天气预报时了解到，此后几天，天津至武汉沿线的高速公路的部分地区可能因雨雪封路。他决定赶在封路前赶回武汉，给先期回武汉的农民工发放工钱。春节前发放工钱，是他对农民工的承诺。

当晚，孙水林提取26万元现金，带着妻子和3个儿女出发了。次日凌晨，他在驾车行驶至兰南高速陇海铁路桥段时，由于路面结冰，发生重大车祸，20多辆车连环追尾。孙水林一家五口全部遇难。

弟弟孙东林为了完成哥哥的遗愿，在大年三十前一天，来不及安慰年迈的父母，将工钱送到了农民工的手中。因为哥哥离世后，账单多已不在，孙东林让大家凭着良心领工钱，大家说多少钱，就给多少钱。钱不够，孙东林就贴上了自己的6.6万元和母亲的1万元。就这样，在春节来临之前，60多名农民工如愿领到工钱，孙东林如释重负。"新年不欠旧年账，今生不欠来生债。"孙水林、孙东林兄弟20年坚守承诺，被人们赞为"信义兄弟"，并荣获"2010年度感动中国十大人物"。2010年9月，孙水林、孙东林兄弟入选"中国好人榜"。

【思考讨论】

人无信不立。诚信和道义，是做人做事的基本准则，也是构建和谐社会的重要基础。孙氏兄弟给我们带来的温馨、感动和震撼，为这个社会培植了一方道德沃土。

"2010年度感动中国十大人物""信义兄弟"的颁奖词:言忠信,行笃敬,古老相传的信条,演绎出现代传奇。他们为尊严承诺,为良心奔波,大地上一场悲情接力。雪夜里的好兄弟,只剩下孤独一个。雪落无声,但情义打在地上铿锵有力。

(1) 哥哥孙水林离世后,账单多已不在,如果你是孙东林,你会怎么处理欠款?
(2) "信义兄弟"的故事给了你哪些启示?
(3) 针对拖欠农民工工资的现象,各级政府都采取了强有力的措施减少欠薪现象发生。在建立诚信社会方面,你有哪些建议?

【案例3-2】 同仁堂:诚信为本,药德为魂

【案例描述】

北京同仁堂(集团)公司作为历史悠久的中药企业之一,一直在传承着安宫牛黄丸的传统制作技艺。它是同仁堂制药历史的见证,诠释了"炮制虽繁,必不敢省人工;品味虽贵,必不敢减物力"的店训,具有独特的文化、医学、工艺、社会及经济价值。在制药过程中,一丝不苟、精益求精,严格遵守工艺流程和操作规范,不得偷懒耍滑;在配料过程中,真材实料、诚实无欺,严格遵守质量标准和配比规定,不得掺杂使假。这是中国传统商业文化和医药道德的集中体现,构成了同仁堂传统道德文化的精髓。

创建于1669年的同仁堂,至今已有300余年的历史。同仁堂遵照皇家挑选药材的标准,恪守皇宫秘方和制药方法,形成了一套严格的质量监督制度。同仁堂将现代化标准与传统工艺技术相结合,做到"尊古不泥古,创新不失宗"。中医药传统知识、技艺、绝活是同仁堂的一笔宝贵财富。然而,近年来随着现代生产方式的入侵、老药师和老专家的相继离世,中医药行业面临传承危机。为此,同仁堂出台了一系列措施,鼓励特色师徒传承模式的沿袭,传承中医药传统知识、技艺、绝活。

同仁堂以"诚信为本,药德为魂"的经营理念,来确保企业在市场上的诚信度。原同仁堂一家合资公司乱发产品广告、擅自使用商标,集团发现后立即对其实施了"停产整顿、停止销售、停止发布广告"的"三停"处理。合资期满后,坚决收回了同仁堂品牌授权。

如今,同仁堂通过申报非物质文化遗产、传承中医药传统技艺、培养中医药传承人才等方式,以文化传承带动经济发展,以经济发展促进文化传承,走出了一条同仁堂特色的发展道路。

【思考讨论】

(1) 同仁堂的诚信主要体现在哪些方面?
(2) 现代企业应从哪些方面入手确保其在市场上的诚信度?

【案例3-3】 诚信成就了海尔的事业

【案例描述】

海尔不仅是中国而且是世界上十分成功的家电企业之一,海尔的产品不仅深入我国广大的城市和农村中,而且将工厂建到了美国、德国等发达国家。支撑海尔大厦的基础正是诚信。1984年,张瑞敏受命担任了一家亏损冰箱厂的厂长。这家企业人心涣散,制度形同虚设,

违纪行为随处可见。张瑞敏厂长发出的第一道禁令是"不许在车间大小便"。指望这样的工厂生产出合格的冰箱无异于天方夜谭。1985 年，海尔从德国引进了一条世界一流的冰箱生产线。一年后，有用户反映海尔的冰箱存在质量问题。海尔在给用户换货后，对全厂冰箱进行了检查，发现库存的 76 台冰箱皆有点问题，虽然不影响冰箱的制冷功能，但外观有划痕。张瑞敏厂长提出"有缺陷的产品就是不合格产品"的观点，决定将这些冰箱当众砸毁，并且亲自砸下第一锤。这一锤砸掉了海尔人的旧观念，砸出了消费者的信任，也砸实了海尔人走向世界的道路，成就了海尔辉煌的事业。

【思考讨论】

（1）海尔目前已成为国内家电行业中最成功的企业之一，当初却是一家亏损的冰箱厂，你认为是什么成就了海尔的事业？

（2）你认为企业成功最关键的因素有哪些？企业应如何倡导诚信的经营理念，营造诚信的工作氛围，从而赢得消费者的信任？

知识学习

1. 诚信的内涵

诚信，就是诚实守信，能够履行承诺而获得他人的信任。自古以来，诚信就是人类社会活动的一个重要评价指标。

诚实，就是忠诚正直、言行一致、表里如一；守信，就是遵守诺言，不虚伪欺诈。"言必信，行必果""一言既出，驷马难追"这些流传了千百年的话，形象地表达了诚信的品质。诚信是立身之本、做人之道，也是中华民族优秀的传统美德之一。

诚信是一种道德品质，我国古代儒家一贯提倡把"诚信"作为道德原则和行为规范。其思想内涵主要有三层意义：其一，"诚"作为哲学范畴，就是真实；其二，"诚"作为道德范畴，就是诚实、诚心、诚恳，是为人的基本素质；其三，"信"作为道德范畴和行为规范，就是信义、信任、信用，是人的内在之"诚"的外化，体现着社会化的道德行为，即取信于人。

诚信是金。俗话说：是金子总会发光！一个人有了诚信，他的生命就会发光。

诚信是真。有时候，幸福围绕在我们周围，可我们常不自知，因为我们需要一双慧眼来把世界看得清清楚楚、真真切切，最重要的是彼此间需要诚信，来实现相互了解、相互融洽、相互真诚。

诚信是美。当代人都追求美，追求外表的华丽、漂亮，但不能忘记心灵美，其实心灵美才是真正的美。

诚信是德。诚信也是人与人交往中必不可缺的一种美德。生活因为有了诚信才更加灿烂，人生因为有了诚信才更加迷人，世界因为有了诚信才更加精彩。

2. 诚信的价值

从哲学的意义上说，诚信既是一种世界观，又是一种社会价值观和道德观，无论是对于社会还是对于个人，都具有重要的意义和作用。

诚信精神是培养人的高尚道德情操，指引人们正确处理各种关系的重要道德准则。个人以诚立身，就会做到公正无私、不偏不倚，讲究信用，就能守法、守约、取信于人，就能妥善处理人与人、人与社会的关系。

一个没有诚信的人，永远无法成为一个高尚的人、一个纯粹的人、一个有道德的人、一个有益于人民的人。我们可以说，诚信的原则和精神，不仅对促进社会稳定繁荣、纠正社会风俗、医治社会精神疾病具有重要的作用，而且对加强社会成员的个人道德涵养，提升全民族的文化素质，培养有知识、有作为、讲道德、守法纪的一代公民具有重要的作用。它是立国、立业之本，也是个人安身立命的精神法宝。

请扫描二维码，浏览并理解"诚信的价值"。

课堂教学

观点剖析

1. 诚信是职场立足之本

诚实，即忠诚老实，就是忠于事物的本来面貌，不隐瞒自己的真实思想，不掩饰自己的真实感情，不说谎、不作假，不为不可告人的目的而欺瞒别人。守信，就是讲信用、守信誉，信守承诺，忠实于自己承担的义务，答应了别人的事一定要去做。

对企业员工来说，诚信是其职场立足之本，是首要的职业精神。要想在职场中做到不可替代，就一定要遵守职场上的规矩，首先就要做到讲诚信。诚信，简单来说，就是不欺上、不瞒下、不违背公共道德。诚信者走遍天下。中国古话也讲，人无信不立。

曾有人问李嘉诚："你是如何用人的？"

李嘉诚回答："看他的忠诚度、可靠度。忠诚、可靠的人，就是品德好的人。我主张用品德好的人。"每个人都要对自己的职业生涯负责。树立诚信意识，遵守职场规则，要从点滴做起。如今，职场上不诚信的行为比比皆是，切不可等闲视之。

诚信既是商业伦理中的核心内容，也是职场伦理中的核心内容，特别是在今天这个"信任危机"的社会中。无论是雇主还是雇员，在职场中都要做到讲诚信，这是建立和谐职场的基础。要想做到不可替代，诚而有信是基石。无论什么时候，我们都要相信，做一个好人，做一个诚而有信的人，得到的利益将是最大的。人与人之间的信任，是靠时间慢慢积累的。你今天做了一件不诚信的事，就等于为明天的坟墓掘了一个坑；相反地，你今天坚持讲诚信，就等于为明天的事业大厦垒了一块砖。

2. 诚信是个人立身之本

在任何行业、任何领域进行任何活动，都要以诚信确立自己的地位。孔子曰："自古皆有死，民无信不立。""人而无信，不知其可也。"说明诚信是个人立身之本，也是处理人际关系的首要德行。

自古以来，立身处世，待人接物，都可以归结为"信用"问题。"信用"是最重要的一条道德准则，信守承诺是为人处世的前提。

信守承诺的人说到做到，拥有良好的口碑，容易赢得他人的支持，所以能够办成事、成大事。在生活中，一些人习惯背信弃义、口是心非，缺乏信用，甚至采取欺骗手段牟利。表面上，他们一时得逞，但是从长远来看，他们失去的是宝贵的信用。长此以往，别人就会对他们视而不见、听而不闻，想做成一件事无异于"水中捞月"。

在社会中，人与人之间存在错综复杂的利害关系，充满激烈而残酷的竞争。正因为如此，人们之间少了真诚、坦率，多了虚伪、矫情。在这一背景下，如果我们本着真诚的态度为人处世，就容易获得他人的信任和支持。"立身存笃信，景行胜将金"，为人处世老实忠厚、讲信用，品行高尚，胜过有金银财富，更加难能可贵。其实对一个人来说，诚信既是一种道德品质和道德信念，也是每个公民的道德责任和义务，更是一种崇高的"人格魅力"。

"君子养心莫善于诚"，能成为英雄、成为模范的人毕竟还是少数，但是我们每个公民都应该将诚信作为立身之本，作为自己最重要的道德品质。在以后的生活中，不管是为人处世，还是做事立业，只要我们高举着"诚"和"信"的旗帜，就有理由相信我们的社会能更加和谐美好。

3. 诚信成就职业形象

诚信不仅是一种名誉、一种品质，更是一个人的安身立命之本。尤其是对职场上的人来说，诚信不仅是一张名片，也是立足职场的根本，更是驰骋职场的有力武器。

成为一个诚信的人，要正确对待自身利益与他人利益的关系，要正确处理眼前利益和长远利益的关系，要开阔自己的胸襟、培养高尚的人格，要树立进取精神和事业意识。

请扫描二维码，浏览并剖析"诚信成就职业形象"。

4. 争做诚信的员工

自古以来，诚信就是中华民族的传统美德，是每个人安身立命的根本，是为人处世的基本原则。"诚"是做人之本，只有真诚的人才是品德高尚的人；"信"则是言而有信，是处理个人与他人之间、个人与社会之间关系的道德规范，只有做到言而有信，才能获得别人的信任，赢得尊重。在现实生活中更是如此，"诚信"二字已经渗透到生活的每个角落，是我们每个人必须遵守的生活规范。

诚信不仅是社会所要求的个人必须具备的道德，更是一个人的美德。只有将诚信彻底地融入自己的生活，才能显示出自己的气度，才能获得企业的欢迎，赢得世人的尊重，甚至赢得巨大的财富。

请扫描二维码，浏览并执行"争做诚信的员工"。

5. 诚信是成才必需的"通行证"

社会上流传着一种说法："有德有才是正品，有德无才是次品，无德无才是废品，有才无德是危险品。"这句话很好地说明了诚信与成才的关系。

诚信是立身之本、谋事之基、发展之源。诚信是修养，是文明，既是一种自我的约束，也是一种社会的评价。诚信是一种品德，是一种责任，是一种道义，是一种准则，是一种声誉。

我们要成才，必须有真才实学，而真才实学的获得要靠诚信；学生要成才，要在竞争中脱颖而出，被社会所承认，也要靠诚信。诚信是一种资源，可以帮助我们在成才路上少走弯路，是促进我们进步的强大动力。

诚信的获得并没有速成法，也没有任何捷径可走。我们只有通过自律，一点一滴去积累、一人一事去体现，最后才能得以实现。

6. 忠诚无价

忠诚无价，它是所有正确工作态度的基础，是所有人必须遵守的道德原则。企业依靠员工的忠诚得以生存和发展，员工依靠自己的忠诚立足于社会。

中国古人对忠诚是极为重视的。曾子坚持每天自省，第一件事就是反思"为人谋而不忠乎"。孔子认为"人而无信，不知其可也"。

忠诚是提高人们幸福感的一剂"灵药"。因为相互信任，人们不用尔虞我诈、相互猜疑，也就不用担心不公正的现象出现。

忠诚是一种美德，忠实于自己的企业和老板，与同事同舟共济、共赴艰难，将获得一种集体的力量，人生就会变得更加饱满，事业就会变得更有成就，工作就会成为一种人生的享受。相反，那些表里不一、言而无信的人，将陷入尔虞我诈的复杂人际关系，阻碍自己事业的发展。

7. 守时与守信

人的一生就那么几十年，属于我们的时间，就如同一笔再也不会增加的财富，我们必须用心计划着来花属于我们生命的这笔"钱"。从这个意义上讲，守时就是在执行我们"花"生命之"钱"的计划。

大凡守时的人都有很强的自律意识和责任感，他们善于尊重别人，办事讲求效率，做人做事讲究诚信严谨。反之，不守时的人就会表现出没有自制能力，凡事放纵自己，严以律人、宽以待己，对事业、对工作没有责任感，遇事先考虑自己，工作得过且过，什么事都无所谓，甚至不尊重他人，为人处世不讲信用。

（1）守时。

守时是一种礼貌、一种尊重、一种信誉。在崇尚"信誉消费"的今天，决不可轻视守时。

守时不仅是对自己的一种约束，也是对他人的一种尊重。不按时赴约甚至毁约的人，既是在轻视对方，也是在轻视自己。不按时赴约甚至毁约的行为，是在告诉对方，你对我并不重要，我并不在乎我的迟到会给你造成什么不便甚至损失。但是你想过没有，这样做本身其实是在告诉对方：我是一个不讲信用的人，所以我是一个不值得你重视和信任的人。这样的人，绝对不是一个具有人格魅力的人。

（2）守时和守信。

守时是守信的基础，守时与守信是成为一名优秀员工最基本的要求。不少人把"言而有信"看得很重，却视"相约准时"无关紧要。其实，守时是在与时间有关的问题上的守信。

（3）不守时带来的后果。

不守时也就失去了诚信的底线，不管一个人的工作能力有多强，谁都不会对其产生信任感。身为职场中人，你的职业化水准岂止仅体现在你的职业技能上。不积跬步，无以至千里；没有规矩，又岂能成方圆？不守时是一种不良的个人习惯，一旦养成但又不及时根除，很可能从日常生活中迅速扩展到你的工作中。

在工作期间，不守时的后果轻则会给客户留下不好的印象，从而影响到你所在企业的形象，重则一桩本来有望成交的大买卖就会告吹。你辛苦奔忙的全部过程可能就在不守时这个"小河沟"里翻船搁浅，许多心血由此而付之东流。商业行为讲究的是"信誉"二字，守时不仅是信誉的体现，也是信用的表现形式。跟缺乏信用的人谈生意，谁不得好好掂量一番？

感悟反思 ▶

【案例3-4】 亏钱就是赚钱

【案例描述】

一个细雨的早晨，一个拎着提包的年轻人正急促地敲打着宅门。过了很久，有点不耐烦的屋主终于开了门。年轻人上前礼貌地表明了来意。原来，屋主是半个月前跟他订了一批机器的客户，但最近年轻人在无意中发现，他所售卖的机器比其他公司售卖的稍微贵一些，所以他特意前来，请客户废止合同，并将订金全部退还给客户。当年轻人把包里的合同和订金递到屋主面前的时候，屋主顿时愣了，他还没见过这么傻的推销员呢！

这个"傻小子"，就是后来日本山一证券的创始人——小池国三。在那次事件中，订货的33位客户不但无人废约，而且广泛向人传颂小池国三的诚实。从此，小池国三迈开了成功的步伐。

如果当时客户选择废约，小池国三肯定会遭受重大的损失，但他更加明白，倘若客户知道被蒙骗，那些勉强售出去的高价机器肯定会令客户的满意度大打折扣，从此他可能就很难再招揽生意了。

"做生意成功的第一要诀是诚实，诚实就像树木的根，如果没有根，树木就别想有生命了。"小池国三说，这就是他得以成功的秘诀。

【感悟反思】

对待客户的关键就是讲信用、守信誉，商有商道、行有行规，一时的欺骗只能带来眼前的利益，却葬送了你在业界的声誉。

研究指出，一个满意的客户能招揽8笔生意，而一个不满意的客户会影响25个人的购买意愿。客户满意，一个看似简单的概念实际上包含着复杂的含义和微妙的玄机。满意的客户不一定要回头再买你的产品，客户满意仅是营销活动的第一个目标。就像刚拜访完第一个客户的小池国三一样，路还远着呢。

（1）如果案例中的故事发生在你的身上，你会怎样做呢？是否也和小池国三一样，请客户废止合同，并将订金全部退还给客户？

（2）你认为做生意的关键是什么？如何赢得客户的好口碑？

【案例3-5】 安然公司做假账最终导致破产

【案例描述】

安然公司曾是一家位于美国得克萨斯州休斯敦市的能源类公司。在2001年宣告破产之前，安然公司拥有约21 000名雇员，是世界上最大的电力、天然气及电讯公司之一，2000年披露的营业额达1010亿美元之巨。公司连续6年被《财富》杂志评选为"美国最具创新精神公司"。然而，真正使安然公司在全世界声名大噪的，却是这个拥有上千亿资产的公司在几周内破产的新闻。持续多年精心策划乃至制度化、系统化的财务造假丑闻导致公司公信力降低，营业额骤降，资不抵债，最后破产。安然欧洲分公司于2001年11月30日申请破产，美国本部于两日后申请破产保护。

安然公司因做假账而在几周内破产倒闭的事实，再次证明了"信则兴，失信则衰"。

【感悟反思】

（1）安然公司在几周内就破产，国内企业应吸取哪些教训？

（2）国内因失信最终导致破产的企业也不少，如果有机会创业，你会怎样做？

【案例3-6】 逃票导致失信

【案例描述】

在德国，一些城市的公共交通系统是自助售票，也就是你想到哪个地方，根据目的地自行买票即可。没有检票员，甚至连随机性的抽查都非常少。一位中国留学生发现了这个管理上的漏洞，很庆幸自己可以不用买票就能坐车到处溜达。在几年的留学生活中，他一共因逃票被抓过3次。

毕业后，他试图在当地寻找工作。他向许多跨国公司投了自己的资料，虽然这些公司在积极地开发亚太市场，但都拒绝了他。一次次的失败使他愤怒，他认定这些公司有种族歧视的倾向。最后一次，他冲进了人力资源部经理的办公室，要求经理对于不予录用他给出一个让人信服的理由。

下面的一段对话令人玩味。

"先生，我们并不是歧视你，相反，我们很重视你。因为公司一直在开发中国市场，我们需要一些优秀的本土人才来协助我们完成这个工作。所以你一来求职的时候，我们对你的教育背景和学术水平很感兴趣，老实说，在工作能力上，你就是我们所要找的人。"

"那为什么要拒绝我？"

"因为我们查了你的信用记录，发现你有3次乘公共交通逃票被处罚的记录。"

"我不否认这个，但你们就为这点小事而放弃一个自己急需的人才吗？"

"小事？我们并不认为这是小事。我们注意到，第一次逃票是在你来到这里后的第一个星期，检查人员相信了你的解释，因为你说自己还不熟悉自助售票系统，因此只是给你补了票。但在这之后，你又有两次逃票。"

"那时刚好我口袋中没有零钱。"

"不，先生，我不同意你这种解释，你在怀疑我的智商。我相信在被查获前，你可能有数百次逃票的经历。"

"那也罪不至死吧！为什么那么较真！我以后改还不行？"

"不，先生。此事证明了两点：第一，你不尊重规则，不仅如此，你还善于发现规则中的漏洞并恶意使用；第二，你不值得信任，而我们公司的许多工作是必须依靠信任来进行的，如果你负责了某个地区的市场开发工作，公司将赋予你许多职权。为了节约成本，我们没有办法设置复杂的监督机构，正如我们的公共交通系统一样。所以，我们没有办法雇用你，可以确切地说，在这个国家甚至整个欧盟，你可能都找不到雇用你的公司，因为没人会冒这个险。"

【感悟反思】

（1）本案例给了你哪些启示？你也认为乘车逃票是小事吗？

（2）你是否也曾有过不诚信的经历？请深刻反思，并立即改正。

各抒己见

【案例 3-7】 将诚信视为重中之重

【案例描述】

美国曼秀雷敦公司是誉满全球的跨国医药公司，其分公司遍布世界各地。曼秀雷敦非常强调"诚信"二字。对曼秀雷敦来说，公司对员工素质的要求有很多都是相同的，如勤奋、吃苦耐劳、经验丰富等，但是诚信和能力被曼秀雷敦视为最终的两项素质，而重中之重是诚信。个人对公司是否诚信，决定了他对公司贡献的大小和他在公司的发展如何；企业对消费者是否诚信，决定了它的市场命运如何。曼秀雷敦通常把员工分成四类：第一类是"人财"，"财"即"财富"，这类人讲究诚信，能胜任工作，为公司带来利益，需要重用；第二类是"人材"，"材"即"木材"，这类人也讲究诚信，但往往能力不够，需要通过培养和磨砺才能向第一类人迈进，这类人可用；第三类是"人才"，这类人有能力，但是缺少诚信，会优先考虑个人利益再顾及公司利益，这类人基本不用；第四类是"人裁"，这类人既没有诚信也没有能力，当然处于被裁之列了。

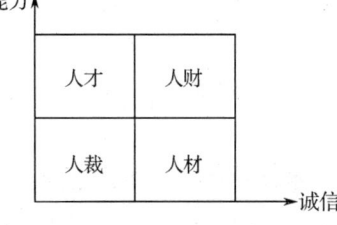

【各抒己见】

（1）由一个小组选定一位成员讲述该案例。

（2）曼秀雷敦将"诚信"视为重中之重的素质，对你有何启示？

（3）谈谈你对"人财""人材""人才""人裁"的理解，这对你在未来的职场中有何指导意义？

【案例3-8】 三鹿集团因缺乏诚信而破产

【案例描述】

三鹿集团是一家位于河北石家庄的中外合资企业,主要业务为奶牛饲养、乳品加工生产,主要经营产品为奶粉,其前身是1956年2月16日成立的"幸福乳业生产合作社"。它一度成为中国最大的奶粉制造商之一,其奶粉产销量连续15年居全国第一。

2008年8月,其产品被爆出三聚氰胺污染,企业声誉急剧下降。2008年年初,三鹿集团开始陆续接到消费者投诉,称其生产的乳制品中含有对人体有害的物质。2008年9月中旬,全国出现了大量因食用三鹿集团生产的乳制品而产生副作用的消费者。

在强大的社会舆论和市场冲击下,终因资不抵债而被迫破产。2008年12月24日,石家庄市中级人民法院正式对三鹿集团发出破产裁定书。2009年2月12日,石家庄市中级人民法院正式宣布三鹿集团破产。

自从三鹿集团的领导在同行的竞争压力之下,在名利的诱惑之下,忽视了产品质量,甚至得知牛奶中添加了有害物质而不敢面对现实,企图隐瞒真相、蒙混过关之时,就践踏了商家"受人之托,忠人之事"的道德底线。对消费者的忠诚、诚信、责任是商家的"高压线",谁触摸了"高压线",谁就会"触电",轻则受伤,重则毙命。这就是变幻诡秘的商海永恒的规律。

【各抒己见】

(1) 由一个小组选定一位成员讲述该案例。
(2) 导致三鹿集团破产的主要原因有哪些?
(3) 假设你是三鹿集团的老板,当产品出现问题、企业出现信用危机时,你会采取哪些措施应对媒体和消费者?

扬长避短 ▶

【案例3-9】 伟大的人品造就伟大的工程

【案例描述】

上海外白渡桥,是我国第一座全钢结构的桥梁,它一直是上海的一处标志性景观。它的沧桑、它的古朴、它的结构,妙趣横生,令人流连忘返。2007年年底,上海市市政工程管理局收到一封来自英国名叫华恩·厄斯金设计公司的来信。信中说:外白渡桥当初设计的使用期限是100年,于1907年交付使用,现在正到期,请注意对该桥进行维修,并且提出了维修时的注意事项等。更难能可贵的是,这家设计公司还为上海市市政工程管理局提供了当初大桥设计的全套图纸。图纸的设计人、审核人、校对人、绘图人的姓名一目了然,清晰可见。华恩·厄斯金设计公司的人员换了一茬又一茬,当初外白渡桥的设计人早已作古,无论发生

什么都不用承担任何责任，但其讲信用、视质量为生命的准则，却一直没有变。华恩·厄斯金设计公司对客户诚信负责的精神使其屹立百年而不倒。

【思考讨论】

（1）华恩·厄斯金设计公司认真负责的品质、细致入微的服务赢得了世人的赞誉。国内企业要走向世界，成为世界著名企业，可从这家公司中得到哪些启示？如何提升诚信度？

（2）做人、做产品、做设计都一样，必须诚信负责，谈谈你的看法。

【案例 3-10】 第 12 块纱布

【案例描述】

在一所知名医院的手术室里，一位年轻的女护士第一次担任责任护士，而且做一位赫赫有名的外科专家的助手。复杂艰苦的手术从清晨进行到黄昏，眼看患者的伤口即将缝合，女护士突然严肃地盯着外科专家，说："大夫，我们用的是 12 块纱布，您只取出了 11 块。"

外科专家断言："我已经都取出来了，立刻开始缝合伤口。""不，不行！"女护士高声抗议，"我记得清清楚楚，手术中我们用了 12 块纱布。"外科专家不理睬她，命令道："听我的，准备缝合！"女护士毫不示弱，她几乎大叫起来："您是医生，您不能这样做！"

直到这时，外科专家冷漠的脸上才泛起一丝欣慰的笑容。他举起左手手心里握着的第 12 块纱布，向所有人宣布："她是一位合格的助手！"

【思考讨论】

（1）本案例给了你哪些启示？你认为最基本的职业操守是什么？

（2）作为职业人，应尽力做好本职工作，还应在工作中不畏权术、做到讲诚信，说说你的看法。

活动教育

互动交流

【话题 3-1】 当前部分大学生诚信缺失的现状、原因及对策

《中共中央　国务院关于进一步加强和改进大学生思想政治教育的意见》中指出：要以基本道德规范为基础，深入进行公民道德教育，引导大学生自觉遵守爱国守法、明礼诚信、团结友善、勤俭自强、敬业奉献的基本道德规范。

当代大学生是国家宝贵的人才资源，是民族的希望、祖国的未来，肩负着实现中华民族伟大复兴的历史重任。但令人忧虑的是，近年来部分大学生诚信缺失问题相当严重，这不仅关系到人才培养的质量，而且直接影响到社会主义公民道德建设，甚至整个社会主义现代化事业的推进。

就部分大学生诚信缺失的现状、原因及对策进行讨论，各小组发表意见。

【参考材料】

（1）部分大学生诚信缺失的主要表现。

① 学习和学术研究中存在诚信缺失。

② 社会活动和人际交往中存在诚信缺失。

③ 经济生活中存在诚信缺失。

④ 就业求职过程中存在诚信缺失。

（2）部分大学生诚信缺失的原因分析。

① 外部环境欠缺。

② 家庭教育乏力。

③ 学校教育滞后。

④ 社会约束机制缺乏。

（3）部分大学生诚信缺失的对策思考。

① 积极营造诚信的社会大环境。

② 家庭教育与学校教育并重。

③ 切实加强学校的思想政治教育。

④ 建立完善的社会约束机制。

【话题3-2】 诚实守信，从我做起

诚信是做人的一种品质，是为人处世之本，是为人之德的核心。它不仅是中华民族的传统美德，也是现代文明的基石，是处理人与人、人与社会之间关系的基础性道德规范。

诚信是讲信用、守承诺，诚信是忠诚老实、诚恳待人，以信用取信于人，对他人给予信任。诚信包含"诚"和"信"：诚是诚实、诚恳、实事求是；"信"是信用、信任。诚实是守信的基础，守信是诚实的具体表现。

做人要讲信用、守承诺，对自己履行责任和义务。从生活中的每件小事做起，不贪小便宜，说老实话，办老实事，在家做个好孩子，在校做个好学生，在社会上做个好公民，尽自己的义务做好每项自己应该做好的工作。

在学校里，我们要做到考试不作弊、作业不抄袭，做错事要勇于承认，坚决改正，要认真细致，敢于承担责任。在社会上，我们应该做到不逃税、不漏税、不走私、不骗税、不骗汇。

【活动目的】

（1）使学生明确"诚信"的含义，理解"诚信"对于学生自身发展和为人处世的重要意义。

（2）使学生崇尚"诚信"，远离虚伪、欺诈，把"诚信"作为同学之间、师生之间、家庭成员之间相处的基本原则。

（3）对自身或他人的行为及社会现象的"诚信度"具有评判能力，懂得诚实守信必须从我做起，从现在做起，落实到日常生活实践中。

【活动准备】

（1）让学生通过互联网查找有关"诚信"的感人故事。

（2）将自己对"什么是诚信"的理解写成文字材料。

（3）收集自己身边关于"诚信"的事例。
（4）摘录有关"诚信"的广告词。
（5）制定"诚信公约"。

【活动过程】
（1）讨论什么是诚信。
（2）讨论如何做到讲诚信。
（3）制定"诚信公约"。
"诚信公约"的主要内容如下。
① 严守校规校纪，不做任何违纪之事。
② 作业、论文不抄袭，考试不作弊。
③ 借他人物品应妥善保管、按时归还。
④ 讲诚信、重合约，按时归还贷款。
⑤ 拾到他人物品应主动归还。
⑥ 以诚待人，不说谎话。

【活动总结】
诚信是职业道德的根本，是个人成就事业的根基。要想做到讲诚信，就要从生活中点点滴滴的小事做起。在学习和生活中，处处做到讲诚信，为将来的人生道路打下坚实的基础。

【话题 3-3】 做诚信员工之我见

以下几条是做诚信员工的基本要求，每个小组选择一条，借助互联网或参考其他书籍，还可以到企业现场调研，谈谈具体应做好哪些事。
（1）忠诚企业，恪尽职守。
（2）诚实工作，注重质量。
（3）信守合同，服务客户。
（4）公道正派，信守法规。
（5）坦诚待人，正派守信。

【参考材料】
（1）忠诚企业，恪尽职守。
① 自觉维护企业利益，不说有损企业形象的话，不做有损企业利益的事。
② 严守企业机密，不向外泄露企业需要保密的任何信息，不私自外出传授企业的技术和管理、操作方法。
③ 忠实履责，按要求做好每件事，不隐瞒、掩盖工作中的问题和错误。
④ 上班不做与工作无关的事，不迟到早退、溜岗串岗，不无故离职离岗。
⑤ 勇于制止、及时举报损害企业利益和形象的行为。
（2）诚实工作，注重质量。
① 严格按制度管理、按程序办事，不违章指挥和违规操作，不隐瞒失误。
② 如实记录原始数据，保证统计报表与台账数据真实、完整，不做假账。
③ 严格执行工艺技术质量标准，不以次充好、偷工减料。

（3）信守合同，服务客户。
① 严格履行合同规定的权利与义务，不逃避合同规定的责任。
② 及时向客户提供真实有效的相关信息，认真履行所承诺的售后服务责任。
③ 不利用职务之便索、拿、卡、要，不向客户提出与工作无关的要求。
④ 办事公道，待人处事坦诚、客观、公正，不厚此薄彼。
（4）公道正派，信守法规。
① 不利用职务之便谋取有损企业利益和形象的个人或部门利益。
② 爱护公共财产，保管和维护好工作器材与设备，不私拿公物，不违规处置企业财产。
③ 坚持公平竞争，不弄虚作假、徇私舞弊，不搞暗箱操作。
④ 不以职谋私，不损公肥私。
⑤ 如实汇报工作，真实反映情况，不为他人提供虚假证明。
⑥ 遵守社会公共秩序，不违法违纪、损害公众利益。
（5）坦诚待人，正派守信。
① 大事讲原则，小事讲风格，不打小报告，不搞小圈子。
② 作风正派，不乱发议论，不信谣、传谣。
③ 心态平和，荣誉不争，困难不躲，责任不推。

团队活动 ▶

【活动 3-1】 做一个诚信的人

【活动目的】
（1）知道诚信的基本含义，懂得现代社会更需要诚信。
（2）愿意做诚信的人，鄙视虚假和不守信用的行为，对自己不诚实和不守信用的行为感到不安与歉疚。希望通过此次班会，能纠正学生的错误行为，使其做诚信的公民。
（3）增强学生的自信心，使学生努力做到说话做事实实在在、表里如一。
【活动过程】
（1）讲诚信故事。
诚信故事 1：司马光诚对买马人
宋神宗时，司马光声言闭门著书，吩咐家人将他的坐骑卖掉。家人与一位老者谈妥价钱，第二天成交。司马光听了家人的汇报后说："这马有病，我怎么忘了交代？明天你要对买主说清楚，这马有肺病。"家人说："做买卖，哪有全说实话的！"司马光道："话可不能这么说，让人家用一匹好马的钱买一匹病马，这不是骗人是什么？这样的事咱不能干。"左邻右舍知道这件事后，纷纷称赞司马光为人诚实。
诚信故事 2：少年的诚信
早年，尼泊尔的喜马拉雅山南麓很少有外国人涉足。后来，许多日本人到这里观光旅游，据说这是源于一位少年的诚信。一天，几位日本摄影师请当地一位少年代买啤酒，这位少年为此跑了 3 个多小时。第二天，那个少年又自告奋勇替他们买啤酒。这次摄影师们给了他很多钱，但直到第三天下午那个少年还没回来。于是，摄影师们议论纷纷，都认为那个少年把钱骗走了。第三天夜里，那个少年却敲开了摄影师的门。原来，他在一个地方只购得 4 瓶啤酒，于是，他又翻了一座山，蹚过一条河才购得另外6瓶，返回时摔坏了3瓶。他哭着手拿碎玻璃片，向摄影师交回零钱，在场的人无不动容。这个故事令许多外国人深受感动。后来，到这儿的游客就越来越多了。

（2）诚信讨论。

① 议一议：在实际生活中遇到此类事情怎么办？

事例1：夏三和宋五是好朋友，他们曾经许诺，不管谁遇到困难，一定要相互帮助。这天，夏三想抄宋五的作业，宋五没同意，夏三生气地说："这点忙都不帮，真不讲信用。"

【讨论】 你对这件事怎么看？

事例2：王二的爸爸参加了援藏医疗队。最近，他妈妈得了重病住进了医院。爸爸来信问到家里的情况，王二不知道该不该把妈妈生病的事如实地告诉爸爸。

【讨论】 他应该怎么办？

事例3：李四看见同学花钱大方，很羡慕。有一天，他趁同学不注意，拿了同学的10元钱。在张老师调查时，他怎么也不肯承认。后来，张老师说："如果你信任我，就把真相告诉我，我保证不对任何人说。"听了张老师的话，他很快就把事情告诉了张老师。

【讨论】 你知道为什么吗？

【小结】 怎样才能做到讲诚信呢？以上事例要求我们，要养成讲诚信的优良品质，平时应该严格要求自己，做到表里如一、言而有信。

② 说一说：你愿意和谁交朋友？

A．当面说好话，背后说坏话。

B．直言不讳，大胆说出自己的看法。

C．没有把握不轻易答应，一旦答应就要尽力而为。

D．对别人的要求满口答应，但过后就忘，不能兑现。

③ 夸一夸：我们周围哪些事例属于讲诚信？

（3）诚信调查。

制定诚信调查表，对学生的诚信行为进行调查。调查内容如下。

① 拾到他人钱包时，你会（　　　）。

A．据为己有　　B．找到失主，交还钱包　　　　C．交还钱包，索要报酬

② 假如爸爸、妈妈拒不赡养爷爷、奶奶，你会（　　　）。

A．视而不见

B．心里不满，无可奈何

C．说服爸妈，改变态度

③ 假如你是推销员，明知你推销的商品有缺陷，你应对顾客（　　　）。

A．讲清商品的真实情况

B．只讲优点，不讲缺点

C．什么也不说，由顾客自己决定

④ 你曾出现过（　　　）不诚信的行为。

A．抄袭作业　　B．考试作弊　　　C．言而无信

【讨论】 "针对一些不诚信的言行应该怎样克服并改正"，深刻了解自己所犯的错误，下定改正的决心。

【活动总结】

纠正学生的错误行为，增强学生的诚信意识，深化班会主题。通过这次主题班会，我们能做到：守信如节、言而有信。不仅对同学守信、对家长守信、对老师守信，也对自己守信。最后希望通过这次班会，同学们能自觉保持诚信。

【活动3-2】诚信考试，真才实学

【活动目的】

使学生能够更加深刻、深入地了解诚信，认识诚信的重要性和必要性，在考试中自觉遵守考场纪律，杜绝各种作弊行为，展现学生真实的学习水平和积极向上的学习风尚，用真实的成绩证明自己的实力。

【活动过程】

（1）话题导入。

诚信，乃做人之本。一个人一旦失去"诚信"，那他将变成"孤雁"，他的事业将变成"断水之源""无本之木"。世界因为有了诚信才更加精彩。

（2）讲诚信故事。

诚信是中华民族的传统美德。从古代商鞅"立木取信"的故事到今天孙水林、孙东林"信义兄弟"的真人真事，从宋庆龄小时候恪守信用、从不食言的事迹，到美国总统林肯小时候不贪图小便宜的故事，无不给我们做了很好的榜样。关于诚信的故事还有很多，下面让我们来听听班里几位同学带来的诚信故事。

诚信故事：两袖清风

明朝宣德年间，于谦出任河南巡抚。朝廷召于谦进京议事。按照往常的规矩，地方官员进京，得给京里的宦官和大臣带上礼物，好让他们在皇上面前说些好话，这对地方官员以后的升迁有很大的影响。于谦每次入朝，都是"空囊以入"，一点礼物都不带，令那些宦官和大臣大失所望。这次，于谦身边的人又劝他了："你虽然不愿送金，可至少也得带点土特产去尽尽人情啊！"于谦哈哈大笑，举起两只袖子说："我只是'清风两袖朝天去'。"

从此"两袖清风"就成了赞扬官吏廉洁的名言。

（3）讨论话题：真才实学，诚信做人。

观点1：在人的一生中，我们会得到许多，也会失去许多，但讲信用应是始终陪伴我们的。以虚伪、不诚实的方式为人处世，也许能获得暂时的"成功"，但从长远来看，他最终是个失败者。这种人就像山上的水，刚开始的时候，是高高在上的，但之后越来越下降，再也没有上升的机会。

观点2：古人云，"知之为知之，不知为不知，是知也。"一场考试舞弊得逞，能说明你把这个问题搞清楚了吗？不做老实人，最终受伤的还是你自己！试想，如果在学生时代就随意糟蹋自己的信用，用虚假的成绩怎么能参加明日的竞争？考试作弊也会损坏校园里公平公正的气氛。

观点3：假如每个人都不诚实，这样同学之间便无法处于同一起跑线，竞争也不再公平。通过作假而得到机会，必定是以牺牲其他优秀同学为代价的，这对于未来的人才选择是极大的打击。国家建设需要的是有真才实学的人，而不是滥竽充数的南郭先生。因此，请每位同学都珍惜自己的信誉，守住一片纯净的心灵。

观点4：我们在考试中不能作弊，在学习中离不开诚信。在学习中，一定会碰到许多困难，有许多没有听懂的课，还会有许多不会做的题，这时就需要请教他人，把不懂的问题搞懂。有些人遇到不懂的问题，就马上去请教老师，不懂就问，最后知识总会掌握得很牢固；而有些人遇到不懂的问题，为了自己的面子，不懂装懂，最后什么都学不会。所以，在学习中一定要做到讲诚信，只有这样才能使我们不断进步。

我们都需要诚信，需要用诚信构建自己的事业基石，需要用诚信打造自己坚实的明天。诚实做人、诚挚待人、诚恳工作。诚信并不遥远，诚信就在心间。有人说"诚信就是一种轮回"，怎么理解呢？就是说，这一轮的信用行为既可能构成下一轮的信用代价，也可能构成下一轮的信用财富，这种轮回是以诚信引导诚信，从而构成循环。诚信教育是靠一点一滴积累起来的。让我们从自身做起，从现在做起，从身边小事做起，做到明礼诚信，只有这样才能取信于他人，服务于社会，奉献于人民和国家！让我们做明礼诚信的好学生！

（4）倡议：诚信考试，不作弊。

考试是检验学生学习成果的最好机会，更是展现广大同学为学道德的重要窗口。

学校积极倡导"真才实学，诚信做人"。要想塑造诚信的形象，最重要的一点就是文明考风、诚信考试。为此，我们发出如下倡议。

① 提高自身道德修养，争当一名诚信考生。

当诚信考生，做文明公民，既是时代的需求，更是做人的最基本的道德要求。请同学们切记："分数诚可贵，荣誉价更高，若为诚信故，两者皆可抛。"面对即将到来的考试，我们应该做的就是充分复习，以良好的状态、诚信的态度对待每场考试。从现在开始，少下一次象棋，多问一道习题；少谈几句闲话，多背几个单词；少打一场球赛，多看几页课文；少跑几次超市，多向老师请教。我们真诚地希望每位同学可以用自己辛勤的汗水和平时的努力，在考场上发挥出色，考出真实水平，考出诚信风格，勿让宝贵的诚信遗失在考场上。"考试失败你还有机会，考试作弊你将失去诚信"，这句警言时刻提醒我们，希望全体同学能够将这句话牢记心头，在考场上发挥出自己的真实水平，做一个高素质的人才！我们真诚地希望全体同学营造"诚信考试光荣，违纪作弊可耻"的考试氛围，维护知识的尊严！用扎实的知识、坚强的意志、求真的态度，向自己、向家长、向社会交上一份满意的答卷。

② "真才实学，诚信做人"，从我做起，从现在做起。

千里之行，始于足下。要想培育良好的学风、文明的校风，应当从我做起，从现在做起。每位同学都要自觉抵制作弊行为，大胆地同一切违纪行为和作弊行为做坚决的斗争，立志成为一名文明诚信的学生。"车无辕而不行，人无信则不立。"诚信是中华民族的优良传统，也是公民的基本道德要求之一。作弊不仅是对自己能力的否定和蔑视，更是丢掉了诚信。

让我们立即行动起来，把时间和精力放在复习与迎考上，争取考出真实、良好的水平。让我们以诚信换取诚信，以诚信收获成功，用诚信开启知识之窗，用诚信鼓起前进之帆。做一名诚信考生，做一个诚信之人！同学们，请加入我们"真才实学，诚信做人"签名活动中来，自信地签上你们的名字。最后祝愿所有同学能在一个公平公正的环境中竞争，在考试中取得优异的成绩。

（5）诚信考试签名。

全体同学依次上台签名。

【活动总结】

人生之舟，不堪重负，有弃有取，有失有得。失去了金钱，有健康做伴；失去了健康，有才学追随；失去了才学，有机敏相跟。但，失去了诚信呢？失去了诚信，你所拥有的一切，金钱、健康、才学、机敏……只不过是水中月、镜中花，如过眼云烟，终会随风而逝。

【活动 3-3】 遵守时间

在越来越快节奏的现代职场中，遵守时间已经成了一名优秀员工所应具备的基本素质。遵守时间就是遵守承诺，按时到达事前约定的地点，没有借口，任何时候都得做到。即使因为特殊原因不能按时到达，也应该提前打电话通知对方，并表示自己的歉意。遵守时间绝不是一件小事，它代表了一个人的素质。

不要以为遵守时间是小事，正是这样的小事却能够影响一个人的命运。连遵守时间这样的小事都做不好的人，又岂能担当什么大事？又何谈诚信？连遵守时间的承诺都经常做不到的人，又如何能做到需要他付出更大代价的承诺呢？

请从上课、集会不迟到做起，训练自己遵守时间的好习惯。

【小贴士】

（1）上课、考试、上班、开会等都应准时到达，若能提前几分钟到更好，可以看一看相关的资料。

（2）正式的聚会、集体活动应准时到达。

（3）朋友约会、同学聚会等应准时到达。

【活动 3-4】 学业诚信

诚信是一个人做学问、做事业的根本。做学问、学知识，是实实在在、踏踏实实的事情。学习上来不得半点虚假，只能循序渐进，一步一个脚印地前进。司马迁、李时珍、祖冲之、张衡之所以有伟大的作为，是因为他们有求真务实的精神，才留下千古传诵的佳作，使中华民族有无数流芳百世、万古长存的精神产品。

恪守学业诚信是每个学生应该拥有的优秀道德品质。学业诚信就是要求学生在求学、治学的过程中恪守道德规范、严谨为学、实事求是，不欺骗他人，不弄虚作假。

上课不认真听讲，抄袭作业，考试时弄虚作假，都属于学业不诚信的行为。请加强自律，告别和拒绝这些不诚信的行为，做一个学业诚信的学生。

【活动 3-5】 交往诚信

诚信是人际交往的基本原则，构建良好的人际关系有助于一个人的心理、生理保持健康，构建安全感、幸福感等。

诚信不但是"进德修业之本"，也是社会交往的基本要求。诚信做人，你会获得更多的信任和帮助！诚信处事，许多难题会迎刃而解！诚信交友，你会心境开朗，得到更多真正的朋友！

怎样才能交到真正的朋友呢？讲诚信、重承诺。交朋友，理应坦诚相待，摒弃所有虚伪的笑容和谎言，代之以真诚的问候、信任的眼神。我们不能践踏自己的诚信，要让别人相信自己，就不能不讲诚信。在朋友之间树立了诚信，大家都会愿意跟你交朋友。

以诚为本，信能化金，让我们从自身做起，从现在做起，做一个诚信的人。努力做到诚信对待朋友和同学，乐于帮助他人；自己做出的承诺，从不食言；答应别人的事，一定做到；在朋友圈树立诚信的好口碑。

【活动 3-6】 求职诚信

求职一定要展示真实的自我。俗话说：人生立世诚为本。试想：如果招聘单位招聘的人员品质不高、素质不过硬，如何敢放心地把他放在重要的岗位上？因此，大学生在求职时一定要实实在在，不弄虚作假。

大学生在求职时应在以下几个方面做到讲诚信。

（1）学业成绩真实。

很多刚毕业的大学生在初次求职时，害怕自己的平均成绩可能不太优异，喜欢把自己的平均成绩说高一点，认为这样有更大的概率被录用。其实这样做是很不明智的，因为很多企业在面试时会向你索取学校或原单位提供的成绩单的复印件，如果到时被发现说谎，那么你肯定会被直接淘汰。

（2）个人简历真实。

准备个人简历是现行求职的必备工作，但大学生在准备个人求职材料时不能过于"奢侈"。一是不提供虚假材料；二是不夸大个人优点；三是不铺张浪费。

个人简历信息的填写必须真实。由于求职市场的竞争非常激烈，为获得更好的求职效果，求职者必须突出自身的优势。而一些学历水平较低与工作经验较少的求职者，往往不具备竞争优势，导致大量投递个人简历失败的情况出现。即便如此，求职者同样需要实事求是地填写个人简历，避免填写虚假内容。

在填写个人简历的内容时，即便自身缺乏竞争优势，求职者同样需要填写最为真实的内容。以自己的诚信态度赢得企业的认可，远比以虚假的个人信息获得企业的认可更加可靠。求职者本身的品质好坏，决定招聘单位是否能够接受求职者就职。

（3）面试如实表现。

面试是求职的关键环节。大学生在面试时要实话实说，不能耍"小聪明"；不能过分强调优点，给考官不诚实的感觉；更不能故意把优点说成缺点，显得十分虚伪；针对考官的谈话，有时可以把"工作经验不足或业务学习需要加强"等作为缺点，让考官觉得你非常实在。

（4）注重加强个人修养。

招聘单位有时为了能够真实地了解求职者，会在面试后打电话或到求职者所在的学校进行暗访。如果你在面试时讲得头头是道，但平时表现不佳，结果还是不被录用。作假只能骗一时，不能骗一世，即使侥幸通过面试被企业录用，但工作后你的各种"陋习"就会不自觉地表现出来，企业出于长远发展的考虑也会解聘你。

【活动 3-7】从业诚信

大学生不仅应当在择业过程中培育诚信意识，树立诚信形象，而且要以适度超前的道德准备进行从业诚信的学习和培养，适应各种职业对道德素质的要求。

从业诚信要求员工忠于职守、尽职尽责，热爱和珍视自己的工作，严格遵守岗位的各项规章制度。各行各业都有一定的职业道德规范，我们到任何新的工作岗位上，还应信守对过去工作岗位的承诺，不能违背承诺，更不能做有违人格的事情。

在校期间，大学生应以准职业人的规范要求自己，为适应未来的工作岗位提前做好从业准备。

总结评价

改进评价

对照自己在日常学习、生活中在诚信方面的行为表现，对表 3-4 中所列诚信方面的条目进行评价，在对应的"评价结果"列中做出选择。

表 3-4 诚信自我评价

评价条目	评价结果	评价条目	评价结果
待人诚信，不虚伪	□已做到 □基本做到 □存在差距、努力改进	作业独立，不抄袭	□已做到 □基本做到 □存在差距、努力改进
信守诺言，不失约	□已做到 □基本做到 □存在差距、努力改进	考试认真，不作弊	□已做到 □基本做到 □存在差距、努力改进
做事负责，不推诿	□已做到 □基本做到 □存在差距、努力改进	学会节俭，不贪小	□已做到 □基本做到 □存在差距、努力改进
遵守校规，不违纪	□已做到 □基本做到 □存在差距、努力改进	孝敬父母，不淘气	□已做到 □基本做到 □存在差距、努力改进
学习求实，不浮躁	□已做到 □基本做到 □存在差距、努力改进	知错就改，不重犯	□已做到 □基本做到 □存在差距、努力改进

自我总结

经过本单元的学习与训练，针对诚实守信、言行一致方面，在思想观念、理论知识、行为表现方面，你认为自己哪些方面得以改进与提升，将这些成效填入表 3-5 中。

表 3-5 诚实守信、言行一致方面的改进与提升成效

评价维度	改进与提升成效
思想观念	
理论知识	
行为表现	

单元 4

阳光心态、快乐人生

　　人与人之间在天赋、才能方面的差异是很小的，但他们或成功，或失败，职场生涯有着巨大的差异。这种差异，归根结底源于他们的心态是自信还是自卑，是感恩还是抱怨，是积极还是消极。因此，拿破仑才感慨道："一个人能否成功，关键在于他的心态好坏。"

　　心态决定命运，有什么样的心态，就会有什么样的人生，因为从根本上决定我们生命质量和人生发展的是心态。积极的心态滋养，创造我们的职业人生；消极的心态消耗，阻碍我们的职业人生。

　　生活因为热爱而丰富多彩，生命因为自信而瑰丽多彩，激情创造未来，心态营造今天。如果你心情好，你会发现沙漠为你歌唱，小草为你起舞；如果你心情糟糕，你会发现开放的玫瑰在流泪，奔腾的小溪在哭泣。这叫境由心造、相由心生。因为快乐的心态会像一缕温暖的阳光驱散心里的阴云，铺满每个角落。

　　有一句话说得很好：高官不如高薪，高薪不如高寿，高寿不如高兴。有了好心情，就能够在工作中找到乐趣，在生活中看到阳光。生命需要阳光，其实心态更需要阳光。阳光心态是一种积极、宽容、感恩、乐观和自信的心智模式。

　　马斯洛说："心态改变，态度跟着改变；态度改变，习惯跟着改变；习惯改变，性格跟着改变；性格改变，人生就跟着改变。"阳光心态使人充满活力、积极向上，使企业和谐友好，富有生命力、战斗力。阳光心态能转化为巨大的生产力，为企业核心竞争力的不断增强推波助澜。阳光心态是快乐工作的前提，是个人事业成功的关键。

　　阳光心态会使我们心情愉快，促进我们的身心健康，提高我们的工作和学习效率；阴暗心态则会使我们愁容满面，损害我们的身心健康，降低我们的工作和学习效率。

　　决定人心态的是人的理想、人生观、世界观。如果一个人具有远大的目标、正确的人生观，胸怀宽广、执着进取、挑战自我、不屈命运、坚信自己、积极向上，那么他一定能保持良好的心态，拥有美好的人生。

课程思政

　　本单元为了实现"知识传授、技能训练、能力培养与价值塑造有机结合"的教学目标，从教学目标、教学过程、教学策略、教学组织、教学活动、考核评价等方面有意、有机、有效地融入积极、宽容、乐观、感恩、主动、坚持6项思政元素，实现了课程教学全过程让学生在思想上有正向震撼、在行为上有良好改变，真正实现育人"真、善、美"的统一、"传道、授业、解惑"的统一。

自我诊断

自我测试

【测试 4-1】 心态测试

请扫描二维码，浏览并完成心态测试题。

【计分标准】

选 A 得 3 分，选 B 得 2 分，选 C 得 1 分。

【测评结果】

（1）得分≥32 分：在追求成功的路上你拥有良好的心态。你开朗乐观、积极努力，既看重自己，也尊重别人。无论是工作还是生活，你都能安排得井井有条。

（2）得分为 24～31 分：你的心态注定你是一个平凡的人，你愿意工作但不肯努力，祈求幸福但不自信。人生对你来说就像一杯白开水，你细细品尝着，过着不咸不淡的生活。

（3）得分≤23 分：由于你的心态不好，命运总显得对你十分不公。你爱幻想，不爱行动，心情容易浮躁，不尊重别人。由于这些不好的习惯，成功和幸福总是不肯来到你的身边，这反过来又使你变得更加消极。

【测试 4-2】 人生态度测试

请扫描二维码，浏览并完成人生态度测试题。

【计分标准】

选 A 得 3 分，选 B 得 2 分，选 C 得 1 分。

【测评结果】

（1）得分≥32 分：你的人生态度能得 90 分以上。可以肯定你是一个有上进心、讨人喜欢的人。老板赏识你、同事敬佩你、长辈看好你、同辈羡慕你、小辈崇拜你。

（2）得分为 24～31 分：你的人生态度能及格，60～80 分，说不定。在你身上，闪光点和阴暗点总是同时存在。不能说你讨人喜欢，但也绝不会令人生厌。

（3）得分≤23 分：很抱歉，很难给你及格分。相信很多人对你都有所不满，朋友们也都劝你改正过吧。如果你能尽快扔掉不自信、爱幻想、消极、拜金这些缺点，相信你可以迎来更美好的生活，得到一份更好的工作。

【测试 4-3】 心理测试

请扫描二维码，浏览并完成表 W4-1 所示的心理测试题。

【计分标准】

表 W4-1 中有 25 道心理测试题，请根据你的实际情况如实回答。回答从否

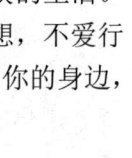

定到肯定分为 5 个等级：完全否定计 0 分，基本否定计 1 分，说不准计 2 分，基本肯定计 3 分，完全肯定计 4 分。

【测评结果】

低于 65 分则要引起高度警惕，马上进行调整；总分达到 65 分，为及格；66～80 分为基本合格；81～95 分为良好；96 分及以上为优等。

分析思考

1. 心态诊断

请扫描二维码，对你当前的心态进行诊断，判断你是否拥有健康、积极、乐观的心态。表 W4-2 中各项心态描述，哪些与你目前的状态基本相同或接近？是经常性表现，还是偶然发生？

2. "主动性"诊断

（1）如果上司请你帮他订一份某快餐店的牛肉砂锅饭，不巧卖完了，你该怎么办？是换一家快餐店，还是换一种套餐，或者干脆打个电话告诉上司，问他该怎么办？

（2）如果熟悉的客户打电话给你，询问你所在的公司是否有某种型号的产品，而你们公司恰好没有这种型号的产品，你该怎么办？是直接告诉客户没有，还是告诉他哪里可以买到这种型号的产品，或者你可以帮他代买？

（3）如果你接到一个电话，对方要找你们办公室的同事小丽，正好小丽不在办公室，你该怎么办？是直截了当地告诉对方小丽不在，还是问一问对方找小丽有什么事？你是否转告小丽，或者由你代劳？

（4）做好自己的本职工作就万事大吉了，至于办公室的清洁和整理，那是清洁工的事。你赞同这种观点吗？

（5）公司会议开的时间太长了，降低了工作效率，可以长话短说时却有人滔滔不绝，职责划分不明确，导致相互推诿，工作进展不畅。遇到这种情况，你该怎么办？

自主学习

熟知标准

1. 阳光心态的主要表现与基本衡量标准

阳光心态的主要表现与基本衡量标准如表 4-1 所示。

表 4-1　阳光心态的主要表现与基本衡量标准

类　　型	主要表现	基本衡量标准
健康心态	自信	相信自己，正确地认识、评价自己，准确地把握、驾驭自己。挖掘自身的优点，肯定自己的能力，发挥自己的特长，相信通过自己的努力，克服种种困难，人生目标就一定能够实现
	宽容	对社会和他人持包容态度，真诚地善待他人，宽容别人。凡事豁达一点，在非原则的小事上做点让步，对别人的缺点、错误多点宽容
	奉献	勇于付出、甘于奉献，获得快乐，获得成就感和幸福感
	平常心	制定一些符合实际的人生目标，量力而行，不可有过高的期待和幻想，不要过于计较眼前的得失。只要竭尽全力为实现目标而努力，无论结果怎样都应坦然接受
积极心态	热情	用高度的热情对待生活、工作，对人、对事由衷地热爱
	进取心	制定明确的人生目标，忠实于自己的目标，无论遇到多少困难、挫折和诱惑都要坚定不移地迈向目标。不断地挑战自己、充实自己，丰富自己的业余生活
	责任感	勇于承担责任，做一个负责任、敢担当的人，对待工作尽职尽责
	追求完美	努力让自己做得更好，勇于否定自己、追求无止境。对待每件事都抱有精益求精的态度，努力战胜自己、追求卓越
乐观心态	豁达	面对困难，有勇气去克服。控制自己的情绪，提高自己的情商。心胸大度，不纠结，多从好的一面考虑问题
	感恩	对哺育、培养、教导、帮助、支持自己的人心存感激，并用实际行动予以回报。怀有感恩之心，对别人、对环境少一份挑剔，多一份欣赏和感激
	知足	对现在已经拥有的知足、珍惜，凡事努力就好，知足常乐，珍惜得到的，克制欲望

2. 自信心的评价

自信心是一种对自己的观点、决定，以及完成任务的能力、有效解决问题的能力的自我信仰。

（1）自信心的评价要素。

自信心的评价要素如表 4-2 所示。

表 4-2　自信心的评价要素

评价要素	要点描述
展示自信	① 明确表示不需要监督或他人主动的指导和帮助，自觉工作 ② 以给他人留下深刻印象的方式呈现自己
自主行动	① 适当的时候，能够突破他人明确要求遵守的传统和标准 ② 必要时，即使别人反对，也能独立行动并对后果承担责任
充满自信	① 对自己的能力有信心，在同级别的同事或朋友中，认为自己是专家，能力比别人强，是事情成功的关键和重要推动者 ② 证明自己的观点有道理，在冲突中能够清楚表达自己的立场，以行动来证明自己所表达的信心
敢于挑战	① 喜欢富有挑战性的任务，对富有挑战性的工作感到兴奋，积极要求承担新的任务和工作 ② 当与上级主管、客户或其他权势人物产生意见分歧时，能直截了当但彬彬有礼地表明自己不同的看法
无所畏惧	① 始终坚持自己的观点和意见，不害怕与上级主管或客户发生冲突 ② 有意识地选择极具挑战性的任务和工作

（2）自信心的评价标准。

自信心的评价标准如表 4-3 所示。

表 4-3　自信心的评价标准

等　级	行　为　描　述
1级	① 能够自信地展示自我，对自己的能力比较有信心 ② 能够偶尔提出建设性的观点和想法
2级	① 能够自信地展示自我，对自己的能力充满信心 ② 能够接受比较有挑战性的工作，且能够不断追求新的工作方法，在遇到困难时会偶尔出现沮丧情绪
3级	① 能够承担有挑战性、有风险的工作，并能够不断寻找和承担新的任务 ② 敢于接受困难的工作，在工作出现问题时仍保持积极的心态，并坚信自己能够解决

明确目标

每个人都渴望拥有灿烂的人生，但真正能够活得精彩无限、有滋有味的，却是那些始终以积极的方式回应生活的人。生活就是一种态度，如果你能驾驭自己的心态，其实就开始了你的精彩人生。阳光是世界上最光明、最美好的东西，它能驱散黑暗和潮湿，温暖我们的身心，而阳光的心态对我们的思维、言行有导向和支配作用。人与人之间细微的心态差异，就会产生成功和失败的巨大差异！积极的人视失败为垫脚石，消极的人视失败为绊脚石；积极的人在忧患中看到机会，消极的人在机会中看到忧患；积极的人用心态决定成败，消极的人用成败决定心态；积极的人用心态驾驭命运，消极的人被命运驾驭心态。

我们不能改变人生，但可以改变人生观！我们不能改变环境，但可以改变心境！我们不能左右天气，但可以改变心情！我们不能改变容貌，但可以展现笑容！我们不能控制他人，但可以控制自己！我们不能预知明天，但可以利用今天！我们不会样样顺利，但可以事事尽力。

正如前面所说，如果一个人具有远大的目标、正确的人生观，胸怀宽广、执着进取、挑战自我、不屈命运、坚信自己、积极向上，那么他一定能保持良好的心态，拥有美好的人生。

我们应努力实现以下目标，塑造阳光心态、快乐人生。

（1）赏识自己、接纳自己、勉励自己，做一个自信的人。
（2）换位思考、多角度思考，适度调节自己的心态。
（3）欣赏别人，宽容别人，培养自己宽广的胸怀，总是保持乐观的心境。
（4）尊重他人，善待身边的每个人，尊重平凡的劳动，拥有感恩的心。
（5）勇于付出、甘于奉献，培养奉献精神。
（6）拥有一颗平常心，待人更宽容、处事更理智。
（7）拥有健康、积极的心态。

请扫描二维码，浏览并理解"塑造阳光心态、快乐人生"。

榜样激励

【案例 4-1】 以感恩的心态面对一切

【案例描述】

有一个叫史蒂文斯的中年男人在一家软件公司里当程序员，他已经在这家软件公司里干了 8 年。然而，就在这一年，公司倒闭了。这时，史蒂文斯的第三个儿子刚刚降生，巨大的经济压力使他喘不过气来。于是，史蒂文斯开始了漫长的找工作之路。然而，一个月过去了，他一无所获。一天，史蒂文斯在报纸上看到一家软件公司在招聘程序员，待遇非常好。他立刻赶到这家公司，准备参加应聘。应聘的人数实在太多了，竞争将会异常激烈。经过简单交谈，公司通知他一个星期后参加笔试。在笔试中，史蒂文斯再次轻松过关，剩下的只有两天后的面试了。然而，在这最后一关中，史蒂文斯没被选中。不过，史蒂文斯并没有怨恨，而是给这家公司写了封信，以表感谢之情。信中这样写道："感谢贵公司花费人力、物力，为我提供了笔试、面试的机会。虽然我落选了，但通过应聘我见识大长，获益匪浅。"

那家公司收到来信后，公司上下无不为这样一封信而感动，最后总裁也知道了这件事情。3个月后，新年来临，史蒂文斯收到一张精美的新年贺卡，上面写着："尊敬的史蒂文斯先生，如果您愿意，请和我们共度新年。"贺卡是他上次应聘的公司寄来的。原来，公司又出现了职位空缺，公司领导第一个就想到了史蒂文斯。

史蒂文斯应聘的这家公司就是美国著名的微软公司。而十几年后，史蒂文斯凭着出色的业绩，一直做到了公司的副总裁。

虽然没有被录用，但史蒂文斯不忘感谢微软，这种感恩之心为史蒂文斯赢得了就业的机会。也正是怀着这种感恩之心，史蒂文斯勤奋工作，回报公司，最终获得了事业的成功。努力工作，对公司不离不弃就是对公司最大的感恩。

【思考讨论】

（1）如果你面试失败，你是从自身找原因，还是责怪公司不给你机会？

（2）如果你面试失败，你是否也会像史蒂文斯一样给应聘公司寄去一封感谢信？

（3）在平时的生活中，你是否常常怀着一颗感恩的心？

【案例4-2】 放飞生命中最美丽的"蝴蝶"

【案例描述】

每只美丽的蝴蝶，都是自己冲破束缚它的茧之后才变成的；如果别人把茧剪开一道口，这样变成的蝴蝶就是不美丽的。

看了以上一段话，你一定以为它出自某本生物学著作，其实不然，说出这段振聋发聩的名言的是一位备受不幸命运折磨的少年。

请看看这位少年身上包裹的厚厚的"茧"吧。

还是小孩时，他相貌丑陋，患有严重的口吃。因为疾病，他左脸局部麻痹，使他对别的孩子停留在他脸上的鄙夷目光没有多少感觉；嘴角畸形，也许是他在随时咬碎别的孩子嘲讽的话语；一只耳朵失聪，让他听不到别的孩子的奚落和起哄。他也自卑过，心像一只脆弱的蛹。但他更有奋发图强的决心，他要自己"咬破"那些厚重的、令人窒息的"茧"！

别的孩子在玩具堆中度过快乐的童年时光，他则在茫茫书海中找到颠簸前行的舟；别的孩子嚼得香甜的是巧克力，他却把书读得津津有味；别的孩子疏远了他，他就在成人读物中找到促膝而谈的智者。更重要的是，他用书本上的知识磨砺了自己的坚强和永不放弃的品质。

为了矫正口吃，他在嘴里含着小石子练习讲话，他要证明：柔软的舌头比石子和口吃的顽疾更坚韧！母亲看到他的舌头被石子磨烂，流泪抱紧他："不要练了，妈妈一辈子陪着你。"他拭去母亲的眼泪，平静地说："我要做一只美丽的蝴蝶。"

他以优异的成绩从中学毕业，赢得周围人的敬佩和尊重。母亲为他找到一份不错的工作："希望你能像平常人一样平安地度过一生。"他拒绝了，语调铿锵地对母亲说："妈妈，我要做一只美丽的蝴蝶。"

他挣脱身上束缚的"茧"，在事业上颇有建树。1993年，他参加总理竞选，对手居心叵测地利用电视广告放大他的脸部缺陷，对他进行侮辱和攻击。他用讲话时总是歪向一边的嘴巴郑重承诺："我要带领国家和人民成为一只美丽的蝴蝶。"这句竞选口号成为人们广为传诵的名言。

他就是加拿大第一位连任两届、被人们亲切地称为"蝴蝶总理"的让·克雷蒂安。

美国心理学家詹姆斯曾这样解释人的潜力：才能和先天优势。我认为应该在后面再加上"努力"二字。只有努力冲破束缚和阻碍，才能最大限度地发挥潜力，成为真正的强者。让·克雷蒂安就是这样释放最大潜力的强者。

突破禁锢的茧的蝴蝶是美丽的。让·克雷蒂安冲破了疾病、嘲讽和攻击，最终放飞了生命中最美丽的"蝴蝶"。其实，命运多舛，我们经常被围困在"命运之茧"中：出身卑微，一文不名，迭遭苦难，屡战屡败……无论"茧"多么密集和厚重，我们都要用整个身心去穿越它！

生命由茧化蝶，需要让·克雷蒂安那样的自尊、自信和自强。

【思考讨论】

（1）"蝴蝶总理"让·克雷蒂安的励志故事给了你哪些启示？

（2）你如何理解"每只美丽的蝴蝶，都是自己冲破束缚它的茧之后才变成的；如果别人把茧剪开一道口，这样变成的蝴蝶就是不美丽的"？谈谈你如何面对失败和挫折。

（3）有些东西我们无法改变，如低微的门第、丑陋的相貌、痛苦的遭遇，这些都是我们生命中的"茧"。但有些东西则人人都可以选择，如自尊、自信、毅力、勇气，它们是帮助我们突破"命运之茧"、由茧化蝶的"生命之剑"。谈谈应如何克服自身的不足，让自己变得更自信、更自强。

【案例4-3】 奥普拉式的自信

【案例描述】

奥普拉·温弗瑞是电视时代的传奇，是难以超越的"脱口秀女王"。她主持了长达25年的《奥普拉·温弗瑞秀》，并引领了包括中国等许多国家的电视频道推出脱口秀节目。

奥普拉自幼就有不错的说话技巧和不俗的记忆力。她发现自己的言谈很容易带动别人的情绪。于是，17岁的奥普拉先是参加了当地的一次选美比赛，后又凭着自己的三寸不烂之舌与不错的运气，在19岁那年被当地一家电视台聘为业余新闻播音员，从此涉足传媒界。大学毕业后，奥普拉成为巴尔的摩一家电视台的正式播音员。然而，她早期的电视生涯并不顺利。由于奥普拉在播报新闻时无法保持客观中立的态度，她的情绪往往随播报的内容忽喜忽忧，因此常常招致观众的批评。好在台里慧眼识珠，给她安排了一个早间的谈话节目，才使她如鱼得水。不久，她成为当地小有名气的女主持人。

奥普拉曾说："一个人可以非常清贫、困顿、低微，但是不可以没有梦想。"正是在这种精神的激励下，她化茧成蝶，取得了事业的成功，同时也鼓励了很多对生活失去信心的人。其志可敬，其功不可没。

奥普拉所著的《我坚信》一书真实地记录了这个已经收获事业成功的强势女性的心迹。书中首先谈到的是"欢愉"。奥普拉是"活在当下"理念的倡导者。她告诉读者，不要让自己留下太多遗憾，当下就要认真地生活，要尽可能具备实现自己想法和愿望的能力，"你的旅程开始于你决定站起来、挺身而出并活过充实一生的那一刻。"

奥普拉还提到，阅读为她带来了欢愉，"我爱极了活在另一个人的思绪中，我为自己与在纸面上栩栩如生的那些人建立的联系而惊奇……洞见、信息、知识、启迪、力量——所有这些，还有其他的，都能从一本好书里读到。"这番话而今读来，颇能生发感触。我们今天更加习惯于通过网络、手机进行碎片化的信息浏览，就连所谓的浅阅读也被许多人谢绝，这看似更能实现浏览者的主动学习，实则让自己断绝了与他人的真实经验建立联系的可能。

【思考讨论】

（1）你是否像奥普拉一样，自信满满、笑对生活、活在当下？

（2）你是否喜欢完整地阅读一本本纸质书籍？你曾经阅读过哪些书籍？

（3）有人说："改变自己，是自救；影响别人，是救人。"或许我们没有奥普拉那么强大的影响力，但是在职场中，不论影响力大小，都要努力做一个有影响力的人，传达正确的工作态度和积极的力量，并与他人一起进步，促进企业和自身的发展。谈谈你在未来职场中对待工作和生活的态度。

知识学习

1. 阳光心态

心态是一个人的精神状态。只要有良好的心态，就能每天保持饱满的精神。

生命需要阳光，其实心态更需要阳光。虽然偶尔也有阴雨天，但太阳每天都会升起。人也要如此，无论生活中有怎样的不愉快，都要让自己保持阳光心态。一颗充满阳光的心是积极且快乐的，它使人活力四射，可以温暖身边的每个人，照亮生活中的每个角落。

阳光心态是一种积极、宽容、感恩、乐观和自信的心智模式。具备阳光心态可以使人深刻而不浮躁、谦和而不张扬、自信而又亲和。我们讲和谐，不仅要力求人与人和谐、人与自然和谐，还要注重人的内心和谐。

在生活中，一个好的心态，可以使你乐观豁达；一个好的心态，可以使你战胜面临的苦难；一个好的心态，可以使你淡泊名利，过上真正快乐的生活。

用阳光心态享受生活，善于发现美。生活中并不缺少美，缺少的是发现美的眼睛。要学会欣赏每个瞬间，要热爱生命，相信未来一定会更加美好。

用阳光心态享受生活，学会放下。该放下就放下，学会谅解、宽容。不原谅别人，等于给了别人持续伤害你的机会。要学会放下，忘记该忘记的，记住该记住的。

愿大家能带着阳光心态，创造阳光般的工作、学习和生活环境。

有什么样的心态，就决定了你对事情会采取什么样的态度。一位哲人说："你的心态就是你真正的主人。"一位伟人说："要么你去驾驭生命，要么就是生命驾驭你。你的心态决定谁是坐骑，谁是骑师。"因此，我们应有积极的、向上的心态，即阳光心态。

阳光心态是一种知足、感恩、乐观的心态，是一种健康、积极、进取的心态。它能让人心境良好、人际关系正常、适应环境、力所能及改变环境、人格健康。家长希望孩子成为"阳光男孩""阳光女孩"，老师希望学生成为"阳光学生"，社会希望公民成为"阳光公民"。有了阳光心态，不如意的事会变得有意义，那是一种"宠辱不惊，闲看庭前花开花落；去留无意，漫随天外云卷云舒"的境界。"人之幸福在于心之幸福"，我们不妨打开心灵的窗户，让理智、和谐的阳光根植于我们的心田。阳光心态就是积极、健康和充满关爱的心态。一旦拥有了阳光心态，就能享有快乐的空间，成就幸福美满的人生！所以，我们要用心塑造阳光心态，做健康的大学生。

2. 积极心态与消极心态

在这个世界上，重要的是你自己，在你的身上，随身携带着一个看不见的法宝，这个法宝的一边装饰着4个字——积极心态，另一边也装饰着4个字——消极心态。

积极心态是一种乐观、进取的心态，是一种正面的心态。当你遇到挫折时，积极心态会传递给你希望、乐观、勇气、进取等正面的信息。消极心态是一种负面的心态，它传递给你的是悲观、颓废、抱怨、我行我素等负面的信息。遇到问题，积极心态将帮助你轻松搞定一切。

这一看不见的法宝会产生两种惊人的力量：它既能让你获得财富、拥有幸福、健康长寿；也能让这些东西远离你，或者剥夺一切使你生活有意义的东西。在这两种力量中，积极心态可以使你到达人生的顶峰，并且长留于此，尽享人生的快乐与美好；消极心态则使你处于一种底层的地位，困苦与不幸缠绕着你。还有一种情况，当某些人已经到达顶峰时，也许后者（消极心态）会让他们从顶峰一路向下，跌入低谷。

一个拥有积极心态的人，他的生活无疑充满了欢声笑语。这样的人一定活得丰富多彩吧！从一个乐观的人的角度来讲，并不是他的生活里就没有辛酸挫折，只是他习惯于把悲痛转化为力量，不断地提高自己，每次突破都是他创造的奇迹，因为他学会了如何寻找快乐。相反，一个拥有消极心态的人，在他的世界里，总是把简单的事情复杂化，缺乏自信，每次遇到挫折就会诚惶诚恐，面对困难始终找不到突破口，照这样发展下去恐慌就会占据整个心灵，几经崩溃。前者与后者形成了鲜明的对比。在工作中，这两种不同的心态在面对同样一件事情的时候，情况也将大有不同，后者在办事效率上也会大打折扣。反观自身，我们何不做一个乐观的人呢？

3. 自信

自信既是一种品格、一种风度、一种气质，也是一种自我行为艺术，还是人生的一道风景。自信是一种理智，是一种自我陶冶的人生修养，是一种人生的干练与成熟。

自信是指人对自己的个性心理与社会角色进行的一种积极评价的结果。它是一种有能力或采用某种有效手段完成某项任务、解决某个问题的信念。它是心理健康的重要标志之一，也是一个人取得成功必须具备的一项心理特质。

自信是指人的自信心，是指自己相信自己。相信自己，正确地认识、评价自己，准确地把握、驾驭自己，是一个人珍爱生命、珍爱生活的基本条件。人的一生中，只要生存、生活，就需要拥有自信；而要提高生命的价值、生活的质量，更需要自信。

4. 感恩

感恩是对别人所给的帮助表示感激，是对他人帮助的回报。感恩是一种追求幸福的过程和生活方式。如果一个人有一颗感恩的心，他就是一个幸福的人。

感恩是一条人生基本的准则，是一种人生质量的体现，是一切生命美好的基础。感恩是生活中的大智慧，能使人感受到大自然的美妙、生活的美好，能让人保持积极、健康、阳光的良好心态。怀有感恩之情，对别人、对环境就会少一份挑剔，多一份欣赏和感激。感恩是一种美好的情感，是事业上的原动力和内驱力，是人的高贵之所在。感恩将使你的心和你所企盼的事物联系得更紧。感恩是你对生活、对一切美好事物的信念，能使你的一生被美好的事物包围。常怀感恩的心，我们便能够生活在一个感恩的世界里，这个世界一定是非常美好的，我们的人生也会变得更加美好。

5. 主动

主动是指不待外力推动而行动，它是内在动力的外在表现。主动性是指个体按照自己规定或设置的目标行动，而不依赖外力推动的行为品质。

工作主动性是指员工根据一定的岗位要求和工作要求，在主体意识的积极支配下而行动的行为品质。

主动就是自觉地推动事情的进展，不是要别人督促与提醒；主动就是一种主人翁精神，不是等别人安排；主动就是积极寻求最好的解决方案，不是得过且过。

6. 热情

热情是发自内心的一种热爱。一个人最让人无法抗拒的魅力就在于他的热情。热情在社交和工作中有着强烈的感染和吸引的力量。热情与否意味着我们是否能够被别人喜爱和接受。没有人愿意跟一个整天都提不起精神的人打交道。

热情像一股神奇的魅力弥散在周围，感染着四周的人们，并把他们吸引在身旁。热情让人感到精神力量倍增，热情的人总是阳光灿烂的。

如果你留心观察身边的人，就会发现那些热情的人都具有开朗、乐观、豁达、精力充沛等特点。他们乐于分享、乐于助人，勇于承担责任，他们总是笑口常开，总是快乐着。因此，他们深受欢迎。而冷酷的人则将自己封闭，只关注自己，不愿意与别人沟通，不屑为他人提供帮助。

热情表现在工作、生活的方方面面，热情是对人、对事由衷地热爱。对工作热情，能够体现提升工作效率的欲望与潜力，为企业带来更大的效益；对同事热情，能够营造轻松、和谐的人际氛围，提高团队的工作效率；对客户热情，让客户感受到春天般的温暖，能够展现出企业美好的形象，提高企业的美誉度。因此，企业希望每个员工每天都保持美好的笑容，保持热情洋溢。

7. 平凡与平庸

平凡是人生常态，但平凡不等于平庸。任何人，只要心怀梦想、执着追求，都可以"秀"出自己的精彩。而自甘平庸是一种消极的处世态度，它使人毫无追求、缺乏动力、不求上进，也就无法享受工作的乐趣和生活的幸福。

生活需要我们埋下头去做一个平凡的人，但并不阻碍我们走向伟大。金字塔固然高耸入云、美轮美奂，小园林却也幽静典雅、别有情趣。努力工作，把平凡的工作做好做久，把简单的产品做精做细，一样可以从平凡走向卓越，从卓越走向伟大。

平凡与平庸最大的区别在于：平凡的人可以把平凡的工作做伟大，平庸的人则会使崇高的工作变卑下。而产生这种区别的根本原因就在于两种不同的生活态度、工作态度、人生态度。成功的人生需要拼搏、奋斗，更需要坚韧和勤劳，但这一切都源于态度。从这个意义上说，态度能够改变人生，更能够铸就辉煌的人生。

8. 自信的重要性

（1）自信是健康的心理状态。

（2）自信是成功的保证。

（3）自信是承受挫折、克服困难的保证。

（4）行动是自信的真正源泉。

真正的自信不会凭空产生，也不会来自那些廉价的称赞，或者一时的心理辅导。自信是成功的条件，成功是自信的源泉，二者相辅相成。学习上和生活中的每个小小的进步与成绩，都是构筑自信心的坚实基础。只有这种自信才更真实、更深厚。自信不是凭空产生的，而是与行为同时出现的。也就是说，当某种行为出现时，自信已参与其中，它们互为反馈，直到成功。

请扫描二维码，浏览并理解"自信的重要性"。

课堂教学

观点剖析

1. 心态决定命运

当今社会，是一个渴望成功的时代，每个人都希望自己能够成为成功者，但并非每个人都能取得成功。成功者之所以能够成功，不仅是因为他们具有超越常人的才华，更重要的是因为他们具备成为成功者的心态。积极的心态有助于人们克服困难，即使遇到挫折与坎坷，依然能保持乐观的情绪，保持必胜的斗志。身处这个多变的时代，我们唯一能控制的就是自己的心态。

一位哲人说过："你的心态就是你的主人。"在现实生活中，我们不能控制自己的遭遇，却可以控制自己的心态；我们不能改变别人，却可以改变自己。其实，人与人之间并无太大的区别，真正的区别在于心态。所以，一个人成功与否，主要取决于他的心态好坏。

请扫描二维码，浏览并剖析"心态决定命运"。

2. 心态提高人生品质

请扫描二维码，浏览并剖析"心态提高人生品质"。

3. 态度和能力一样重要

态度是能力的载体。态度端正的人，即使能力不足，也可以通过努力加以弥补；而态度不端正的人，即使才华横溢，也会成为"毒药"。卓越的能力是一把双刃剑，而端正的态度则是完美的剑术，唯有拥有完美剑术的人才能舞好能力这把剑。

请扫描二维码，浏览并剖析"态度和能力一样重要"。

4. 自信的人生最美丽

我们常常说：对待别人要尊敬，对待朋友要真诚，对待工作要认真……那么，该如何对待自己呢？其实，对待自己最基本的态度应当是认可自己。要知道，自信的人生最美丽。

缺乏自我认可的人是迷茫的，他们不知道自己是谁，不知道要做什么，常常担心做错事，很容易产生挫败感，这样的人在工作中只会一事无成。认可自己是一种坚定的信念，是一股强大的力量，它不依赖于你的外表和财富，会给你带来满意的工作和精彩的人生。

自信是一种神奇的力量，它能驱散自卑，让生活变得美好，让工作变得简单。只有充满自信的人才能受到别人的信任和欣赏。

一个人只有在自我认可的前提下，才能自信地与人交往，正常地发挥自己的聪明才智，从而实现自我。优秀的人并不一定是能力最强的，但一定是自信心最强的。做人不可看轻自己，如果连自己都觉得没有希望，那么还指望谁给你希望呢？

5. 激情飞扬，助力成功

激情会激发员工的潜能和天赋，是企业进步的动力。在工作中充满激情是一种积极的工作态度，它能使颓废的人变得上进，能使死气沉沉的气氛变得热火朝天，能使不可能变为可能，能使失败者走向成功。

企业的发展和壮大需要充满激情的员工。这样的员工，他们的激情能够透射出力量，并且这种力量是可以传播的。不管走到哪里，他们都能给团队和企业带来活力及积极向上的劲头；不管遇到什么问题，他们始终会以超常的激情克服困难，出色地完成任务。

激情是创新的动力，是进步的阶梯。充满激情去工作的员工，身上会散发积极向上的活力。当他们遇到困难的时候，激情会激发他们的潜能，促使他们出色地完成任务。

成功的因素很多，而位于这些因素之首的就是激情。没有它，不论你有多大的能力，都发挥不出来。如果两个人在技术、能力和智慧上的差别不是很大，那对工作怀有更多激情的人将会拥有更多的发展机会。激情具有一种可贵的能量，能力稍弱但充满激情的人反而会胜过能力比自己强却缺乏激情的人。

6. 做主动的员工

主动是一种积极的工作态度，知道自己是为了什么而工作。主动是不用老板告诉你，你就能出色地完成任务。一个积极主动的人，能审时度势，做形势的主人。

职场中有这么几类人：没有人告诉你，就能主动完成任务，这是一级棒的员工；别人告诉你一次，你就能把事情做好，这是优秀的员工；在别人的监督下，能够完成自己的工作，这是合格的员工；即便别人拿鞭子抽着你，也做不好工作，这是最差的员工。

做主动的员工，在工作上要自发自觉。主动奔跑的马是跑得最快的，主动工作的员工是干得最好的。每个员工都要明白：当你主动献出一切时，一切美好的事物就会主动向你走来。

凡是开创性的事物，一定是由主动性强的人完成的，他也理所当然地享受鲜花和荣誉。所有有进取心的员工都应该以这样的人为榜样，自发自觉，努力工作，力争创造辉煌的事业，促进个人、企业和社会的发展。

主动是不靠外力促进而自觉地推动事情的进展，而被动是等待外力推动而行动。主动是你施加影响力的一种表现，被动则是等待别人对你施加影响力。进入职场后，我们每个人有更多的空间来决定做什么、要怎么做。企业大都期望员工具有主动意识，在工作中勇于承担责任，积极主动地做事，希望员工不需要过多地督促与提醒。而被动的员工，需要别人安排与提醒，总是埋怨别人不给他机会、不看重自己，却不知道自己应去表现与争取。

"积极主动"的含义不仅限于主动决定并推动事情的进展，还意味着人必须为自己负责。积极主动的人不会把自己的行为归咎于环境或他人。

7. 用微笑面对生活

用微笑面对生活是一种情怀、一种态度。我们要善于发掘生活中的快乐，寻找到自己的高兴事，让自己的生活更积极。

每天对着自己微笑，我们会觉得心情开朗、海阔天空；每天对着别人微笑，我们会看到阳光灿烂、天高云淡；每天对着过去微笑，把所有失意留在昨天，迎接我们的依旧是每天的艳阳和希望。

请扫描二维码，浏览并剖析"用微笑面对生活"。

感悟反思

【案例4-4】 心中的太阳

【案例描述】

林清玄是中国台湾著名的散文家，他写的散文感情细腻、语言平实，读起来能使人心态平和，忍不住微笑。

有一次，他的一位朋友向他讨要墨宝，林清玄提笔写了4个字：常想一二。朋友请教这是什么意思，林清玄解释道："人生不如意的事十有八九，但扣除八九成的不如意，至少还有一二成是如意的、快乐的、欣慰的事。如果我们要过快乐的人生，就要常想那一二成的好事，这样就会感到庆幸、懂得珍惜，不致被八九成的不如意所困扰了。"

朋友听了非常欢喜，抱着"常想一二"回家了。几个月之后，那位朋友又来探访林清玄，再次向林清玄求字，说是每天在办公室里劳累受气，一回家之后看见那副"常想一二"就很开心，但是墙壁太大，字显得太小。于是，林清玄写了下联"不思八九"，又写了"事事如意"的横批。

谈到心态，林清玄曾说过："我们会认为阳光来自太阳，但是在我们心里幽暗的时候，再多的阳光也不能把我们拉出阴影，所以阳光不只是来自太阳，也来自我们的心。只要我们心里有光，就会感应到世界的光彩；只要我们心里有光，就能与有缘有情的人相互照亮；只要我们心里有光，即便在阴影的日子里，也会坚持温暖有生命力的品质。"

林清玄认为，在别人的喜庆中锦上添花容易，在别人的苦难里雪中送炭却很困难。就是靠着心里面的阳光，林清玄积极乐观地生活着，并写下了很多充满诗意、令人读后身心愉悦的作品。

【感悟反思】

如果你的眼中更多是一二成的好事，那你就能和林清玄一样快乐、淡然地享受生活，你眼里的世界就是彩色的，四处开满鲜花；如果你的眼中只看到八九成的烦心事，那你眼里的世界就是灰色的，遍地都是苦难。上天不能帮你消除苦难，但它给了你一颗心，是用来微笑，还是用来哭泣，一切由你。

（1）在生活中，你的眼中是一二成的好事多，还是八九成的烦心事多？是微笑多，还是哭泣多？

（2）本案例给了你哪些启示？你认为应如何保持阳光心态？

【案例4-5】 昂起头来真美

【案例描述】

珍妮是个总爱低着头的小女孩，因为她一直觉得自己长得不够漂亮，很没自信。

有一天，她到饰品店买了一只绿色的蝴蝶结，店主不断赞美她戴上蝴蝶结很漂亮。珍妮虽不信，但是很高兴，不由昂起了头。因为急于让大家看看自己的新形象，出门的时候与人撞了一下都没在意。

珍妮走进教室，迎面碰上了她的老师。"珍妮，你昂起头来真美！"老师爱抚地拍拍她的肩说。

那一天，珍妮得到了许多人的赞美，她想一定是蝴蝶结的功劳。晚上回到家，她急切地想看看新买的蝴蝶结，可往镜前一照，头上根本就没有蝴蝶结。

自信原本就是一种美丽，有的人却因为太在意外表而失去了很多快乐。无论是贫穷还是富有，无论是貌若天仙还是相貌平平，只要你昂起头、挺起胸，怀揣一颗自信的心，快乐就会使你变得可爱。

【感悟反思】

（1）在学习和生活中你是一个自信的人吗？你有过不自信的经历吗？

（2）你认为不自信对你的人生会有哪些影响？应从哪些方面着手提高自信心？

【案例4-6】 不再"拒签"

【案例描述】

有个女孩，从清华大学建筑学院毕业后，顺利拿到美国哈佛大学研究生院的录取通知书。可是，没想到一切都准备好了，却在美国大使馆申请签证时连续两次被拒，女孩很伤心，躲在宿舍里哭。

一个要好的同学劝她，为什么不找一家咨询公司帮忙，挺灵的。听说有个师姐，4年前被拒签过3次，4年后再去申请，还没有过，后来找了一家咨询公司，在那里泡了半个月，很顺利就通过了。

女孩动心了，找到一家叫"信心"的咨询公司。公司里只有3个人，老板加两个助手。老板把女孩拿来的签证材料看了一遍，说："你的材料没问题。"又让女孩详细介绍了两次被拒绝的经过。女孩细声细语地讲着，眼睛低垂，头也低着，不敢与老板对视。老板听着听着，打断女孩："不要说了，你的毛病就在这儿。"

原来，女孩性格内向，不善与生人交往，一说话就脸红，还老爱低眉垂眼，给人一种没有自信的感觉。老板很有经验地对女孩说："你在我们公司主要训练3项内容——抬起头来、眼睛平视、大声说话。"于是，两个星期里，那两个助手什么也不干，就想方设法让女孩养成抬起头来与人平视的习惯，并训练她大声说话。

第三次签证，半是习惯，半是刻意，女孩始终高昂着头，眼睛直盯着那个签证官，侃侃而谈、应对如流、从容不迫。那个签证官狐疑地看着前两次的拒签记录，嘴里嘟嘟囔囔，"不自信，吞吞吐吐，不敢抬头"，好像说的完全不是这个女孩。最后，他微微一笑："你很优秀，看不出有拒绝你的理由，美国欢迎你。"整个过程只有5分钟。

【感悟反思】

抬起头来、眼睛平视、大声说话，这是培养自信最直接的方法。人生中会遇到很多次"拒签"，当你变得自信的时候，请问，别人还有什么理由再"拒签"你呢？你是否也有过被"拒签"的经历？你认为应如何改掉不良习惯？

各抒己见 ▶

【案例4-7】 一张白纸

【案例描述】

有位女歌手，第一次登台演出，内心十分紧张。想到自己马上就要上场，面对上千名观众，她的手心都在冒汗："要是在舞台上一紧张，忘了歌词怎么办？"越想，她心跳得越快，甚至打起了退堂鼓。

就在这时，一位前辈笑着走过来，随手将一张纸条塞到她的手里，轻声说道："这里面写着你要唱的歌词，如果你在台上忘了词，就打开来看。"她握着这张纸条，像握着一根救命稻草，匆匆上了台。也许是因为有那张纸条握在手心，她的心里踏实了许多。她在台上发挥得相当好，完全没有失常。

她高兴地走下舞台，向那位前辈致谢。前辈却笑着说："是你自己战胜了自己，找回了自信。其实，我给你的，是一张白纸，上面根本没有写什么歌词！"

她展开手心里的纸条，上面果然什么也没写。她感到惊讶，自己凭着握住一张白纸，竟顺利地渡过了难关，获得了演出的成功。

"你握住的这张白纸，并不是一张白纸，而是你的自信啊！"前辈说。女歌手拜谢了前辈。在以后的人生路上，她凭着握住自信，战胜了一个又一个困难，取得了一次又一次成功。

【各抒己见】

（1）由一个小组选定一位成员讲述该案例。

(2) 案例中的歌手是如何战胜自己、找回自信的？
(3) 说说你曾经驱散自卑、找回自信的经历。
(4) 谈谈如何才能获得自信。

【案例4-8】 解梦

【案例描述】

从前，有个秀才进京赶考。他在考试前一晚上做了两个梦。第一个梦是自己在高墙上面种白菜，第二个梦是自己在下雨天里戴着斗笠、打着伞。

醒来后，他觉得这两个梦都暗藏深意，便找了个算命先生解梦。秀才把梦的经过和算命先生说了一番后，算命先生摇了摇头，说："你还是回家去吧。你想，在高墙上面种白菜不就意味着白忙活吗？在下雨天里戴斗笠又打伞不是明摆着多此一举吗？"秀才听后心灰意冷，于是回店里收拾衣服准备回家。

店老板看见觉得奇怪，便问："你难道不准备考试了？"秀才便把做的梦和算命先生解梦的经过和店老板如实说了。店老板一听乐了，说："我也会解梦。我倒觉得你非留下来参加考试不可。你想啊，在高墙上面种白菜不是指高中吗？在下雨天里戴斗笠又打伞不是说明你准备充分，有备无患吗？"秀才一听觉得更有道理，便留下来参加了考试，结果高中了。

【各抒己见】

任何事情都有两面性，关键是看当事者以怎样的心态对待它。积极的心态创造人生，消极的心态消耗人生。积极的心态像太阳，照到哪里哪里亮；消极的心态像月亮，初一、十五不一样。

(1) 由一个小组选定一位成员讲述该案例。
(2) 案例中对两个梦的解释有两种截然不同的结果，你是赞成算命先生的观点还是赞成店老板的观点？
(3) 如果生活中遇到类似情况，你认为应该如何面对？
(4) 这个故事给了你哪些启示？

【案例4-9】 心态是真正的主人

【案例描述】

一位动物学家，从亚马孙河流域带回两只猴子，一只大而壮，一只小而瘦。他把它们分别关在两个笼子里，每日精心喂养，观察它们的生活习性。一年后，大猴子莫名其妙地死掉了，小猴子却活得好好的。他又让人从巴西带回一只。这只比原来死掉的那只更大，可是，不到半年，它也死了。为了弄清原因，他对死掉的两只猴子的尸体进行了解剖，可从头到尾未找到原因。

他又去亚马孙河，对那儿的猴群进行研究。结果发现，体大健壮的猴子"人缘"好，其他猴子弄到食物时，它们总能分享到一份。但这类猴子很少静下来，它们一有空就在猴群中穿梭，与其他猴子或是追逐，或是嬉闹。然而，这类猴子一旦被提住，却很少能活过一年。

那些喜晒太阳和闭目养神的猴子则不同，由于不入群，因此它们很少能分享到其他猴子的食物。这类猴子长得都比较弱小，但它们被捉住后却可以活下来。

猴子的世界如此，人的世界也是如此。把这个实验联系到人的身上，也反映出了人在面对环境转变的时候，越是有身份或地位越高的人，心理落差会越大。而如果已经在低层的人，因为他们从来没有站到过高处，所以也不会有摔落下来的感觉，比地位高的人适应新的环境要快得多。

一位哲人曾经说过：心态是真正的主人。人要想顺利地适应快速变迁的社会，保持良好的状态，就要抱着平和的心态，如果改变不了环境，就要改变自己的想法。当你身边的环境向着坏的方向转变时，如果不能改变环境，那就改变一下自己的心态。既要做一个活跃的人，做一个广交朋友的人，也要学会安静、学会独处、学会思考，只有这样才不至于迷失自己。

【各抒己见】

（1）由一个小组选定一位成员讲述该案例。
（2）这个案例给了你哪些启发？
（3）谈谈对"如果不能改变环境，那就改变一下自己的心态"这句话的看法。
（4）你的环境适应能力怎样？你是一个活跃的人，还是一个安静的人？

扬长避短 ▶

【案例4-10】 两位秘书

【案例描述】

一位客户给一位公司经理发了一封电子邀请函，连发几次都被退回。公司经理问自己的秘书是怎么回事。秘书没去调查原因，只是猜测地说，可能是邮箱满了。可一周过去了，经理仍然没有收到邀请函。经理又问秘书，秘书的回答竟然还是邮箱满了！公司因此失去了与该客户筹备已久的合作项目。经理一气之下，辞退了秘书。

恰恰相反，还有一位秘书，她是毕业后应聘到一家外贸公司的。她的意向是经理秘书，公司却安排她做办公室文员，具体的任务就是负责收发传真、复印文件。她虽然有点犹豫，但最终还是抱着积极的态度投入工作中了，因为她觉得这样的机会来之不易。她工作非常认真，同事交代的事情，她都能准确及时地完成，从没有怨言。有一次，经理拿一份合同让她复印，细心的她习惯性地快速浏览了一遍合同。当经理不耐烦地催促她时，她指着一处刚发现的错误给经理看。经理看完之后，吓出了一身冷汗，原来是一个数字后面多了一个零。她的更正为公司避免了几百万元的损失，很快她就被提拔为经理秘书。

同样是秘书，前者被辞退，后者被提拔，是什么原因？很明显，是态度问题。前者作为秘书竟然一周都不清理邮箱，这是什么工作态度？这样的工作态度，谁当老板都受不了。后者则相反，不管工作是否理想，她都能认真对待，对分内的工作如此，对分外的工作也能注意到细枝末节，为公司挽回了一大笔损失。正是这种责任感，这种对工作的认真态度，才决定了她能站在一定的高度，走上更高的职位。

【思考讨论】

（1）该案例给了你哪些启示？前一位秘书为什么会被辞退？后一位秘书为什么会被提拔？

（2）你认为作为一位秘书，应如何做好本职工作？

（3）态度决定高度，要成为一位高素质的员工，就要珍视工作本身为你创造的价值，把职业当事业来经营。不要为暂时的位卑言轻而气馁，经过不懈的努力你终会从竞争中脱颖而出，你也将得到一个绚烂的事业新天地，完成化茧成蝶的飞跃。一个人有什么样的心态，就会有什么样的追求和目标。具有积极、乐观心态的人，其人生目标必然高远；有了高远的目标，必然会为之努力，有努力必有回报。说说你的人生目标，以及为实现人生目标，你有哪些规划。

【案例4-11】 两行话的回信

【案例描述】

塞尔玛陪伴丈夫驻扎在一个沙漠的陆军基地中。面对华氏125度的高温，塞尔玛热得受不了。她没有人可以谈天——身边只有墨西哥人和印第安人，而他们不会说英语。于是，她准备给父母写信，丢开一切回家去。而父亲的回信只有两行，这两行话却永远留在了她的心中，完全改变了她的生活。父亲的回信是这样的：两个人从牢中的铁窗望去，一个看到泥土，一个却看到了星星。

就是父亲的这两行回信，使塞尔玛从自己的牢中也看到了星星。她开始和当地人交朋友，竟然得到了他们最喜欢但不舍得卖给观光客人的纺织品和陶器。塞尔玛又开始研究各种沙漠植物、物态，学习土拨鼠的知识。她观看沙漠的落日，寻找几万年前，沙漠还是海洋时留下的海螺壳。

【思考讨论】

很多时候，我们之所以感到生活枯燥乏味，就是因为我们的心态没有摆正。如果想让生活变得多姿多彩，就要有一个好心态，敢于面对，不逃避，只有这样生活才会精彩。相信我，心态决定命运。只要拥有良好的心态，就能品出生活的味道、看见生活的色彩。

（1）是什么原因使塞尔玛改变了生活态度？

（2）当我们身处恶劣环境时，应如何适应环境？

（3）面对平淡的生活，我们应如何让生活变得多姿多彩？

【案例4-12】 两种不同的工作态度

【案例描述】

艾诺和桑瑞是同一所学校的毕业生，她们又同时应聘进了同一家公司担任销售助理。

艾诺工作很主动、努力，在公司里，经常看到她忙碌的身影。她常说的是："多做一点没什么，把工作交给我，您就放心吧！"她的行为准则是"宁可做错，不可不做"。工作受挫时，她总是积极主动地寻求更好的解决办法，同事都喜欢与她接触。

桑瑞工作也不错，但不够积极主动，每天按时上下班，尽量避免行差踏错，职责之外的事情一般不做。她的口头禅是："那么拼命为什么？大家不是拿同样的薪水吗？"她的行为准则是"不求无功，但求无过"。

3年过去了……

艾诺还是那么积极主动、任劳任怨，而桑瑞也是老样子，不好也不坏。这一年，艾诺因工作成绩突出，被提拔为销售副经理，新的挑战又开始了。

【思考讨论】

在职场中，只有主动完成本职工作，并把本职工作做好，才能获得更大的成功。凡事主动发问、主动做事、主动帮忙……久而久之，公司会承认你存在的价值，会发现你的影响力，而被动不会有更大的收获。只有主动做事才能把事情做好，才能创造出更大的价值，从而使个人价值得以体现。

（1）针对"宁可做错，不可不做"与"不求无功，但求无过"两种观点，谈谈自己的看法。

（2）你的学习或工作主动性如何？你认为在学习或工作中应如何加强主动性？

活动教育

互动交流

【话题4-1】自信助你成功

请扫描二维码，熟读并理解"参考材料"所阐述的观点，然后以"自信助你成功"为主题，以小组为单位准备演讲稿，各小组选派一位代表上台演讲。

【话题4-2】常怀感恩的心

请扫描二维码，熟读并理解"参考材料"所阐述的观点，然后以"常怀感恩的心"为主题，以小组为单位准备演讲稿，各小组选派一位代表上台演讲。

【话题4-3】怎样才能获取更多的快乐

熟读并理解以下观点，然后以"怎样才能获取更多的快乐"为主题，以小组为单位准备演讲稿，各小组选派一位代表上台演讲。

【参考材料】

（1）调整定位，明确目标，找到新的"灯塔"。

首先像一艘在茫茫大海中航行的小船找到前方指明的灯塔，然后瞄准目标、全力前行。

（2）在内心中寻找快乐。

要让自己变得快乐，就得挖掘内心的快乐源泉，选择快乐地生活、学习和工作。这种选择源自你内心深处对工作的看法和观念。

（3）在行动中寻找快乐。

如果你渴望成功，就不能等待"适当的时间"或"完美的机会"，必须立刻开始行动。拖延和犹豫只会导致你错过时机。要想取得成功，必须坚持不懈地尝试。

（4）在合作中寻找快乐。

愉快的心情来自环境，团结向上的团队能激发人的进取心，枯燥乏味的环境容易让人气馁。

【话题 4-4】 说出你想感恩的人

做人要保持一颗感恩的心，无论是在工作中还是在生活中，都应该是这样的。心存感恩，一句非常简单的话却充满了神奇的力量，让那些琐碎的小事在很短的时间里变得无比亲切。请上台说出自己最想感恩的人。

（1）感恩父母。他们给予你生命，让你更健康地成长，让你放飞心中的理想。

（2）感恩师长。他们给了你许多教诲，让你懂得思考，让你在工作的过程中实现自我。

（3）感恩兄弟姐妹。他们让你在这尘世间不再孤单，让你知道有人和你血脉相连。

（4）感恩朋友。他们给了你友爱，让你在孤寂无助时可以倾诉、依赖，看到希望和阳光。

（5）感恩给予你帮助的人。他们在你最需要帮助的时候，向你伸出了援助之手，让你顺利摆脱困境。

（6）感恩严格要求你的人。因为他们的严格要求，你才养成了严格要求自己的习惯；因为他们的严格要求，你才进步更快。

（7）感恩欣赏你的人。遇到不顺的时候，是他们让你看到了自己的长处，是他们让你充满自信地生活和学习。

（8）感恩你的竞争对手。正是对手给了你压力和动力，让你永不停止前进的步伐。没有对手，哪来的成功？

团队活动 ▶

【活动 4-1】 做一个更自信的人

如果你觉得自己不够自信，或者你希望自己变得更加自信，那么请按照下面的方法进行训练，一定会有所收获。

（1）你认为自己有什么优点，请客观地写下来。

千万不要轻易说自己一无是处，将目光更多地集中在自己的优点上，这样你会更自信。没有一个人是完美的，但是每个人都有自己优秀的地方。为你拥有的特长和优点感到自豪，毕竟自己还是挺厉害的。

（2）对着镜子笑一笑，人生是积极的。

给自己一个笑脸，不要对生活失望，也不要厌恶或轻视自己。常常对着镜子笑一笑，会让你感到更快乐、更自信。

（3）展现自己优秀的一面。

让别人认可你，让他们觉得你很厉害，你的自信心就会慢慢提升，所以要展现自己的才艺和优点。朝着自己热爱的方向前进，多培养一些爱好，多交一些良友，会让你变得自信满满。

（4）尝试走到人群中，不要经常独处在角落里。

（5）在跟别人交谈时，声音要大，吐字要清晰，最重要的是要看着别人的眼睛。

（6）如果别人没有回答你的问题，请再重复一遍。

【活动 4-2】 走路与自信

【活动目的】 通过走路展示心理活动，帮助学生认识到自信的重要性，不断提升自信心。

【活动形式】 角色扮演。

【活动过程】

以小组为单位，每组选中 3 人分别扮演以下 3 个角色。

角色 1：走起路来昂首挺胸、步伐坚定、干脆利落，心里想"我要到一个重要的地方，去做重要的事情，我一定会成功"。

角色 2：按平时的步伐行走，心里想"我并不怎么以自己为荣"。

角色 3：以懒散的姿势、缓慢的步伐行走，心里想"为什么受伤的总是我"。

让小组其他同学通过观察辨认出"自信人""普通人""悲观人"。仔细观察就会发现，身体的动作是心理活动的外在表现。

【活动 4-3】 笑容可掬敬他人

【活动目的】 帮助学生认识到尊重他人的重要性，帮助学生树立尊重他人的正确态度。

【活动时间】 10 分钟。

【活动过程】

（1）将每个团队的成员分为两个小组，每个小组人数相同或接近。

（2）两个小组的成员面对面站成两排。

（3）位于两排队伍最前端的两名成员相互微笑、鞠躬。要求微笑中带有自信，显示出内心的诚恳和对他人的尊重。鞠躬时腰弯成 90°，互相称呼对方："×××同学，您好！"

（4）期间所有成员不得发出笑声，不得做出与这一场景不协调的动作，违反者要郑重向大家道歉。

（5）所有成员依次进行，直至游戏结束。

【活动总结】

（1）这项活动给你最大的感觉是什么？有没有受到尊重的感觉？

（2）这项活动给了你哪些启示？

（3）在以后的生活和工作中，应如何尊重他人？

【活动 4-4】 激情工作日

【活动目的】 帮助学生认识到在工作中充满激情的重要性，促使学生激发自己的激情。

【活动过程】

（1）自行选定一周中的一天作为"激情工作日"。

（2）写出在"激情工作日"所期望达到的工作状态，并在创新、主动性、消除抱怨、多微笑、发自内心感恩、以团队合作的方式解决问题6个方面设定量化目标。

（3）设定完成等级及相关的自我奖励办法。

（4）接下来每周都设定一天为"激情工作日"，养成在工作中充满激情的习惯。

【活动总结】

（1）如何坚持做到工作充满激情？

（2）如何让充满激情成为工作习惯？

（3）你对工作激情有何新认识？

【活动 4-5】 不要再说这些话

要想做自发自觉的好学生、好员工，就一定不要说下面这些话。

（1）"哦，那不是我的工作。"每家公司都有一些工作是难以具体划分的，这时候能主动站出来，做好这些工作的员工才是优秀且值得依赖的。况且，多做些工作也是对自己的磨炼，从中可以提升自己。

（2）"我太忙了。"是啊，你要喝咖啡、你要看报纸、你要聊QQ、你要发微信、你要网购……如果你能把这些时间用在工作上，相信你的业绩和工资会大幅提升。

（3）"没办法，我不知道该怎么做。"难道老板天生就知道一切吗？难道你的上司就必须能解决所有你搞不定的问题吗？不懂就要去学，学了再去做。不要再拿不会当借口，否则时间长了，老板会认为你什么都干不了，自然就什么都不肯给你干了。

（4）"不好意思，可是老板没吩咐我去做啊。"既然是自己的工作，为什么一定要别人吩咐了才肯去做？自己鞭策自己前进不是更好吗？

（5）"总算忙完了，赶紧休息吧。"工作之后要自我检查、自我改进。如果你在下次汇报时能够带给老板一个更好的结果，相信老板一定会对你刮目相看。

你说过类似的话吗？现在你怎么看待自己的这种行为？又打算如何改进？不妨将这些写下来。

【活动 4-6】 表现出主动、热情的心态

积极主动是人应当具备的生活、工作态度，也是生活、工作的方法。简单地说，积极主动就是主动发现问题、主动思考问题、主动解决问题。在日常的生活和工作中，你要表现出主动、热情的心态。

（1）走路时应昂首挺胸。

（2）握手时应恰到好处地用力。

（3）坐姿应不失身份。

（4）手势应表现出进取精神。

（5）声音应诚挚自然，饱含信心和精力。

（6）眼光应澄净坦然。

（7）要坐在前排。

（8）应经常表现出豪迈的一面。

（9）应把积极的思想植入自己的大脑。

（10）应将自己的步伐加快 1/4。

（11）应比别人早到。

（12）应将自己的签名签得大一点，给人留下深刻的印象。

（13）应在该认真时全身心投入，在该快乐时开怀大笑。

（14）应积极主动地承担起自己的责任，会清楚地对人说"这是我的错"。

（15）当你总是微笑面对生活，总能客观评价自己，认清自己的价值和位置，每天保持积极健康的生活方式时，成功就是你的！

熟悉以上要求，有意识地按照这些要求改变你的言行，坚持一段时间，你就会发现自己变得更主动、更热情了。

总结评价

改进评价

1. 阳光心态自我评价

对照自己在日常学习、生活中在心态方面的行为表现，对表 4-4 中所列心态方面的条目进行评价，在对应的"评价结果"列中做出选择。

表 4-4 阳光心态自我评价

类　型	主　要　表　现	评　价　结　果			
健康心态	自信	□表现优秀	□表现良好	□表现一般	□表现较差
	宽容	□表现优秀	□表现良好	□表现一般	□表现较差
	奉献	□表现优秀	□表现良好	□表现一般	□表现较差
	平常心	□表现优秀	□表现良好	□表现一般	□表现较差
积极心态	热情	□表现优秀	□表现良好	□表现一般	□表现较差
	进取心	□表现优秀	□表现良好	□表现一般	□表现较差
	责任感	□表现优秀	□表现良好	□表现一般	□表现较差
	追求完美	□表现优秀	□表现良好	□表现一般	□表现较差
乐观心态	豁达	□表现优秀	□表现良好	□表现一般	□表现较差
	感恩	□表现优秀	□表现良好	□表现一般	□表现较差
	知足	□表现优秀	□表现良好	□表现一般	□表现较差

2. 主动性自我评价

主动所体现的是一种尽职尽责的职业精神，是一种负责任的态度。如果一个员工对企业状况、对工作、对团队成员采取不闻不问的态度，最终将难以获得企业、上司和同事的认可。

让我们先看看主动的表现与被动的表现的比较。

（1）主动的表现：

① 善于学习，乐于尝试有挑战性的工作。

② 有超出工作要求的绩效表现。
③ 善于把握机会，随时为抓住机会做好准备。
④ 积极寻求多种解决方案，尽力做到最好。
⑤ 面对突发情况有心理准备并勇于解决。
⑥ 勇于创新，能带着解决方案提出问题和建议。
⑦ 坚持不懈，即使面对重重障碍与困难也绝不放弃。
⑧ 能边做边学，对不熟悉的工作主动出击，多问多思，不断积累经验。

（2）被动的表现：
① 只关心自己的利益是否受损。
② 只按规矩办事，明知规矩不合常理也照办不误。
③ 只要完成任务就行，对完成的质量优劣不过多关注。
④ 只做自己会做的，对不懂不明白的不闻不问。
⑤ 只做自己分内的事，最不愿意加班。

对照以上主动的表现和被动的表现，说说自己在哪些方面做得不错，在哪些方面还需要努力改进。

自我总结 ▶

经过本单元的学习与训练，针对健康心态、积极心态、乐观心态方面，在思想观念、理论知识、行为表现方面，你认为自己哪些方面得以改进与提升，将这些成效填入表 4-5 中。

表 4-5　健康心态、积极心态、乐观心态方面的改进与提升成效

评价维度	改进与提升成效
思想观念	
理论知识	
行为表现	

单元 5

优雅形象、彰显内涵

虽说"人不可貌相,海水不可斗量",但在工作中,老板和同事可没多少精力测量你的"海"有多深。我们留给别人的第一印象是至关重要的,它能决定很多事情:一次面试、一次销售、一次签单……总之一句话,形象影响人生。人们常说的第一印象,往往来自一个人的仪表。仪表,即人的外表,包括人的容貌、服饰、姿态等方面,是人的精神面貌的外在表现。人们经常从一个人的仪表来判断其涵养和习性。穿着不当、举止不雅,往往会损害个人形象。

对一个人来说,文明礼仪是其思想道德水平、文化修养、交际能力的外在表现,是社会竞争力的重要方面;对一个学校来说,文明礼仪是校园文化最生动的内涵。没有气质你可以有修养,没有修养你可以保持微笑,至少你可以把自己弄得干净利落一点。

成功的职场人士都非常注重良好的职业形象,而职业形象的塑造靠的不是漂亮的脸蛋、修长的身材、高档的服饰,而在于自身的气质、风度和良好的体姿体态。外在的形象可以靠其他物品修饰,而良好的职业形象却是靠内心的职业素养和长期的行为习惯塑造的。

在交往日益频繁的今天,即将走入职场的大学生要立于不败之地,就必须重视职业形象的塑造,因为职业形象跟学识、智慧和能力一样重要。良好的职业形象就像一张通往成功的通行证,有了它,往后的行程将变得轻松、愉快。职场新人应让自己的思想更活跃、举止更得体,让自己更敏捷,具备适应不同环境的能力。

你若是干净的,世界便无污垢;你若是微笑的,世界便无哭泣;你若是美丽的,世界便无丑恶。想要美好的工作和生活吗?那就先让自己变得美好吧。

课程思政

本单元为了实现"知识传授、技能训练、能力培养与价值塑造有机结合"的教学目标,从教学目标、教学过程、教学策略、教学组织、教学活动、考核评价等方面有意、有机、有效地融入文明、友善、自信、热情、审美意识5项思政元素,实现了课程教学全过程让学生在思想上有正向震撼、在行为上有良好改变,真正实现育人"真、善、美"的统一、"传道、授业、解惑"的统一。

自我诊断

自我测试

【测试 5-1】 测试你给别人的第一印象

在人际交往中，你给别人的第一印象是好是坏，直接影响到你与他人接下来的交往质量。有的时候，第一印象甚至会决定你的命运，如在求职面试中，你给别人的第一印象好坏往往会决定你是否能拿到这份工作。因此，给别人留下良好的第一印象非常重要，良好的第一印象会给你的事业、爱情、生活等打开一个亮丽的窗口。那么，你给别人的第一印象如何呢？

请扫描二维码，浏览并完成"你给别人的第一印象"测试题。

【计分标准】

选择 A 得 1 分，选择 B 得 3 分，选择 C 得 5 分。

【测评结果】

（1）得分为 47～60 分：你给别人的第一印象非常好。你得体的体态、温和的谈吐、合作的精神，给第一次见到你的人留下了深刻的印象。无论对方是你工作范围内的人还是你私人社交生活中的接触者，他们都有与你进一步接触的愿望。

（2）得分为 23～46 分：你给别人的第一印象一般。你的表现存在某些让人愉快的成分，不过还有点不够精彩，这不会让人对你产生厌恶感。不过，也不会让人觉得你很有吸引力。如果你希望提高自己的魅力，必须从心理上加以重视，努力在"交锋"的第一回合展示出最佳形象。

（3）得分为 0～22 分：你给别人的第一印象不太好。也许你感到很吃惊，可能你觉得自己只是按照自己的兴趣习惯行事。你本来很愿意给别人留下良好的印象，可是，你在各方面传达出的漫不经心、言语无味的信号，无形中给别人留下了错误的印象。必须记住，与人交往是一门艺术，艺术是要经过修饰的。

【测试 5-2】 形象测试

请扫描二维码，浏览并完成形象测试题。

分析思考

1. 着装诊断

（1）不同场合的着装诊断。

表 5-1 所示为不同场合的着装要求，请根据自身情况如实填写，并不断进行改进。

表 5-1 不同场合的着装要求

场合	着装要求	是否做到	持续改进
公务场合	注重保守,宜穿套装、套裙及制服		
	选择长裤、长裙和长袖衬衫		
	不宜穿时装、便装		
	在非常重要的场合不应选择短袖衬衫		
社交场合	时尚个性		
	宜着礼服、时装、民族服装		
	一般不适合选择过分庄重、保守的服装		
休闲场合	舒适自然		
	宜穿运动装、牛仔装、沙滩装		
	选择非正式的便装,如T恤衫、短裤等		

(2)制服、西服、裙服的着装诊断。

表 5-2 所示为制服、西服、裙服的着装禁忌,请根据自身情况如实填写,并不断进行改进。

表 5-2 制服、西服、裙服的着装禁忌

服装	着装禁忌	是否合适	持续改进
制服	制服、便装混穿		
	又脏又破		
	随意搭配		
西服	袖口上的商标尚未拆掉		
	在非常正式的场合穿着夹克、打领带		
	男士在正式场合穿着西服套装时袜子出现了问题		
裙服	穿黑色皮裙		
	裙、鞋、袜不搭配		
	光脚		

2. 仪态行为诊断

(1)个人仪态诊断。

请参照表 5-3 中站姿、坐姿、行姿、手姿、点头的要领与要求进行自我诊断,并将自我诊断结果填写在对应的"诊断结论"列中。

表 5-3 个人仪态诊断

仪态类型	要领与要求	诊断结论
站姿	① 要领 站立时,双臂自然下垂或交叉于背后、腹前,双脚分开,与肩同宽或比肩略宽(女士双脚并拢),肩膀要平直,挺胸收腹 ② 要求 站立要端正,挺胸收腹,眼睛平视,嘴微闭,面带微笑。双手不叉腰、不插袋、不抱胸。站立时,身体不东倒西歪,不要倚墙而立	

续表

仪态类型	要领与要求	诊断结论
坐姿	① 要领 入座要轻缓，上身要直，人体重心垂直向下，腰部挺起，脊椎向上伸直，胸部向前挺，双肩放松平放，躯干与颈、胯、腿、脚正对前方。手自然放在双膝上，双膝并拢。眼睛平视，面带笑容，坐时不要将椅子坐满，但也不要坐在椅子的边沿上 ② 要求 落座时声音要轻，动作要缓。坐姿必须端正，不得坐在椅子上前俯后仰、摇腿跷脚，或者将腿搭在座椅扶手上，不得盘腿，不得脱鞋	
行姿	① 要领 昂首挺胸收腹，肩膀往后垂，手要放在两边，轻轻地摆动，步伐要轻，不要拖泥带水 ② 要求 行走时轻而稳，注意昂首挺胸收腹，肩要平、身要直。走路时男士不扭腰，女士不晃臀，行走时不可摇头晃脑、吹口哨、吃零食，不要左顾右盼、手插口袋或打响指。不与他人拉手、搂腰搭背，不奔跑、跳跃	
手姿	① 要领 在给对方指引方向时，要把手臂伸直，手指自然并拢，手掌掌心向上，以肘关节为轴，指向目标。同时，眼睛要看着目标并兼顾对方是否看到指示的目标。在介绍或指示方向时切忌用手指指点 ② 要求 谈话时手势不宜过多，幅度不宜过大，否则会有画蛇添足之感。一般来说，手掌掌心向上的手势是虚心的、诚恳的，在介绍、引路、指示方向时，都应手掌掌心向上，上身稍向前倾，以示敬意，切忌以手指或笔尖指向别人	
点头	点头时，眼睛要看着对方，离开时，身体微微前倾，颔首道别	

（2）行为举止诊断。

请参照表5-4中的行为举止规范进行自我诊断，并将自我诊断结果填写在对应的"诊断结论"列中。

表5-4 行为举止诊断

行为举止规范	诊断结论
举止要端庄，动作要文明，站、走、坐要符合规范。禁止各种不文明的举动。在工作场所及平时，均不得随地吐痰，不得乱扔果皮、纸屑、烟头或其他杂物	
不在公共区域大声喧哗、打闹、谈笑、哼唱、歌唱、吹口哨等。在公共区域说话应轻声，不得让与事无关的人听见，影响他人学习、工作	
手势适宜，宜少不宜多，不用手指指点点。与人交谈时双手不要插入衣裤兜，不要抱胸	
走路脚步要轻，操作动作要轻。在通道、走廊里与老师或同学相遇应点头行礼；遇到老师或同学要礼让，不能抢行、并行	

自主学习

熟知标准

1. 男士职业正装的着装规范

正装是正式场合的着装,国内的男士职业正装一般指西服或中山装。在重要会议和会谈、庄重的仪式及正式宴请等场合,男士一般以西服为正装。一套完整的西服包括上衣、西裤、衬衫、领带、皮带、袜子和皮鞋。

请扫描二维码,浏览并熟知"男士职业正装的着装规范"。

2. 穿西服的规范

请扫描二维码,浏览并熟知"穿西服的规范"。

3. 女士职业正装的着装规范与要求

女士职业正装有3种基本类型:西服套裙、夹克衫、连衣裙或两件套裙。在这3种类型中,每种都要考虑颜色和面料。而西服套裙是女士的标准职业着装,可塑造出强有力的形象。

女士职业正装比男士职业正装更具个性,但是有些规则是所有女士都必须遵守的,每个女士都要有一种最能体现自己个性和品位的风格。特别是在正式场合,女士着装一定要忌短、忌露、忌透。另外,穿着打扮讲究的是着装、化妆和配饰风格统一,相辅相成。

请扫描二维码,浏览并熟知"女士职业正装的着装规范与要求"。

4. 职业微笑的基本要求

(1)口与眼相结合。

在笑的艺术修养中,眼睛是关键点。眼睛具有传神送情的特殊功能,眼睛又是心灵的窗户。因此,眼到、口到、心到,笑眼传神,微笑才能扣人心弦。

(2)微笑与神、情、气质相结合。

这里讲的"神"就是笑得有神,笑出自己的神情、神色、神态,做到情绪饱满、神采奕奕;"情"就是笑出感情,笑得亲切甜美,反映美好的心灵;"气质"就是笑出谦恭、稳重、大方、得体的良好气质。

(3)微笑与语言相结合。

微笑和语言都是传播信息的重要符号,只有注意微笑与美好语言的有机结合,声情并茂、相得益彰,微笑服务方能发挥出它应有的特殊功能。

(4)微笑与仪表和举止相结合。

端庄的仪表、得体的举止是从业人员不可缺少的气度。以姿助笑、以笑促姿方能形成完整、统一、和谐的美。我们在工作中总体上应该做到直率而不鲁莽、活泼而不轻佻、稳重而不呆板、热情而不过分、轻松而不懒散、紧张而不失措。

5. 职业微笑的标准

（1）面部表情标准。

面部表情和蔼可亲，伴随微笑自然地流露出6～8颗牙齿，嘴角微微上翘。微笑注重"微"字，口眼结合，嘴唇、眼神含笑，笑的幅度不宜过大。微笑时可表现出真诚、甜美、亲切、充满爱心。

（2）眼睛眼神标准。

面对客户要目光友善、眼神柔和、亲切坦然，眼睛和蔼有神，自然流露真诚。眼睛礼貌正视客户，不左顾右盼、心不在焉。

（3）声音语态标准。

声音要清晰柔和、细腻圆滑、语速适中、甜美悦耳，富有感染力。语调平和，语音厚重温和。音量适中，声音不宜过大。说话态度诚恳，语气不亢不卑。

6. 规范站姿的要领与要求

请扫描二维码，浏览并熟知"规范站姿的要领与要求"。

7. 规范坐姿的要领

（1）入座前，可提前适当整理一下衣物，不可入座后再站起来整理衣物。入座时要轻、缓、稳，走到座位前，转身轻轻坐下。女士如穿裙子可稍微拢一下裙子，再坐下。一般应从座位的左边入座。

（2）可根据椅子的高低来适当调整一下坐姿，双脚正放或侧放。

（3）坐在椅子上后，双膝自然并拢或微微分开，两脚并齐，鞋尖方向一致。女士双膝一定要并拢。

（4）双手保持自然弯曲，可自然放在膝盖或大腿上。如有扶手，男士可双手、女士可单手放在椅子的扶手上，掌心向下。

（5）身体端正舒展，上身自然挺直，两肩平正放松，重心垂直向下或稍向前倾，一般以坐满椅子的2/3为准，尽量不要靠在椅背上。

（6）精神饱满，表情自然，眼睛平视前方或注视交谈对象。

（7）如果要离开椅子，右脚往回收半步，力量作用在小腿上，让身体慢慢支撑起立，不要用双手撑着腿站起来，要保持上身的直立姿势。离座时也要从座位的左边离开。

除基本坐姿外，由于双腿位置的改变，也可形成多种优美的坐姿，如双腿平行斜放，两脚前后相掖，或者两脚呈小八字形等，都能给人舒适优雅的感觉。如要叠腿，最好后于别人交叠双腿，女士一般不叠腿。无论哪种坐姿，都必须保证腰背挺直，女士还要特别注意使双膝并拢。

8. 入座、离座的要领

（1）从椅子后面入座。如果椅子左右两侧都空着，应从左侧走到椅前。

（2）不论从哪个方向入座，都应在离椅前半步远的位置立定，右脚轻向后撤半步，用小腿靠椅，以确定位置。

（3）女士着裙装入座时，应用双手将后片向前拢一下，以显得娴雅端庄。

（4）坐下时，身体重心徐徐垂直落下，臀部接触椅面要轻，避免发出声响。

（5）坐下之后，双脚并齐，双腿并拢。

9. 规范行姿的要领

请扫描二维码，浏览并熟知"规范行姿的要领"。

10. 规范蹲姿的要领

（1）下蹲拾物时，应自然、得体、大方，不遮遮掩掩。
（2）下蹲时，两腿合力支撑身体，避免滑倒。
（3）下蹲时，应使头、胸、膝关节在一个水平线上，使蹲姿优美。
（4）女士无论采用哪种蹲姿，都要将双腿靠紧，臀部向下。

明确目标 ▶

在日常生活、学习过程中规范着装，展示良好的仪容仪表、行为举止，努力实现以下目标。

（1）仪表方面。

着装整齐得体、落落大方，没有开线、掉纽扣等。

（2）仪容方面。

头发整洁、清爽无异味，注意个人卫生，身体、面部、手部、口腔保持清洁，无汗味、异味，勤剪指甲。男士发须经常修剪，保持整齐干净。女士淡妆素抹，打扮得体。头发不染怪异颜色，不浓妆艳抹，不吃异味食物。

（3）仪态方面。

站姿、坐姿、行姿端正，自然大方，做到走路轻、说话清、操作稳，尽量不发出物品相互碰撞的声音。不在公共区域、办公区域出现奔跑、躺卧、倚靠、蹲、趴等不当姿态。

（4）表情方面。

保持良好的精神面貌和气质风度，精神饱满、轻松愉快、面带笑容、热情适度、举止大方、语言准确、声音柔和、态度和蔼、待人诚恳、神采奕奕、充满活力、不卑不亢。不可有倦态情绪或用冷面孔待人，不大声说话。

榜样激励 ▶

【案例5-1】 看电影学职场着装礼仪，如何像女主角一样穿着优雅又得体

【案例描述】

电影《在云端》是一部职场剧，由乔治·克鲁尼主演。

女主角职业：人力资源经理。

着装风格：干练、职业、严谨。

适合场合：正式公务场合、日常办公场合。

该剧中刚进入职场的"菜鸟"娜塔利·基纳的着装很适合初入职场的年轻女孩。比如，浅色衬衫+职业套裙+肤色丝袜+黑色制式皮鞋，是职业正装的标准搭配。

注意细节：铅笔裙松紧度适中，长度到膝盖上下，显得大气、稳重。

发型：娜塔利·基纳干净利落的束发也突显出她的职业与干练。

配饰：职场女性在选择配饰时，建议数量不要超过 3 件，遵循同质同色的搭配原则，剧中娜塔利·基纳的耳钉和手表把职场女性的干练诠释得恰到好处。

《在云端》中另一位成熟、性感的职场女性亚历克斯·戈兰，同样完美演绎了职场女性干练优雅的气质。她的着装风格大气简约，通过风衣、真丝衬衫、职业裙装、制式皮鞋打造出一位优雅成熟的女性形象。

真丝衬衫搭配一步裙，再用珍珠配饰点缀，搭配富有职业感又优雅迷人。简约的搭配加成熟的气质，一个微笑就已经把男主角迷倒了。

【思考讨论】

着装是一种表达，表达职场人士的身份、品位、经济实力及当时所扮演的角色。对职场人士来说，得体是永恒的主旋律，它能充分体现职场人士的智慧和分寸感，以及对自己角色的拿捏、对双方关系的把握。在得体的条件下，可以尽情展现你的魅力。

请观看电视剧《猎场》，分析该剧中以下几位人物的着装是否得体，描述其职场搭配的特色：

郑秋冬（胡歌饰）、罗伊人（菅纫姿饰）、林拜（陈龙饰）、熊青春（万茜饰）。

【案例 5-2】 从真诚握手开始

【案例描述】

玛丽·凯·阿什是美国著名的企业家，她是退休后才开始创办化妆品公司的。公司刚开业时，雇员仅有 10 人，然而，20 年后，这家公司却发展成为拥有 5000 人，年销售额超过 3 亿美元的大公司。

有人问玛丽·凯·阿什，她为何能在垂暮之年还能取得如此巨大的成就。她回答说："这要从我懂得真诚握手开始。"

玛丽·凯·阿什讲述了一段自己在创业前的经历。

她说："那时，我还在一家公司当推销员。有一次，开了整整一天会之后，我排队等了 3 小时，希望同销售经理握握手。然而，可能是因为与销售经理握手的人太多了，那位经理对与他握手的人表现出不耐烦。等他同我握手时，他的手只与我的手碰了一下，连瞧都不瞧我一眼。我觉得这个人太没有礼貌了，而且他的这种态度极大地伤害了我的自尊心，我的工作热情再也调动不起来了。当时我就下定决心，如果有那么一天，有人排队等着同我握手，我将把注意力全部集中在站在我面前同我握手的人身上——不管我多么累！"

果然，从她创立公司的那一天开始，她每次同人握手，总是记住当年所受到的冷遇，于是友好、全神贯注地与每个人握手，结果她的热情与真诚感动了每个人，许多人因此心甘情愿地与之合作，她的事业也因此蒸蒸日上。

【思考讨论】

社交场合的握手礼，常常能折射出一个人的礼仪修养。如果与人握手时左手还插在口袋里，那显然毫无诚意；如果与人握手时东张西望，或是伸出的手给对方一种有气无力的感觉，或是握得太紧叫人难堪，或是生硬地摇动，都会令人不悦、印象不佳。恰到好处、优雅自然的握手应是简短有力地一握，两眼愉快地凝视对方，表达出温和、友善的态度和渴望进一步交往的美好愿望。

试讨论在社交场合应如何注意自身的仪容仪表和行为举止，如何通过优雅的职业形象，彰显出内涵、折射出修养。

知识学习

1. 个人形象

个人形象就是一个人的外表或容貌，是一个人内在品质的外部反映，是反映一个人内在修养的窗口。

形象是人的精神面貌、学识素养、性格特征等的具体表现，并以此引起他人的思想或感情活动。它就像一种介质存在于人的主体和客观环境之间。每个人都通过自己的形象让他人认识自己，而周围的人也会通过这种形象对你做出判断。这种形象不仅包括人的外貌与装扮，而且包括言谈举止、表情姿态等能够反映人的内在本质的内容。

2. 职业形象

职业形象是人们对某种职业承担者的所有行为和表现的总体印象与评价，是构成个人形象的基本因素。

一个人的职业形象有内在和外在两种主要因素。内在因素包括职业道德、职业责任感、职业认知及职业心理特征等，是职业形象的内涵；外在因素主要指一个人展现给他人的容貌、服饰、言谈举止、姿态风度等，是职业形象的外显。

一个成功的职业形象，展示给人们的是自信、尊严、力量和能力。它不仅能作为外在辅助工具，呈现出你优雅形象的视觉效果，而且能唤起你内在沉淀的优良素质，让你对自己有更高的要求。每个人都应通过微笑、目光接触、走路、握手等一举一动，表现出一个成功职场人士的素质和魅力。

喜欢微笑的人，别人也对你微笑；做事踏实的人，上司对你放心；干净利落的人，善于驱散阴霾；忠厚老实的人，往往能得到信任。这些都是职业形象。一朵鲜花总是受人喜爱，一堆垃圾总是让人逃开，做"鲜花"还是做"垃圾"，一切看你自己的行动了。

3. 仪容、仪表、仪态

仪容是指人的容貌、外在的打扮，是一个人精神面貌的外在表现。

仪表是指人的外表，包括容貌、姿态、个人卫生和服饰，也是一个人精神面貌的外在表现，良好的仪表可以体现职场的气氛、档次、规格。仪表美属于个体美的外在因素，是一个人内在美和外在美的和谐统一，反映着人的精神状态。美丽优雅、端庄大方的仪表与人的精神境界融为一体，展现一个人的气质。

仪态是指人们在交际活动中的举止所表现出来的姿态和风度，包括日常生活中和工作中的举止。

4. 着装的 TPO 原则

总体来说，着装要规范、得体，就要牢记并严守 TPO 原则。TPO 原则，是有关服饰礼仪的基本原则之一。TPO 原则，即着装要考虑到时间（Time）、地点（Place）、场合（Occasion）。其中的 T、P、O 3 个字母，分别是时间、地点、场合这 3 个英文单词的缩写。它要求人们在选择服装、考虑其具体款式时，首先应当兼顾时间、地点、场合，并应力求使自己的着装及其具体款式与着装的时间、地点、场合协调一致。

请扫描二维码，浏览并熟知"着装的 TPO 原则"。

5. 着装得体的要求

从礼仪的角度来看，着装不能简单地等同于穿衣。它是着装人基于自身的阅历修养、审美情趣、身材特点，根据不同的时间、地点、场合，力所能及地对所穿的服装进行精心的选择、搭配和组合。在各种正式场合，注重个人着装的人能体现仪表美，提升交际魅力，给人留下良好的印象，使人愿意与其深入交往。同时，注意着装也是每个事业成功者的基本素养。

请扫描二维码，浏览并熟知"着装得体的要求"。

6. 不同类型的着装要求

请扫描二维码，浏览并熟知"不同类型的着装要求"。

7. 仪容修饰方面的注意事项

为了维护自我形象，有必要修饰仪容。在仪容修饰方面要注意 5 点事项。

（1）仪容要干净。要勤洗澡、勤洗脸，并经常注意去除眼角、口角及鼻孔的分泌物。要勤换衣服，消除身体异味，有狐臭要擦药品或及早治疗。

（2）仪容要整洁。上班要穿正装，服装要整齐干净，纽扣要齐全扣好，不可敞胸露怀、衣冠不整洁。工牌或司标要佩戴在左胸前，不能将衣袖、裤子卷起。女士在穿裙子时，不可露出袜口，可穿肉色袜子。男士在系领带时，要将衣服下摆扎在裤里，穿黑色皮鞋要保持光亮。

（3）仪容要卫生。讲究卫生，注意口腔卫生，爱护牙齿，早晚刷牙，饭后漱口；指甲要常剪，不留长指甲；头发按时理，男士不留过长发型，女士不留怪异发型，头发要梳洗整齐。

（4）仪容要简约。仪容既要修饰，又忌讳标新立异，简练、朴素最好。

（5）仪容要端庄。仪容庄重大方、斯文雅气，不仅会给人以美感，而且易于使自己赢得他人的信任。相形之下，将仪容修饰得花里胡哨、轻浮怪诞，得不偿失。

8. 表情方面的注意事项

表情是人的面部动态所流露出的情感。在给人的印象中，表情非常重要，具体要注意以下几点。

（1）要面带微笑、和颜悦色，给人以亲切感；不能面孔冷漠、表情呆板，给人以不受欢迎感。

（2）要聚精会神、注意倾听，给人以受尊重感；不要没精打采、漫不经心，给人以不受重视感。

（3）要坦诚待人、不卑不亢，给人以真诚感；不要诚惶诚恐、唯唯诺诺，给人以虚伪感。

（4）要沉着稳重，给人以镇定感；不要慌手慌脚，给人以毛躁感。

（5）要神色坦然、轻松、自信，给人以宽慰感；不要双眉紧锁、满面愁云，给人以负重感。

（6）不要带有厌烦、僵硬、愤怒的表情，也不要扭捏作态，做鬼脸、吐舌、眨眼，给人以不受敬重感。

9. 化妆的基本要求

（1）化妆要视时间、场合而定。在工作时间、工作场合只能化工作妆（淡妆），浓妆只有晚上才可以用。外出旅游或参加运动时，不要化浓妆，否则在自然光下会显得很不自然。

（2）不要非议他人的妆容。由于文化、肤色等差异，以及个人审美观的不同，每个人化的妆不可能是一样的，切不可对他人化的妆品头论足。

（3）不要在他人面前化妆。化完妆是美的，但化妆的过程最好不要展示出来。

（4）不要借用他人的化妆品，这不仅不卫生，也不礼貌。

10. 职业微笑

"职业微笑"的本意是要求接待人员出于职业的需要，开展微笑服务，令宾客满意即可，而不必拘泥于这种微笑是否发自内心。或许，的确有一部分职业微笑并非发自内心，只是出于职业的需要，但我们不能因此放弃发自内心的微笑。因为唯有这种发自内心的微笑，才能感染对方，唯有这种会心的微笑，方可使对方产生良好的心境，消除陌生感，使之感到处处有亲人，心平气顺、食则有味、宿则安宁。

微笑是自信的象征，微笑是礼貌的表现，微笑是交际的手段，微笑是成功的基石，微笑是健康的标志。一个微笑，花费很小，价值却很高。在人生的旅途上，最好的身份证就是微笑。

11. 微笑的作用和重要性

请扫描二维码，浏览并熟知"微笑的作用和重要性"。

课堂教学

观点剖析

1. 打造良好的职业形象

良好的形象铸就优秀的品牌，优秀的品牌带来成功的事业。作为职场人士，穿着打扮、举止姿态必须既符合身份，又符合行业规范，还要符合一定的时间和场合，既展示自身风貌，又体现所在企业的良好形象。塑造自我形象要注重内外兼修，要在平时的学习、生活中注重内在修养的提升。

天生丽质是我们每个人的梦想，但相貌平平对大多数人来说却是不争的事实。其实，我们的形象犹如我们的生活，总会有些缺憾，总会有不尽如人意的地方。生活中的缺憾并不影响我们对生活的热爱，关键是我们怎样弥补这些缺憾，使生活变得完美。

（1）搭配好自己的服饰，塑造形象上的完美。

"尺有所短，寸有所长"，我们每个人都会有形象上不尽如人意的地方。扬长避短，在职场上给人留下良好的职业印象，这是可以通过后天的努力和恰当的修饰来达到的。

（2）多读书、善表达，充分展示自己的形象。

优雅的谈吐也是我们在职场上展示自己形象的大好机会。"腹有诗书气自华"，多读书既可以改变一个人的外在形象，又可以提高一个人的涵养。孟子曾说："充实之谓美。"一个富有涵养的人，他的言谈举止就会美；而一个内心贫乏的人，其言行就会粗鲁低俗。"慧于心而秀于言"，多读书可以帮助我们丰富自己的语言。想想看，谁会拒绝一个能够在恰当的场合以恰当的语言、恰当的方式与人进行有效沟通的人呢？

（3）注重自己的行为举止，不断提高自身修养。

良好的职业形象并非一定与身材高大、相貌英俊有必然的联系。倘若一个人举止不雅、穿着不当、目中无人，即使相貌堂堂也不会是个形象良好的人。

2. 仪容仪表朴素大方

仪容仪表的总体要求可以概括为：姿态端正，举止大方；端庄稳重，不卑不亢；态度和蔼，待人诚恳；服饰庄重，整洁挺括；打扮得体，淡妆素抹；训练有素，言行恰当。

请扫描二维码，浏览并熟知"仪容仪表朴素大方"。

3. 得体的职业服饰

服饰是非语言交流的重要媒介，我们常借这种交流媒介不断地传递和接收信息。服饰是一种无声的语言，恰当的着装可以从侧面真实地传递出一个人的修养、性格、气质、爱好和追求，正确的着装能使形体、容貌等形成和谐的整体美，得体的着装能使职业形象富有神韵和魅力。

职业服饰是为工作需要而特制的服装。在设计职业服饰时须根据行业的要求，结合职业特征、团队文化、年龄结构、体型特征、穿着习惯等，从服饰的色彩、面料、款式、造型、搭配等多方面考虑，提供最佳的设计方案，为顾客打造富于内涵及品位的全新职业形象。

在职场中，不要以为欲成大事就可以不拘小节、不注重仪表。一个人的着装往往决定着其给人留下的印象。在日常工作中，着装有可能直接影响上司或同事对你的专业能力和任职资格的判断。

着装对一个人的仪表起着决定性的作用，着装直接反映一个人的气质、性格和内心世界。一个人如果风度翩翩、穿着潇洒，就能产生使人乐于交往的魅力，整洁的穿着能给人以信赖感。上班时的着装胜过千言万语的表达。一条颜色搭配合适的丝巾，会给人一种既清爽又智慧的感觉；一条与西服搭配和谐的领带，会让人看起来格外俊雅、舒服。千万别意外，这对很多职场人士来说并不是可以忽略的小事，正是这些细节，显露了一个人的工作能力与职业修养。

不同的穿着打扮，不但会使自己在面对他人时产生不同的心境和情感体验，也会得到他人不同的评价和印象。面对一个穿着整洁得体、仪态端庄且谈吐不俗的人，大家往往会认为他有着良好的文化素养和审美观，也会认为他是一个精明强干的人，这些能让你在与人交往时增强自己的信心，从而乐于与人交往。反之，如果一个人的仪表不够整洁，不修边幅，与周围环境格格不入，以至于影响自身形象，不仅难以赢得他人的好感，自己也会感到自卑。因此，若想在社交、职场中成功地与人交往，就要学会用服饰来修饰、弥补自身的不足，使大家能喜欢你、认可你、接受你。

4. 优雅的职业体态

体态是指一个人的身体姿态，主要包括站、坐、行、手势及面部表情等举止活动。体态是人的仪表美的动态展示。在人际交往中，一个人的体态不仅能反映出其道德修养和文化水平，而且能表现出其与人交往的诚意。

请扫描二维码，浏览并熟知"优雅的职业体态"。

5. 日常生活、工作中应避免的不良站姿

好的站姿，可以让身体各个关节得到均匀的受力，从而不会让某些特定的关节承担大部分的重量。不良站姿则会影响到体内的血液循环，可能会压迫内脏，导致消化不良。不管是在形体上，还是在外貌上，不良站姿都会对人体产生消极的影响。

请扫描二维码，浏览并了解"日常生活、工作中应避免的不良站姿"。

6. 日常生活、工作中应避免的不良坐姿

日常生活、工作中应避免以下不良坐姿。

（1）坐立时不可跷二郎腿，不可脚尖相对，不可撇开呈八字形，也不可将脚伸向前方。

（2）不能将腿脚搭在沙发、板凳或桌子上。

（3）女士叠腿姿势要慎重，不可呈4字形，男士也不可出现这种不雅行为。

（4）坐下与人交谈时，不可抖动双腿，甚至鞋跟离开地面晃动。

7. 日常生活、工作中应避免的不良行姿

日常生活、工作中应避免以下不良行姿。

（1）走路时身体前俯、后仰，或者脚尖同时向里侧或外侧呈八字形走路，步子太大或太小，这都会给人一种不雅观的感觉。

（2）走路时双手反背于背后，这会给人傲慢、呆板的感觉。

（3）走路时低头看脚尖，这会给人心事重重、萎靡不振的感觉。

（4）拖脚走，这会给人未老先衰、暮气沉沉的感觉。

（5）跳着走，这会给人心浮气躁的感觉。

（6）走路时摇头晃脑、晃臀扭腰、左顾右盼、瞻前顾后，这会让人觉得轻佻，缺少教养。

（7）走路时与他人相距过近，或者与他人发生身体碰撞。

（8）走路时尾随于他人，甚至对其窥视围观或指指点点，此举会被视为"侵犯人权"或"人身侮辱"。

（9）走路时速度过快或过慢，以致对周围人造成一定的不良影响。

感悟反思 ▶

【案例5-3】 修养也是一门课程

【案例描述】

一批临近毕业的大学生，实习时被带到某部委的实验室里参观。在实验室里等待部长到来时，有秘书来给大家倒水。同学们表情木然地看着她忙活，其中一人还问了句："有绿茶吗？"轮到一个名叫林晖的同学时，他轻声说："谢谢，大热天的，辛苦你了。"秘书抬头看了他一眼，满含惊奇。

门开了，部长走进来和大家打招呼，却没有人回应。林晖左右看了看，犹犹豫豫地鼓了几下掌，同学们这才稀稀落落地跟着拍手。部长挥了挥手，说："欢迎同学们到这里来参观，平时这些事都是由办公室负责接待的，因为我和你们的导师是老同学，所以这次我亲自跟大家讲一些有关的情况。我看同学们好像都没带笔记本，这样吧，王秘书，请你去拿一些我们部里印的纪念手册，送给同学们做纪念。"接下来，更尴尬的事情发生了，大家都坐在那里，很随意地用一只手接过部长用双手递过来的手册。部长的脸色越来越难看。走到林晖面前时，林晖礼貌地站起来，身体微倾，双手接过手册，说了一声"谢谢"。部长眼前一亮，伸手拍了拍林晖的肩膀，问："你叫什么名字？"林晖照实回答。部长微笑地回到自己的座位上。

两个月后，毕业分配表上，林晖的去向里赫然写着该部委的实验室。有几位颇感不满的同学找到导师："林晖的学习成绩最多也就算中等，凭什么选他而没选我们？"导师看了看这几张尚属稚嫩的脸，笑着说："是人家点名来要的，其实你们的机会是完全一样的，但是除知识外，你们需要学习的东西太多了，修养也是一门课程。"

【感悟反思】

（1）案例中提到的林晖同学在参观某部委的实验室时在哪些方面体现了修养和素质？其他同学在哪些方面还需要改进？

（2）本案例对你有哪些启示？怎样理解"修养也是一门课程"？

【案例 5-4】 女老板穿成女秘书

【案例描述】

有个由国内企业家组成的代表团出国考察,其中有位女企业家,虽然穿的也是一身西服套裙,但外方人员竟一直误以为她是一位秘书。原来这位女企业家穿的套裙的面料质地不好,做工也不考究,款式又过于花哨,以至于与身份不符,造成误会。

【感悟反思】

(1) 案例中的女老板的穿着在哪些方面应进行改进?
(2) 检查一下自己的穿着是否得体,是否符合时间、地点、场合的着装要求。

各抒己见 ▶

【案例 5-5】 一把椅子的问候

【案例描述】

一个阴云密布的午后,大雨忽然间倾盆而下,一位浑身湿淋淋的蹒跚老妇,走进匹兹堡的一家百货公司。看着她狼狈的样子和简朴的衣服,很多的售货员都对她不理不睬。

只有一位年轻人热情地对她说:"夫人,我能为您做些什么吗?"老太太莞尔一笑,说:"不用了,我再躲会儿雨,马上就走。"但是,她的脸上明显露出不安的神色,因为雨水不断从她的脚边流淌到门口的地毯上。

正当她无所适从时,那个小伙子又走过来了,他说:"夫人,您一定有点累,我给您搬一把椅子放在门口,您坐着休息一会吧!"两小时后,雨过天晴,老太太向那个年轻人道了谢,并向他要了一张名片,然后就消失在人海里。

几个月后,百货公司的总经理詹姆斯收到一封信,信中指名要求这位年轻人前往苏格兰,收取一份装潢材料订单并让他负责几个家族公司下一季度办公用品的供应。詹姆斯震惊不已,匆匆一算,只这一封信带来的收益,就相当于其百货公司两年利润的总和。

当他以最快的速度与写信的人取得联系后方知,对方是美国亿万富翁"钢铁大王"卡内基的母亲——就是几个月前曾在百货公司躲雨的那位老太太。

詹姆斯马上把这个叫菲利的年轻人推到公司董事会上,当菲利收拾好行李准备去苏格兰时,他已经是这家百货公司的合伙人了。那年菲利 22 岁。

不久,菲利应邀加盟到卡内基的麾下。之后的几年中,他以一贯的踏实和诚恳,成为"钢铁大王"卡内基的左膀右臂,在事业上扶摇直上、飞黄腾达,成为美国钢铁行业仅次于卡内基的灵魂人物。

而这一切都是来自一把椅子的问候。

【各抒己见】

通常,一个希望成功的人,总会不遗余力地获取"得到"的机会,这是很正常的。不过,聪明的人不仅会抓住一切"得到"的机会,更会抓住一切"给予"的机会。"给予"不会给他们带来直接的利益,但会为更大的"得到"埋下伏笔。

"给予"是难得的,"给予"的时候根本就没想"得到"更加难得——只有那些胸怀博大的人才可能这样做。结果,他们却"得到"了很多。

(1) 由一个小组选定一位成员讲述该案例。
(2) 案例中的年轻人菲利是如何赢得成功的机会的?
(3) 在生活、工作中我们不仅要善于抓住一切"得到"的机会,也要能抓住一切"给予"的机会。请谈谈你的看法。

【案例 5-6】 微笑赢得赞许

【案例描述】

一架飞机上,乘客让空姐端来咖啡。因工作太忙,空姐没有尽快把咖啡端给乘客,并且在服务时不小心把咖啡洒了乘客一身。乘客十分气愤,要投诉空姐。而空姐并没有抱怨,却微笑着向乘客道歉,并且在每次经过那位乘客时,都微笑着,热情大方地为他服务。飞机着陆时,乘客主动找到空姐,诚恳地说:"你的12次微笑征服了我,对不起!"

【各抒己见】

(1) 由一个小组选定一位成员讲述该案例。
(2) 案例中的空姐是如何赢得乘客的赞许的?
(3) 当我们在工作中出现失误、让顾客不满意时,应如何消除顾客的怨气?

扬长避短 ▶

【案例 5-7】 着装比你想象得更重要

【案例描述】

方女士作为一家公司的英文翻译,经常需要和经理去见客户。方女士本人对穿衣戴帽也很在行,她会针对要见的客户穿不同的衣服。

一次,方女士和经理去跟一个法国商人谈业务。方女士选择了一件桃红色的高领羊毛衫,配上一条暗红色的羊绒筒裙,鞋子是一双质地柔软的翻皮高筒靴,还在羊毛衫的左上方别上了一枚闪闪发光的胸针,使她原本姣好的面容更加光彩照人。

方女士和经理与法国商人刚一见面,方女士的穿着就引起了法国商人的注意,对方一直夸方女士会穿衣服。他还特别提到了那枚胸针,说方女士的那枚胸针使他想起了很多美好的回忆,他的初恋女友曾经也有一枚这样的胸针,20多年过去了一直在他的脑海里留存着。

就这样,一枚小小的胸针使谈判双方拉近了距离,自然而然使整个谈判过程无比轻松、愉快,方女士所在的公司也以一个很好的价格在同行业的激烈竞争中赢得了这次宝贵的合作。

当然,方女士也得到了公司的奖赏——经理起用她作为公司的形象顾问。经理还在一次全体员工大会上这样说:"作为公司的员工,你的形象直接关系到公司的形象,甚至有可能关乎整个公司的命运。着装并不是你们想象得那么不重要。请大家记住,如果你懂得如何着装,可能就会有非同一般的机遇降临到你的头上。"

【思考讨论】

方女士对着装细节的把握，使法国商人对她所在的公司产生了很好的印象，也促成了公司的一大笔生意，可以说着装起到了决定性的作用。

很多时候，与人交往的第一印象在开口说话之前就已经形成，你的着装给人的印象立竿见影。从一个人的着装中可以看出他是心思细腻还是粗心大意。如果你是老板，让你从中选择一个雇员，想必你也不会选择那个粗心大意的人。

如果你不把着装当成一件大事来做，在职场中一开始你就会比人差一大截。着装上的细节，体现了一个人对工作、对生活的态度。"人靠衣装马靠鞍"，如果你希望树立良好的职业形象，在职场中有所作为，你就会知道着装比你想象中要重要得多。

一个人要想在众人中脱颖而出，第一步就是应该懂得着装。很多人不理解上班为什么非得穿正装，给人一种拘束感。然而，要想成为优秀的员工，对于着装细节就不能不注意。很多时候，无论是同事、上司还是你的客户，都会从你的着装中看出你对待工作的态度，这也是着装给人的一种职业印迹。着装正式合体，会给人一种干净利落的感觉，让人觉得你是一个工作认真、干练的人。如果穿着不正规、不讲究，自然会让人觉得你是一个闲散甚至不负责的人。

（1）案例中的方女士的着装在哪些方面给法国商人留下了很好的印象？

（2）在与人交往时，要给他人留下良好的第一印象，应注意哪些细节？

【案例 5-8】 穿衣打扮，颇有讲究

【案例描述】

曾有一位求职者前往北京的一家软件公司应聘计算机工程师职位。面试时，这位求职者打上了领带，穿上了西服。面试过程很顺利，求职者过硬的专业知识让招聘主管欣赏不已。

在决定是否录用这位求职者时，却有一位招聘人员提出了异议："你们注意到没有？这个面试者穿了一双旅游鞋。一方面，如此装扮很不得体；另一方面，说明此人很有个性，也许比较难管理。"但由于当时公司急于用人，大家没有在意这个细节。几天后，这位求职者到公司正式上班了。

接下来的事情让人感到意外，人们发现，当初那位招聘人员的话逐一成真。上班后，此人不拘小节，穿着随意。更要命的是，他个性十足，很难听进别人的意见。领导找他谈过几次话，但收效甚微。日子久了，他成了公司有名的"刺头"。

【思考讨论】

（1）案例中的求职者的着装在哪些方面不符合面试着装规范？

（2）你认为面试时应如何着装？

活动教育

互动交流

【话题5-1】讨论如何给别人留下完美的第一印象

完美的第一印象是一把打开机遇大门的钥匙。人们总是由于对第一印象的信任，而忽视后来的印象。在心理学上，第一印象被称为"首要效应"，无论它是否准确，大部分人都依赖于第一印象的信息，而第一印象的形成对于日后的决定起着非常大的作用。尽管有时第一印象并非完全准确，但人们总会"先入为主"。第一印象会在以后的决策中，在人的感觉和理性的分析中起着主导作用。

【参考材料】

要留下完美的第一印象，应注意以下几点。

（1）与人初次相识，要穿着得体、整洁，你的外表就代表了你。这首先是对自己的尊重，然后才是对别人的尊重。

（2）面带微笑，表示友好、热情。

（3）保持与别人目光接触，表示你的专注和对别人的重视。

（4）用自己的身体语言展示出你自信的态度，保持自己的仪态，保持上身挺立。

（5）把你的注意力给予别人，做一个专注的听众，不要夸夸其谈、自吹自擂，要考虑到别人正在观察你。

（6）善待别人、赞赏别人、帮助别人。

这些注意点，哪些方面你还做得不够好？打算如何改进？

【话题5-2】众说微笑

请扫描二维码，浏览并理解"众说微笑"的参考材料。

根据这些参考材料所阐述的观点，以小组为单位上台说说微笑，比一比哪组的比喻更贴切、赞美之词更多。

【话题5-3】做举止得体的合格员工

王同学应聘到某公司，被安排到前台做接待工作。公司要求每个员工举止得体，注意自己的职业形象。请问王同学应注意哪些行为举止？

【参考材料】

（1）把甜美、自信的微笑带给客户。

（2）规范的站姿、坐姿、行姿，能体现公司的形象。

（3）接待时应注意引导手势。

（4）尽快熟悉公司的业务和相关制度。

（5）尽快了解公司的老客户。

团队活动 ▶

【活动 5-1】 面试姿态模拟演练

在面试中,出色的表现很重要,注重形象可以锦上添花,因为也许面试官更注意行为举止的细节。模拟到公司面试时的站姿、坐姿、行姿,充分展示风采,给面试官留下良好的第一印象。

先在各小组内演练,然后各小组轮流上台演示。演示之前,各小组应就设计的场景和成员的角色进行说明。

【活动 5-2】 形象诊断

得体的个人形象能给初次见面的人留下良好的第一印象;得体的着装有助于在职场面试中脱颖而出;面带微笑的表情能迅速拉近彼此间的心理距离,创造交流与沟通的良好氛围。

【活动方式】 角色扮演法、讨论法。

【活动过程】

(1) 准备红、黄、蓝、绿、黑、白 6 种颜色的纸片,设置 6 种着装场景,如参加面试、拜访客户、参加晚会、上班、参加会议、参加运动会,每种颜色对应一种着装场景。

(2) 各小组进行抽签。

(3) 做好仪容、仪表、仪态方面的准备。

(4) 角色扮演,分组表演抽签场景。

(5) 现场进行形象诊断活动,包括自我诊断、相互诊断和集体诊断。

【活动总结】

(1) 展示的形象是否符合抽签场景?应该怎样调整?

(2) 不同的身份、时间、地点对职业形象有什么要求?

(3) 注意过你在扮演时的表情和动作吗?

【活动 5-3】 打造成功的职业形象

【训练内容】

(1) 西服搭配与穿着训练。

① 分组购置或借用一套正装,包括上衣、西裤、衬衫、领带、皮带、袜子和皮鞋。

② 根据前面介绍的着装规范及应注意的礼仪进行合理的搭配。

③ 各小组自行模拟以下职业场景,然后分角色扮演人物,进行不同场景下的着装展示。

A. 参加求职面试;B. 日常上班;C. 参加社交晚宴;D. 外出拜访客户。

在教室内设置表演区,各小组选定一男一女进行展示,展示者步入展示区进行展示,并简要阐释搭配意图,然后依次完成坐下、起身、走出展示区动作。每组限时 3 分钟。

老师根据着装搭配、站姿、坐姿、行姿进行提问与评分。

(2) 打领带训练。

将领带系好,调整领结及长度,要求符合职业着装规范。

① 将衬衫领翻起，抹平整。
② 将领带放置在翻好的衬衫面上，领带面宽的一端置于自己的右侧，调整长度。
③ 使用熟悉的领带打法打出领结，并调整领结至美观。
④ 领带系好后，两端都应自然下垂，上面宽的一片必须略长于下面窄的一片，让长片的领带尖刚好到皮带扣上方为最佳。
⑤ 夹好领带夹，一般的位置是在衬衫的第二、第三粒扣子的中部，注意要将衬衫和领带夹在一起。

（3）丝巾的系法训练。
① 准备两条花色和图案合适的丝巾。
② 打斯文小平结。
③ 打巴洛克式蝴蝶结。

【训练方法】
（1）领带的打法。
请扫描二维码，浏览并学会"领带的打法"。
（2）丝巾的系法。
请扫描二维码，浏览并学会"丝巾的系法"。

【活动 5-4】微笑表情训练

【训练内容】
（1）基本功训练。
① 每个人准备一面小镜子，做脸部运动。
② 做眼神训练，配合眼部运动。
③ 做各种表情训练，活跃脸部肌肉，使肌肉充满弹性；丰富自己的表情，充分表达思想感情。
④ 观察、比较哪种微笑最美、最真、最善，最让人喜欢、亲近。
⑤ 每天早上起床，反复训练。
⑥ 出门前，心理暗示"今天真美、真高兴"。
（2）课堂环境训练：与老师和同学微笑示意、寒暄。
（3）创设环境训练：假设一些场景，变换角色，绽放笑脸。
（4）社交环境训练：在遇见熟人或打过交道的人时有意展示自己最满意的微笑。
（5）接待环境训练：参加礼仪接待工作，展示自己甜美的微笑，用微笑塑造职业形象。

【训练方法】
微笑表情的训练方法有很多，这里主要介绍两种训练方法。
（1）对镜训练法。
端坐镜前，衣装整洁，保持轻松愉快的心情，调整呼吸使其自然顺畅；静心3秒钟，开始微笑，双唇轻闭，嘴角微微翘起，使面部肌肉舒展开来；同时注意眼神的配合，使之达到眉目舒展的微笑面容，如此反复多次。每天进行对镜微笑，训练时长随意。为了使效果明显，可以播放节奏较欢快的背景音乐。

（2）含箸法。

这是最常用的有效训练方法。选用一根洁净、光滑的圆柱形筷子（不宜使用一次性的简易木筷，以防划破嘴唇），含在嘴中，用牙轻轻咬住（含住），以观察微笑状态。

【活动 5-5】 规范站姿训练

要拥有优美的站姿，就必须养成良好的习惯，长期坚持。站姿优美，身体才会得到舒展，且有助于健康。若你看起来有精神、有气质，那么就能让别人感觉到你的自重和对别人的尊重，并且容易引起别人的注意和好感，有利于社交时给人留下美好的第一印象。

优美的站姿并不是与生俱来的，需要后天的培养与训练。好的站姿能通过学习和训练获得。在进行理论学习后，还要在生活中加以训练。利用每天空闲的时间练习 20 分钟左右，效果将会非常明显。

【训练目的】

（1）训练站立时身体重心的位置和重心的调整。

（2）训练两脚位置与两脚间的距离，并与手的位置保持和谐一致，使身体协调自然。

（3）训练挺胸、收腹、立腰、收臀，使躯体挺拔向上。

（4）训练站立时的面部表情，保持心情愉快、精神饱满。

（5）训练站立的耐久性，能适应较长时间的站立工作。

【训练方法】

（1）单人靠墙训练法。

① 贴墙站立。背着墙站直，背部紧贴墙壁，后脑勺、肩、腰、臀部及脚跟与墙壁间的距离尽可能缩小，让头、肩、臀、腿之间纵向连成直线。要求脚跟、小腿、臀部、双肩、后脑勺 5 点都紧贴墙壁，用力呼吸，收腹，使腹部肌肉有力缩回。这种训练是让训练者感受到身体上下处于一个平面，以训练整个身体的控制能力。

② 双腿夹纸。训练者在两大腿间夹上一张纸，保持纸不松、不掉，以训练腿部的控制能力。

③ 头顶书本。训练者按要领站好后，在头上顶一本书，努力保持书在头上的稳定，不要让它掉下来。很自然地挺直脖子，收紧下巴，挺胸收腹，以训练头部的控制能力。

④ 效果检测。轻松地摆动身体后，瞬间以标准站姿站立。若姿势不够标准，则应加强练习，直至无误为止。

（2）双人背靠背训练法。

两人一组，背靠背站立，要求两人后脑勺、双肩、臀部、小腿、脚跟 5 点紧靠，并在两人背部、小腿部各放一张卡片，不要让卡片滑落。这种训练可使后脑勺、肩、臀部、小腿、脚跟保持在一个平面，使训练者有较完美的背影。

【小贴士】

在站姿的训练中，如果女士的双膝无法并拢，可以继续努力收紧臀肌，不断地训练会使双腿间的缝隙逐步减小，最终拥有笔直的双腿，得到满意的效果。

很多人认为成年人的姿态是很难改变的，其实不然。骨骼是在肌肉的带动下运动的，进行正确、适当的训练，改变完全可以看得见。

【活动 5-6】 规范坐姿训练

【训练目的】

使学生了解科学坐姿所包含的内容，养成科学有益的坐姿习惯，以提高学生的注意力，使其保持精神抖擞；使学生能长时间保持科学的坐姿，逐渐养成习惯，提高学生的专注力。

【训练内容】

（1）将座椅摆正，臀部坐在椅子的 1/3 处，胸口离桌子的边缘一拳远。

（2）口令暗示：身正，腰直，肩平，足安，目视前方，手放两侧。

① "身正"训练：身心放松，端坐在椅子的中间，脖子不可左右倾斜，保持脊椎挺直。

② "腰直"训练：挺直腰背，胸离桌边一拳远。

③ "肩平"训练：双手垂放在腿侧，两肩向后，做到肩膀平正。

④ "足安"训练：摆正双脚位置，不跷二郎腿，不把脚跨在前后座椅上，不伸到桌椅外，平正地放在地面上。

⑤ "目视前方"训练：视线统一，朝前凝视。

⑥ "手放两侧"训练：双手自然下垂，垂在身体两侧。

（3）练习入座、起立。入座时，老师说"请坐"，学生说"谢谢"，女生双手拢一下裙子，按示范动作坐下，起立时速度适中，既轻又稳。

【活动 5-7】 规范行姿训练

【训练目的】

使学生了解科学行姿所包含的内容，养成科学有益的行姿习惯；使学生能长时间保持规范的行姿，逐渐养成良好的走路习惯。

【训练内容】

（1）行走辅助训练。

① 摆臂。人直立，保持基本站姿。在距离小腹两拳处确定一个点，两手呈半握拳状，斜前方均向此点摆动，由大臂带动小臂。

② 展膝。保持基本站姿，左脚跟提起，脚尖不离地面，左脚跟落下时，右脚跟同时提起，两脚交替进行，脚跟提起的腿屈膝，另一条腿膝部内侧用力绷直。做此动作时，两膝靠拢，在内侧摩擦运动。

③ 平衡。行走时，在头上放本书，用左右手轮流扶住，在能够掌握平衡之后，再放下手进行练习，注意保持书本不要掉下来。通过训练，使背脊、脖子竖直，上半身不随便摇晃。

（2）迈步分解动作训练。

① 保持基本站姿，双手叉腰，左腿擦地前点地，与右脚相距一个脚长，右腿直腿蹬地，髋关节迅速前移重心，成右后点地，然后换方向练习。

② 保持基本站姿，两臂在体侧自然下垂。左腿前点地时，右臂移至小腹前的指定位置，左臂向后斜摆，右腿蹬地，重心前移成右后点地时，手臂位置不变，然后换方向练习。

(3) 行走连续动作训练。

① 左腿屈膝，慢慢抬起，提腿向正前方迈出，脚跟先着地，经脚心、前脚掌至全脚落地，同时右脚跟慢慢提起，身体重心移向左腿。

② 换右腿屈膝，经过与左腿膝盖内侧摩擦慢慢抬起，右脚迈出，脚跟先着地，落在左脚前方，两脚间相隔一脚距离。

③ 迈左腿时，右臂在前；迈右腿时，左臂在前。

④ 将以上动作连贯运用，反复练习。

⑤ 顶书而行。把书本放置于头顶自然行走，头、身躯自然保持平稳，避免书本滑落下来。

【活动 5-8】 规范蹲姿训练

【训练内容】

在日常生活中，人们对掉在地上的东西，一般是习惯弯腰或蹲下将其捡起，而身为办公室白领，对掉在地上的东西，也像普通人一样采用一般随意弯腰或蹲下捡起的姿势是不合适的，应训练采取合适的蹲姿捡起地上的物品。

【训练方法】

(1) 蹲姿的常见形式。

① 交叉式蹲姿。

在实际生活中常常会用到蹲姿，如集体合影前排需要蹲下时，女士可采用交叉式蹲姿，下蹲时右脚在前，左脚在后，右小腿垂直于地面，全脚着地。左膝由后面伸向右侧，左脚跟提起，脚掌着地。两腿靠紧，合力支撑身体。臀部向下，上身稍向前倾。

② 高低式蹲姿。

下蹲时右脚在前，左脚稍后，两腿靠紧向下蹲。右脚全脚着地，小腿基本垂直于地面，左脚跟提起，脚掌着地。左膝低于右膝，左膝内侧靠于右小腿内侧，形成右膝高左膝低的姿态，臀部向下，基本上以左腿支撑身体。

(2) 注意事项。

① 弯腰捡拾物品时，两腿叉开，臀部向后撅起，是不雅观的姿态。

② 下蹲时两腿展开平衡下蹲，其姿态也不优雅。

③ 下蹲时注意内衣"不可露，不可透"。

总结评价

改进评价

1. 着装合理性评价

表 5-5 列出了多种着装描述，哪些是正确的、哪些错误的？将判断结论填写在对应的"你的判断"列中。

表 5-5 着装合理性评价

序 号	着 装 描 述	你 的 判 断
1	穿单排扣西服时，应扣上全部衣扣	
2	在商务活动中，男士在任何情况下均不应穿短裤，女士夏天可光脚穿凉鞋	
3	穿露脚趾的凉鞋时，不宜再穿袜子	
4	男士穿西服时要注意"三一定律"，即鞋子、腰带、袜子应控制为一种颜色，以黑色为首选	
5	观看高雅演出时，男士应该穿浅色西服和黑色皮鞋	
6	使用领带夹时只要夹住领带就行	
7	有地位、有身份的男士在出席比较重要的场合时，腰带上一定要少挂东西	

2. 仪容仪表自我评价

对照自己在日常学习、生活中在仪容仪表方面的行为表现，对表 5-6 中所列仪容仪表方面的条目进行评价，将评价结果填写在对应的"评价结果"列中。

表 5-6 仪容仪表自我评价

部 位	规范的仪容仪表	不允许的仪容仪表	评 价 结 果
头发	头发要经常梳洗，保持整齐清洁、自然色泽，切勿标新立异 男生前发不过眉，侧发不盖耳，后发不触后衣领，无烫发 女生发长不过肩，如留长发须束起或使用发髻	有头油和异味，头发张扬、散乱	
面容	脸、颈及耳朵保持干净，男生要经常剃刮胡须，女生化妆仅化淡妆	男生胡子拉碴；女生浓妆艳抹，在众人面前化妆	
饰物	男生打领带时领带要平整、端正，长度一定要盖过皮带扣。领带夹夹在衬衫自上而下第四个纽扣处 女生戴领花时领花平整，紧贴衣领	服饰皱巴，佩戴夸张的首饰或饰物，内衣外露，衬衫不束腰内	
袜	男生着黑色或深色、不透明的短中筒袜 女生裙装须着肉色长筒袜或裤袜	袜子有破损；女生穿着带花边、通花的袜子，有破洞，袜筒根露在外面	
衣服	工作时间内着本岗位规定的工作服，非因工作需要，外出时不得穿着工作服。工作服应干净、平整 工作服外不得显露个人物品，衣、裤口袋整理平整，勿显鼓起 着西服时按规范扣好纽扣，衬衫领、袖整洁，纽扣扣好，裤子要烫直，折痕清晰，长及鞋面	工作服有明显污迹、破损，掉扣敞开外衣，卷起裤脚、衣袖衣服不合身，过大过小或过长过短擅自改变工作服的穿着形式，私自增减饰物，冬装和夏装混合穿	
手	不留长指甲，不染彩色指甲，将指甲剪齐，并保持清洁干净	留长指甲及涂有色指甲油，指甲内有污垢	
鞋	鞋底、鞋面、鞋侧保持清洁，穿皮鞋时鞋面要擦亮，以黑色为宜	鞋子破损，或者鞋上有灰尘、污迹不拭擦，钉金属掌或穿露趾凉鞋	

3. 行为举止自我评价

对照自己在日常学习、生活中在行为举止方面的行为表现，对表 5-7 中所列行为举止方面的条目进行评价，将评价结果填写在对应的"评价结果"列中。

表 5-7　行为举止自我评价

项目	规范的行为举止	不允许的行为举止	评价结果
站姿	以立姿工作时应保持精神饱满，挺胸收腹，两腿直立。男生两脚自然并拢或分开与肩同宽，两手可自然下垂，也可交叉置于前腹或背后；女生双脚并拢，两眼平视前方，两手可自然下垂或交叉置于前腹，面带微笑	双手交叉抱胸或双手插兜、歪头驼背、倚壁靠墙、东倒西歪，手里拿与工作不相干的物品	
坐姿	以坐姿工作时上身应保持挺立姿势，男生两脚自然并拢或分开与肩同宽，女生脚跟和膝盖并拢，手势自然	盘腿、脱鞋、头上扬或下垂、背前俯或后仰、腿搭座椅扶手。跷二郎腿，同时脚抖动，手大幅度挥舞。趴在台面上或双手撑头	
行姿	两脚分别走在一条较窄的平行线上，抬头挺胸，目视前方，面带微笑。保持平衡、协调、精神	走内外八字步、上身摆幅较大。肩膀不平，一高一低。低头，手臂不摆或摆幅过大、手脚不协调，步子过大、过小或声响过大。手插在裤兜或衣兜里	

自我总结 ▶

经过本单元的学习与训练，针对仪容、仪表、仪态方面，在思想观念、理论知识、仪容仪表、行为举止方面，你认为自己哪些方面得以改进与提升，将这些成效填入表 5-8 中。

表 5-8　仪容、仪表、仪态方面的改进与提升成效

评价维度	改进与提升成效
思想观念	
理论知识	
仪容仪表	
行为举止	

单元 6

遵规明礼、良言善行

遵规是指遵守规则、规范、纪律、法律，认同企业文化等方面；明礼是指明礼修身，在日常生活、学习、工作中有礼有节、懂文明、讲礼貌。

遵规明礼不仅是一种品行，更是一种责任；不仅是一种道义，更是一种准则；不仅是一种声誉，更是一种资源。就个人而言，遵规明礼是高尚的人格力量；就企业而言，遵规明礼是宝贵的无形资产；就社会而言，遵规明礼是正常的发展秩序。

遵规明礼是我们每个公民的职责，也体现了每个合格公民所应具备的基本素质。我们随处都可以遇到诸如法规、校规、交通规则、文明公约、考试规定等各种形式的规则，开车要遵守交通规则、做生意要遵守市场规则、考生要遵守考试规定、市民要遵守文明公约、老师要遵守师德准则、学生要遵守学生规范、运动员要遵守比赛规则、飞行员要遵守操作规则、玩游戏也要遵守游戏规则。规则对我们每个人来说，既是行为准则，也是保护我们的准绳。只有每个人都做到遵纪守法，我们的生活才会变得更加美好，社会才会变得更加和谐，才会更快、更稳地向前发展。

礼仪是指人们在社会交往活动中形成的行为规范与准则。礼仪是中华传统美德宝库中的一颗璀璨明珠，是中国古代文化的精髓。知书达礼，待人以礼，应当是当代大学生的基本素养。

良言善行是春风，吹开人们向善的心扉；良言善行是细雨，浸润人们向善的心花。良言善行既是一道绚丽的彩虹，带给人们的是雨后天晴的好心情；良言善行也是一种巨大的财富，带给人们的是春华秋实的好收成；良言善行更是一种难得的智慧，带给人们的是幸福美满的好生活。良言善行的核心是爱，只有心存大爱，才能有良言善行。让我们不断地培育心中的爱，用爱的眼光去看世界，去看社会，去看身边的一切人和事；用爱的行动去行事，去行善；用爱的心灵去感受爱和被爱。

课程思政

本单元为了实现"知识传授、技能训练、能力培养与价值塑造有机结合"的教学目标，从教学目标、教学过程、教学策略、教学组织、教学活动、考核评价等方面有意、有机、有效地融入规范意识、规则意识、法纪意识、文明礼仪、文化自信 5 项思政元素，实现了课程教学全过程让学生在思想上有正向震撼、在行为上有良好改变，真正实现育人"真、善、美"的统一、"传道、授业、解惑"的统一。

自我诊断

自我测试

【测试 6-1】 规范礼仪测试

请扫描二维码,浏览并完成规范礼仪测试题。

【测试 6-2】 文明礼仪测试

请扫描二维码,浏览并完成表 W6-1 所示的文明礼仪测试题。

在线测试

在线测试

分析思考

1. 校园内不文明现象分析

表 6-1 所示为大学校园内常见的不文明现象,这些不文明现象你是否也曾有过?在"你的选择"列中做出选择。

表 6-1 大学校园内常见的不文明现象

不文明现象描述	你 的 选 择		
无节约意识,浪费粮食、水电等资源	□不会	□偶尔会	□会
乱扔垃圾、随地吐痰、吐口香糖,不讲究个人卫生	□不会	□偶尔会	□会
随意践踏草坪,无环保意识	□不会	□偶尔会	□会
在自习室、教室、会场等公共场合接打电话、吃东西	□不会	□偶尔会	□会
男女生交往不得体,在校园公共场合过于亲昵	□不会	□偶尔会	□会
讲话不文明,说脏话、粗话	□不会	□偶尔会	□会
不打招呼,随意用别人的东西	□不会	□偶尔会	□会
酗酒、抽烟、打架斗殴	□不会	□偶尔会	□会
在教室或寂静的教学区大声喧哗或吵闹	□不会	□偶尔会	□会
在墙壁、课桌、厕所上乱涂乱画	□不会	□偶尔会	□会
在图书馆、自习室、食堂占位	□不会	□偶尔会	□会
上课迟到,无故旷课	□不会	□偶尔会	□会
上课听 MP3、玩手机、吃零食、睡觉,不遵守纪律	□不会	□偶尔会	□会

2. 旅游时不文明现象分析

表 6-2 所示为旅游时常见的不文明现象,这些不文明现象你是否也曾有过?在"你的选择"列中做出选择。

表 6-2　旅游时常见的不文明现象

类　型	不文明现象描述	你 的 选 择		
破坏公物类	乱写乱画，毁坏公物	□不会	□偶尔会	□会
语言声音类	语言粗俗，喧哗吵闹	□不会	□偶尔会	□会
外在形象类	衣着不整，行为不雅，动作粗暴，随地露营	□不会	□偶尔会	□会
环境卫生类	污染水源，随地吐痰，随便吸烟，乱丢废物，随地大小便	□不会	□偶尔会	□会
爱护生命类	伤害动物，攀折植物，踩踏花草	□不会	□偶尔会	□会
秩序诺言类	不遵法规，不守秩序，不守时间，不排队伍	□不会	□偶尔会	□会

自主学习

熟知标准

1. 公民道德行为规范

（1）公民基本道德规范：爱国守法、明礼诚信、团结友善、勤俭自强、敬业奉献。
（2）社会公德规范：文明礼貌、助人为乐、爱护公物、保护环境、遵纪守法。
（3）职业道德规范：爱岗敬业、诚实守信、办事公道、服务群众、奉献社会。
（4）家庭美德规范：尊老爱幼、男女平等、夫妻和睦、勤俭持家、邻里团结。

2. 高等学校学生行为准则

请扫描二维码，浏览并熟知"高等学校学生行为准则"。

3. 大学生的基本行为规范

（1）在集会场所奏唱国歌时，应原地肃立，并向国旗行注目礼。
（2）仪表整洁、举止有礼。师生见面，主动向老师问好。
（3）进办公室应先敲门，经老师允许方可入内。
（4）爱护校园环境，不随意破坏一草一木，维护校园公共设施，保持校园整洁。
（5）在公共场合遵守规定，不随意吸烟，不大声喧哗，不影响他人学习和生活。
（6）珍惜学校的荣誉，不做有损学校荣誉的事。
（7）合理利用资源，节约用电，节约用水。
（8）校内行车走路，不可争先，车辆行人，均应靠右。
（9）路遇遗物，应归还原主。
（10）尊重外校来访人员，遇有问路人，认真指引。

4. 校园文明规范

请扫描二维码，浏览并熟知"校园文明规范"。

5. 教室文明规范

教室是学生学习的主要场所，舒适的学习环境营造良好的学习氛围。学生应严格遵守教室的规范要求，在教室里随时保持安静、整洁，维持教室的良好学习环境。

请扫描二维码，浏览并熟知"教室文明规范"。

6. 课堂文明规范

（1）上课。

上课的铃声一响，学生应端坐在教室里，恭候老师上课；当老师宣布上课时，全体学生应迅速肃立，向老师问好，待老师答礼后方可坐下。学生应准时到校上课，若上课迟到，应喊"报告"，经老师同意方可进教室，走进教室后，应迅速坐好，保持安静。

（2）听讲。

上课时坐姿要端正。课堂上，认真听老师讲解，注意力集中，独立思考，重要的内容应做好笔记。上课过程中有问题应举手经同意起立提问，老师解答完后，应致谢后落座。回答老师的问题时应起立，回答完毕须经老师同意再落座。回答问题时，身体要立正，态度要落落大方，声音要清晰响亮，并且使用普通话。有特殊情况必须离开教室时，必须向上课老师报告并经批准方可离开。

（3）下课。

听到下课铃响时，若老师还未宣布下课，应当安心听讲，不要忙着收拾书本，或者把桌子弄得乒乓作响。

下课时，全体学生须起立，与老师互道"再见"。待老师离开教室后，学生方可离开。有领导或老师听课时，要让师长先走，全体学生起立迎送。

7. 图书馆文明规范

请扫描二维码，浏览并熟知"图书馆文明规范"。

8. 宿舍文明规范

请扫描二维码，浏览并熟知"宿舍文明规范"。

9. 餐厅文明规范

请扫描二维码，浏览并熟知"餐厅文明规范"。

10. 集会文明规范

集会在学校是经常举行的活动，一般在操场或礼堂举行。由于参加者人数众多，又是正规场合，因此要格外注意集会中的规范。

请扫描二维码，浏览并熟知"集会文明规范"。

11. 公共场合文明规范

请扫描二维码，浏览并熟知"公共场合文明规范"。

12. 进出办公室的文明规范

办公室是老师备课办公的地方，是一个严肃安静的场所。学生到办公室去拜访老师、领导应注意有关的礼节。

（1）学生进老师的办公室一定要先敲门，得到允许后方可进入。

（2）进入后应向办公室的老师点头致意。

（3）注意不要坐在其他老师的座位上，也不要随便乱翻办公室里的东西。

（4）事情办完，立即离开办公室并礼貌地与老师告别。告别一般是先谢后辞，如说："谢谢老师，再见！"

（5）进出办公室的动作要轻，不要大声喧哗，以免影响其他老师工作。

（6）到办公室找领导，一定要预约，并按时到达。

13. 搭乘电梯的文明规范

电梯礼仪虽小，但有时候这些细节往往对一个人的形象产生很重要的影响。

请扫描二维码，浏览并熟知"搭乘电梯的文明规范"。

14. 行人文明规范

请扫描二维码，浏览并熟知"行人文明规范"。

15. 乘车文明规范

请扫描二维码，浏览并熟知"乘车文明规范"。

16. 旅游观光文明规范

营造文明、和谐的旅游环境，关系到每位游客的切身利益。做文明游客是我们大家的义务。

请扫描二维码，浏览并熟知"旅游观光文明规范"。

17. 网络文明规范

（1）遵守宪法的基本原则和相关法规的规定，不散布、传播谣言，不浏览、发布不良信息。

（2）弘扬优秀民族文化，遵守网络道德规范，诚实友好交流，不侮辱、欺诈和诽谤他人，不侵犯他人的合法权利。

（3）自觉维护公共信息安全，维护公共网络安全，不制作、传播计算机病毒，不非法侵入计算机信息系统，自觉维护网络秩序。

（4）正确运用网络资源，善于网上学习，不沉溺于虚拟时空，不在网上进行色情活动，保持身心健康。

（5）增强自我保护意识，不在网上公开个人资料，不随意约见网友，不参加无益身心健康的网络活动。

18. 打电话的文明规范

请扫描二维码，浏览并熟知"打电话的文明规范"。

19. 企业员工基本行为规范

请扫描二维码,浏览并熟知表 W6-2 所示的"企业员工基本行为规范"。

明确目标

在日常生活、学习、实习过程中努力实现以下目标。

（1）尊师重教。尊重师长，热情为老师提供良好的教书育人环境，主动向老师致敬。

（2）谦恭礼让。待人有礼有节、不卑不亢、谦和虚心、热忱大方；礼貌待人，尊重他人人格，与同学和睦相处，团结互助，不争执、不积怨，相互关爱、相互尊重，不做损害同学感情的事。

（3）诚实守信。自觉养成诚实公正的品行，不欺瞒、不造假，不做有违诚实信用的事。

（4）遵守课堂纪律。上课不迟到、不早退、不旷课，专心听讲，自觉维护课堂秩序。

（5）自觉遵守学生宿舍管理规定。按时熄灯就寝，不喧哗、不打闹，不影响他人的正常学习和生活，爱护宿舍设施，保持卫生整洁。

（6）自觉维护公共秩序。自觉遵守教室、图书馆、实验室、食堂、学生活动中心等公共场合的相关制度，服从管理，不滋扰、不拥挤、不起哄。

（7）自觉遵守校园秩序管理制度。不打架斗殴、不赌博、不偷盗、不酗酒、不乱扔杂物、不随地吐痰，不观看、不传播反动、淫秽书刊和声像制品。

（8）仪表整洁端庄。稳重大方、精神饱满、服饰整洁、健康积极。在公共场合不得穿背心、短裤、拖鞋，衣着得体，不穿奇装异服。举止端庄，谈吐优雅。

（9）科学上网，文明上网。正确使用网络资源，不痴迷网络游戏，自觉遵守学校网络使用管理相关规定。

（10）爱护公共财物。爱护校园美化绿化成果，自觉维护校园消防、安全等设施，不在课桌、墙壁上乱写、乱画、乱刻。

（11）清洁卫生，整洁有序。爱护和维护公共环境卫生，养成良好的卫生习惯，不随地丢弃废物，不随地吐痰。在食堂就餐时不向地面丢弃餐余物，用餐后自觉将餐盘放到指定地点。

榜样激励

【案例 6-1】 列宁排队理发

【案例描述】

伟大的无产阶级革命家列宁虽然工作繁忙，但十分注意遵守公共秩序。有一次，列宁忙碌了一个上午，处理了很多日常事务，批阅了很多文件。休息的时候，他用手摸了一下头发，发觉头发实在太长了，决定抽时间去克里姆林宫的理发室理发。当时，这个理发室只有两位理发师，忙不过来，很多人都坐着排队，等候理发。他问哪位同志是最后一位，准备排队等候。排队理发的同志们都知道列宁日理万机，时间极其宝贵，于是争着请列宁先理发。可是列宁却微笑着对大家说："谢谢同志们的好意。不过这样做是不对的，每个人都应该遵守公共秩序，按照先后次序理发。"他说完后，就排到最后一位同志的后面，耐心等候理发了。

【思考讨论】

（1）列宁作为国际无产阶级革命的伟大领袖，自觉遵守公共秩序，没有特权意识，值得我们学习。列宁排队理发这件事情对你有哪些启示？

（2）营造一个良好的社会环境，要求每位公民自觉遵守公共秩序，遵守公民道德行为规范。你认为要营造一个良好的社会环境，应如何从我做起、从现在做起？

【案例6-2】 海尔的13条管理条例

【案例描述】

在海尔，有一张已经变黄了的稿纸，上面写着13项条款，据说，这是张瑞敏到海尔后颁布的第一个管理制度文件。

1984年，在张瑞敏刚到海尔（那时还叫电子设备厂）的时候，看到的是一个濒临倒闭的小厂：员工领不到工资，在厂区打人骂人、随便偷盗公司财产、在车间随地大小便等现象比比皆是，公司一年换了4任厂长。

张瑞敏首先以个人的人格担保，从朋友那里借了几万元钱，为每个员工发了两个月的工资，此举令所有员工深感意外。接着，他召开了员工代表大会："借钱总要还，只能靠自己挣！怎么挣钱，生产销售什么，这是我的责任。但是，一旦决策，能否生产出合格的产品并销售出去，就要靠全体员工。"

但他表示担心："按照目前的情况，打人骂人，这种状况能经得起客户的考察吗？我们能否文明一点，至少在厂区不再打人骂人？"有的职工代表表态："我们一定相互监督，不再打人骂人。"于是出台了第一条制度：不准打人骂人，否则罚款×××元。

张瑞敏接着说："我们能不能不要随便把厂里的东西拿家去？"工人们同意，于是形成了第二条制度：不准哄抢公司财物，否则罚款×××元。张瑞敏再接再厉："我们能不能不要在车间大小便？"这时职工代表很激动："这一条做不到，我们还是人吗！"于是定出了第三条制度：不准在车间大小便，否则罚款×××元……

就这样，张瑞敏一口气制定了13条管理条例，每条都紧挨员工的道德底线，让员工感觉"不该"违背。因此，制度本身有极强的可执行性。此外，张瑞敏没有让制度停留在这13条上，而是抓住每个违反制度的典型行为，发动大家讨论，上升到理念层次，再以这种理念为依据，制定更加严格的制度。

这样，每执行一次制度，就沉淀一个理念，以理念为依据，再制定更多的制度。结果是，制度越来越健全，文化越积越厚重，思想越来越统一，最终形成了"制度与文化有机结合"的海尔模式。员工的职业素质在文化的渗透中得到了大幅的提升，海尔的管理也实现了从无序到有序、从人治到法治、从随意到规范的质的飞跃。

【思考讨论】

（1）没有规矩，不成方圆，海尔从制定13条管理条例开始，逐步形成了"制度与文化有机结合"的海尔模式，海尔也逐步发展壮大，成为世界著名企业。一家企业要有科学和健全的制度，坚持用制度管权、管事、管人。谈谈科学和健全的制度对规范企业管理、提高管理效率的重要作用。

（2）企业制定一整套完善的管理制度固然重要，员工牢固树立规则胜于一切的意识，自觉维护和遵守各项规则同样重要。谈谈强化制度执行、提升工作效率的重要性。

知识学习

1. 规则

规则是人们在日常生活、工作、学习中必须遵守的行为规范和准则。规则是保证生活、工作、学习正常运行的基础，也是个体与群体、社会和谐相处，进而实现自我价值的前提。

规则是我们要严格遵守的准则。不遵守规则的员工是不可能做到优秀的，不遵守规则的企业将难以生存，更不要说发展，这就是规则的力量。所以，优秀员工必须牢固树立规则胜于一切的意识，自觉维护和遵守各项规则。

2. 规则意识

虽然规则在生活、工作、学习中无处不在，但人们是否自觉地遵守规则，很大程度上取决于人们是否拥有规则意识并将之培养成日常习惯。

所谓规则意识，是指一个人对于社会行为准则的自我认识和体验，主要表现在以下几个方面。

（1）意识到每种事物都有其自身的规律、秩序和准则，这是不以人的意志为转移的，不可肆意违背。

（2）知道在生活、工作、学习中哪些事可以做、哪些事不可以做。人们只有遵守共同的行为准则才能愉快地相处。

（3）当自己的需求与社会、企业规则产生冲突的时候，能意识到应该对自己的行为做适当的控制和调整。

在工作中要有意地培养自己的规则意识，持续一段时间以后，你可能就会惊奇地发现，规则意识已经变为你的习惯了。

3. 职场规则

职场规则是指在企业运行过程中，员工必须遵守的职业行为规范和准则。职场规则实际上就是告诉我们在职场中什么事该做、什么事不该做，哪些事可以做、哪些事不可以做的条例。

企业的纪律就是我们在企业中的行为准则。在企业中，当每个员工都自觉地养成遵守规则的好习惯时，整个企业就能有序运转，员工就能在有序、和谐的环境中创造更多的财富。而当外在的约束成了内在的行为准则后，员工的素质也会大大提高，为自己的事业发展奠定良好的基础。

企业的规则具有强制性，是每个员工都必须遵守的，不管你愿不愿意，遵守规则都是必不可少的要求。但不可否认的是，现在企业中员工忽视、蔑视甚至违背规则的现象并不少见，在这样的企业氛围中，遵守规则的员工就会有更多的成功机会。只有深刻理解并努力遵守职场规则，才能在激烈的职场竞争中立于不败之地。

4. 职场规则的分类

请扫描二维码，浏览并理解"职场规则的分类"。

5. 职业纪律

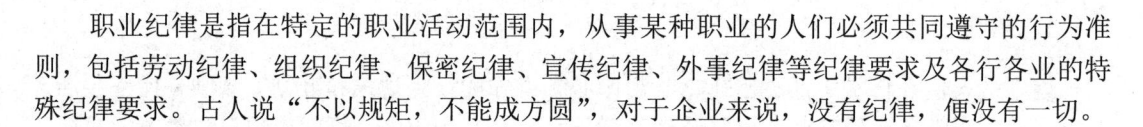

职业纪律是指在特定的职业活动范围内，从事某种职业的人们必须共同遵守的行为准则，包括劳动纪律、组织纪律、保密纪律、宣传纪律、外事纪律等纪律要求及各行各业的特殊纪律要求。古人说"不以规矩，不能成方圆"，对于企业来说，没有纪律，便没有一切。

6. 规范

规范就是规则和标准。没有规矩，不成方圆，没有规范就没有秩序。如果规范缺失，不仅会冲击正常的社会秩序，使人们无所适从，乱了分寸，还会影响到社会的发展和生存质量。规范既包括明文规定或约定俗成的标准，如道德规范、技术规范等，又包括按照既定标准的要求进行操作，使某一行为或活动达到或超越规定的标准，如规范管理、规范操作等。

学生是学校工作的主体，因此学生应具有的规范常识是学校规范教育中重要的一部分。学生在课堂上、在活动中、在与老师和同学相处的过程中，都要遵守一定的规范。

7. 行为规范

行为规范是社会群体或个人在参与社会活动中所遵循的规则、准则的总称，是社会认可和人们普遍接受的具有一般约束力的行为标准，包括行为规则、道德规范、行政规章、法律规定、团体章程等。

行为规范是用以调节人际交往、实现社会控制、维持社会秩序的工具，它来自主体和客体相互作用的交往经验，是人们说话、做事所依据的标准，也是社会成员都应遵守的行为准则。良好的社会秩序需要人们遵循一定的行为规范，从而调整一系列的利益关系，建立正常的社会关系。

8. 礼仪

礼仪是人们工作、生活和人际交往中约定俗成的道德规范，是工作、生活中所应遵循的一系列行为规范，涉及穿着、交往、沟通、情商等方面的内容。礼仪是我们在生活中不可缺少的一种能力。

从个人修养的角度来看，礼仪可以说是一个人内在修养和素质的外在表现。

从交际的角度来看，礼仪可以说是人际交往中适用的一种艺术、一种交际方式或交际方法，是人际交往中约定俗成的示人以尊重、友好的习惯做法。

从传播的角度来看，礼仪可以说是人际交往中进行相互沟通的技巧。对于社会来说，礼仪是一个国家社会文明程度、道德风尚和生活习惯的反映。

礼仪是一门学问，有特定的要求。在家庭、学校和各类公共场合，礼仪无处不在。就个人而言，表现为举止文明、动作优雅、姿态潇洒、手势得当、表情自然、仪表端庄等。

人们可以根据各式各样的礼仪规范，正确把握与外界的人际交往尺度，合理地处理好人与人之间的关系。如果没有这些礼仪规范，往往会使人们在交往中感到手足无措，乃至失礼于人，闹出笑话。所以，只要熟悉和掌握礼仪，就可以做到触类旁通，待人接物恰到好处。

9. 职场礼仪

职场礼仪是指人们在职业场所应当遵循的一系列礼仪规范。职场礼仪时刻贯穿于职场生活的点滴之中，包含仪容、仪态、言谈、握手、电话、网络、拜访、接待、会务、乘电梯、乘车、宴会、办公室、求职面试等方方面面的礼仪。

在职场中，如何穿着打扮、站立行走、称呼握手、递名片、打电话……这些看似司空见惯的行为，都有很多学问与规矩。

办公室礼仪是指公务人员在从事办公室工作中尊敬他人、讲究礼节的程序和规范。

10. 礼节、礼貌

礼节是对他人态度的外在表现和行为规则，是礼貌在语言、行为、仪态方面的具体规定，是人们在日常生活中，特别是在交际场合，相互问候、致意、祝愿、慰问及给予必要的协助与照料的惯有形式。

礼貌是人们之间相互表示尊重和友好行为的总称，它的第一要素就是尊敬之心。

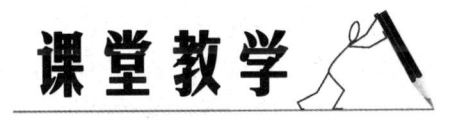

课堂教学

观点剖析

1. 让规则变为习惯

市场经济的实质是规则经济，不遵守规则的企业将难以生存，更不要说发展。在企业内部，规则同样是最重要的。所以，员工必须牢固树立规则胜于一切的意识，自觉维护和遵守各项规则。

请扫描二维码，浏览并剖析"让规则变为习惯"。

2. 如何修炼自我约束能力

规则是对人们行为的外在约束力，具有强制性，在某种程度上会限制人们的行为自由度。因此，从本性上讲，为遵循规则，我们需要不断地修炼自我约束能力。放任自己就会为事业的成功设下重重障碍。相反，从无数的成功者身上我们可以看到，他们大多具有极强的自我约束能力。他们不会为逃避责任而寻找借口、不会因懒惰而拖延工作、不会因情绪而影响工作。正是因为拥有极强的自我约束能力，才使他们与大多数普通员工区别开来，创造了良好的工作业绩。

请扫描二维码，浏览并剖析"如何修炼自我约束能力"。

3. 大学生要做现代文明人

礼仪是塑造形象的重要手段。在社会活动中，交谈讲究礼仪，可以变得文明；举止讲究礼仪，可以变得高雅；穿着讲究礼仪，可以变得大方；行为讲究礼仪，可以变得美好……只要讲究礼仪，任何事情都会做得恰到好处。总之，只要一个人讲究礼仪，就可以变得充满魅力。

规范是人际交往的前提条件，是交际生活的钥匙。社交礼仪教育有利于大学生与他人建立良好的人际关系，形成和谐的心理氛围，促进大学生的身心健康。任何社会的交际活动都离不开规范，而且人类越进步，社会生活越社会化，人们也就越需要规范来调节社会生活。

社交礼仪本身就是一种特殊的语言。学习和掌握社交规范的基本知识和礼仪，凭借它们顺利地开启各种交际活动的大门，建立和谐融洽的人际关系，这不仅是形成良好的社会心理氛围的主要途径，而且对于大学生个体来说，也具有极其重要的心理保健功能。

大学生应养成良好的社交规范，明确地掌握符合社会主义道德要求的规范，在实际生活中按照社交规范约束自己的行为，真正做到"诚于中而形于外，慧于心而秀于言"，把内在的道德品质和外在的规范形式有机地统一起来，成为名副其实的有较高道德素质的现代文明人。

4. 遵守纪律，保证战斗力

在工作中，纪律是保证落实力的先决条件，也是落实工作的重要条件。在工作中，纪律是成功的保证，更是落实工作中不可或缺的一部分。服从纪律，是一个员工、一个团队和一个企业在复杂多变的竞争环境中生存、发展乃至成功的基础。而那些无视纪律，不愿意遵从企业政策规范，认为"随时可以辞职"的员工，既不利于企业的发展，个人的前程也必将被葬送。

请扫描二维码，浏览并剖析"遵守纪律，保证战斗力"。

感悟反思 ▶

【案例6-3】 良言善行构和谐

【案例描述】

有一次，我乘上一辆出租车，行至一个路口，突然有一个人骑着电动车横穿过来，出租车司机立即刹车。等骑电动车的人过去了，出租车司机很生气，冲着那个人的方向破口大骂。我见此情形，就说："师傅这是何必呢？那个人根本就没有听到你的骂声，就算听到了又能怎样？感谢你？你自己反而因这件事而生气、发火，影响自己的好心情，继而伤害自己的身体。既不利人还伤自身，值得吗？"司机连声称是，非要拜我为师不可。直到现在我们还有联系，真是良言一句，温暖人心。

有一个开小轿车的人，见到一位老人颤颤悠悠地过马路，特地把车停到路边，开车门、下车，搀扶老人过马路。这一画面被人拍照上传网上，被许多人点赞。而某天在一个路口，一个骑电动车的人与一个过马路的老人相蹭，还好没有什么大碍，本来互说一声"对不起"就能解决的事，却非得相互指责、恶语相向，闹得大家都不愉快。

一个家庭需要良言善行。一个家庭，几个人在一起生活，因性格的差异、习惯的不同，总会遇到一些矛盾，总会因这些矛盾说上几句；家务的琐碎、各自的难处，总要有人去料理、去关心、去照顾。这就需要家人相互理解、相互宽容、相互关注，更需要良言善行，只有这样家庭才能和谐，才能有较高的幸福指数。

一个社会需要良言善行。大家行走于人世间，总会碰到一块儿，总会遇到一些事情，在相处的过程中，在相遇的瞬间，难免会出现一些不愉快、不顺心的事。这就需要良言善行，只有这样才能真正解决问题，才能构建一个和谐的社会。

【感悟反思】

俗话说得好，"有理不在声高""得饶人处且饶人"。我们还会经常听到这样一句话，"有话好好说"，这都是对良言善行的诠释。在实际生活中，我们应如何践行良言善行？良言善行对构建和谐家庭、和谐宿舍、和谐班级、和谐社会有何现实意义？

【案例6-4】 不认同企业文化的戴维斯

【案例描述】

戴维斯是杜邦公司的销售员，他是一个非常有个性的人，他凭借出色的能力，很快便从一线队伍中脱颖而出，而且取得了不错的业绩。但是，戴维斯非常讨厌填写各种形式的"申请""报表"，也很厌恶公司提倡的"数据分析""流程表"等。他认为，销售业绩决定一切，客户排第一、自己排第二、公司排第三。戴维斯也不喜欢参加各种会议，实在推脱不了时，也是坐在最后一排想自己的事。他不愿意总结自己在业务方面的经验和教训，更不屑于学习别人好的经验。对上司安排的事，他总是或不做或忘记，上司要他回复，须打电话才有回音。

而杜邦公司偏偏是一家有着近百年历史的"军工出身"的公司，作风严谨得近乎死板，注重流程，强调汇报，希望每个单子都是可控的，希望每个员工的每天也是可控的。而戴维斯的个人风格与公司的管理制度大相径庭，当同期进入公司的同事不断被提拔的时候，戴维斯只能被要求离开公司，另谋发展。

【感悟反思】

（1）像戴维斯这种类型的员工，不认同企业文化，你认为会给企业和员工本人带来哪些害处？

（2）你认为作为企业员工是否应该认同企业文化？身在职场保持个性必须有度，你认为如何把握这个度？

【各抒己见】

【案例6-5】 美丽的规则

【案例描述】

那是一个傍晚，我们乘着一辆车，从澳大利亚的墨尔本出发，赶往南端的菲利普岛。菲利普岛是澳大利亚著名的企鹅岛，我们要去那儿看企鹅归巢的美景。

从车上的收音机里，我们知道这个岛上举办的摩托车赛快要结束了。司机和导游听到这个消息后，都显得忧心忡忡。因为根据我们的经验，只要车赛一散场，就会有成千上万辆汽车往墨尔本方向开。而这条路只有两条车道，我们都担心会堵车，而真正可以看到企鹅归巢的时间只不过短短半小时，如果因堵车耽误了时间，我们就会留下永久的遗憾了。

司机加快了车速，想争取时间赶在散场之前到达企鹅岛。但担心的时刻终于来了。离企鹅岛还有60多千米时，对面出现了一眼望不到头的车流。其中有汽车，还有无数的摩托车。那可是一些特别爱炫耀自己车技的摩托车迷呀！他们戴着钢盔，一副耀武扬威的样子。

此时此刻，由北向南开的车只有我们一辆，可是由南向北开的车却何止千辆！我们紧张地盯着从对面来的车辆。然而，出乎我们意料的是，我们的车却依然行驶得非常顺畅。

我们终于注意到，对面驶来的所有车辆，没有一辆越过中线！这是一条左右极不"平衡"的车道，一边是畅通无阻的道路，一边是密密麻麻的车子。

然而，没有一个"聪明人"试图破坏这样的秩序。要知道，这里是荒凉的澳大利亚最南端，没有警察，也没有监视器，有的只是车道中间的一道白线，一道看起来似乎毫无约束力的白线。虽然眼前这种"失衡"的场景丝毫没有美感可言，可是我们却渐渐地受到了一种美的感动。

我必须说，这是我平生所见过的最美丽的景观之一。它留给我的印象，甚至要比后来我看到的可爱的小企鹅还要深刻。因为我从那条流淌的车灯之河中，看到了规则之美、人性之美。

【各抒己见】

（1）由一个小组选定一位成员讲述该案例。

（2）你所在的城市，在上下班高峰期是否经常会出现因不遵守交通秩序而人为产生的堵车现象？其实并非路太窄，也并非车太多，而是人们缺少规则意识，对此你有何感想？

（3）规则常常为保障秩序、效率而制定。守规则，则可实现制定规则的预期目的；而如果规则受到任意的违背或破坏，那么规则就变成了废纸，不仅破坏秩序、降低效率，更会给企业和员工带来惨痛的损失。就这一说法，谈谈你的看法。

【案例6-6】 为领一支笔

【案例描述】

上班的第一天，我来到二楼行政部的办公室，向听到脚步声已经仰起脸对我微笑的那位女同事问："请问是徐小姐吗？是在这里领办公用品吗？"

女同事站起来，说："是的，我姓徐，您是新来的吧？"

我将胸牌拿起，示意道："生产管理部的刘浪，我来领一支笔。"

徐小姐打开身后的柜子，拿出一支签字笔，在纸上试了一下，递给我说："麻烦您在这里签个字。"随后她打开一本厚厚的登记册。

我龙飞凤舞地签好字，刚要转身离去，徐小姐说："刘先生，请您将日期写得清楚点儿。"

我笑笑，又将落款日期重新描了一下，开玩笑地说道："这个很重要吗？"

徐小姐一脸正色地说："当然很重要，因为从今天开始到两个月后，你才能到这里来领第二支笔！"

我有点儿好奇地问："公司对员工领用这种廉价的签字笔也有规定？"

"当然，两个月之内，我将对您不再发放签字笔了。"徐小姐笑吟吟地说。

"那如果我领用的这支笔坏了，写不出来怎么办？"我问。

"那您可以用坏的笔来这里交换，没有坏，依然不能领用新的签字笔。"徐小姐回答道。

"那如果我用完了呢？"我又问。

"您可以拿用完的笔芯来换，但一个月内只可以换一支。"徐小姐答。

我很吃惊，又问："倘若我提前用完了怎么办？"

"费用自理！"徐小姐果断地回答。

我的内心一阵翻腾。走到门口，我有点儿不甘心，返回来问徐小姐："可是，假如我真的是因为工作将笔用完了呢？"

徐小姐说："那是不可能的。你们生产管理部不是写字很多的部门，公司对每个部门的用笔情况都做过考察才制定了标准。"

说到这里，大家以为这肯定是一家名不见经传的小公司，错了，这是总部在德国的世界500强公司在中国的一家分公司。

这是我走上工作岗位后的第一堂管理课。

【各抒己见】

（1）由一个小组选定一位成员讲述该案例。

（2）作为一家世界500强公司的分公司，对于签字笔的领用和使用都建立了严格的制度，你认为是否有必要？是否"小题大做"？

（3）企业在制定各项管理制度时，应根据实际情况进行调研，制定标准。你认为企业应如何加强调研，不断改进和优化各项管理制度？

扬长避短 ▶

【案例6-7】 修养就是最好的介绍信

【案例描述】

很多年前，一位知名企业的总经理想要招聘一名助理。这对于刚刚走出校门的年轻人来说是一个非常好的机会，所以一时间，应征者云集。经过严格的初选、复试、面试，总经理最终挑中了一个毫无经验的年轻人。

副总经理对于他的决定有些不理解，于是问他："那个年轻人胜在哪里呢？他既没带一封介绍信，也没受任何人的推荐，而且毫无经验。"

总经理告诉他："你错了，他带来许多介绍信。"

接着，总经理又说："你注意到没有？他在进来的时候在门口蹭掉了脚下带的土，进门后又随手关上了门，这说明他做事小心仔细。当看到那位身体上有些残疾的面试者时，他立即起身让座，表明他心地善良、体贴别人。进了办公室他先脱去帽子，回答我提出的问题时干脆果断，证明他既懂礼貌又有教养。"

总经理顿了顿，接着说："面试之前，我在地板上扔了本书，其他人都从书上迈了过去，而这个年轻人却把它捡了起来，并放回了桌子上。当我和他交谈时，我发现他衣着整洁，头发梳得整整齐齐，指甲修得干干净净。难道这些细节不是最好的介绍信吗？这些修养是一个人最重要的品牌形象。"

【思考讨论】

（1）案例中的那个年轻人的哪些举止体现了他的良好修养？

（2）假设你是案例中的年轻人，在应聘面试时，你会如何注重个人形象？

【案例6-8】 因"煲电话粥"被"炒鱿鱼"

【案例描述】

小高大学毕业后,到一家外贸公司做办公室秘书。由于日常工作不是很忙,工作一段时间以后,活泼开朗的她渐渐觉得无聊,不知如何打发闲暇时间。有一次,她接到了大学同学的来电,二人相谈甚欢。这一次的电话交谈让小高茅塞顿开:自己有单独的办公室,守着电话,怎么以前就没想到这个打发无聊时间的办法呢?自此以后,工作之余,"煲电话粥"成了她的一大乐事,每天不给同学或朋友打两个电话,就好像有什么大事没做似的,没着没落的。

时间久了,同事们渐渐开始在私底下议论纷纷,并对她敬而远之。小高的行为终于在老板两次打电话打不进去的情况下"东窗事发",老板痛批了她以公谋私的行为并辞退了她。

【思考讨论】

(1) 案例中的小高因贪小利而断送了自己的职业前程,这给了你哪些启示?
(2) 如果你是案例中的办公室秘书,你会如何充分利用闲暇时间?

活动教育

互动交流

【话题6-1】 到办公室向老师请教应注意哪些规范

课堂上老师讲解的某一问题没弄懂,课后到办公室向老师请教应如何做?

【提示】

(1) 打听到老师的办公室位置。
(2) 有礼貌地敲门。
(3) 向老师说清原因。
(4) 耐心倾听老师讲解。
(5) 疑惑处可与老师进行探讨,发表自己的见解。
(6) 请教结束时对老师表示感谢。
(7) 有礼貌地离开老师的办公室,并把门关上。

【话题6-2】 职场用语伴我行

模拟多个职业场景,将以下职场用语灵活运用于交谈中。

(1) 谢谢;(2) 我相信你的判断;(3) 请告诉我更多吧;(4) 我支持你;(5) 我来搞定它;(6) 乐意效劳;(7) 让我想想;(8) 做得不错;(9) 你是对的;(10) 我接受你的批评。

【话题 6-3】 针对以下文明行为，谈谈你今天做得怎样

今天你微笑了吗？今天你问候了吗？今天你礼让了吗？今天你帮助别人了吗？

【话题 6-4】 扔掉你的坏毛病

假如你是一位面试官，你会录用一个看起来就让你觉得不舒服的人吗？假如你是一位老板，你会重用那些轻浮的员工吗？假如你是一位衣着邋遢的售货员，你能卖出去食品吗？

在职场生活中，别人会根据你的形象给你下定义——是好还是坏，这会导致你成功或失败。

就树立良好的个人形象谈谈，生活中哪些不文明言行应有则改之、无则加勉。

团队活动

【活动 6-1】 告别不文明行为

以"告别不文明行为"为主题，设计一次有意义的主题班会或团队活动。
（1）确定主题班会或团队活动的形式。
（2）确定各项任务的负责人。
（3）确定活动时间和地点。
（4）确定主题班会或团队活动的流程。
（5）确定主题班会或团队活动的有关要求。

【活动 6-2】 小空间，大礼仪

（1）将桌子围起来模拟电梯厢。
（2）每个小组设计一个电梯场景，将在电梯前、电梯间、目的地电梯口等处的电梯礼仪连贯地演示下来，其余学生对各组的表演进行评价。表演前，各小组应就设计的场景和成员的角色进行说明。

【活动 6-3】 制定一份图书馆文明公约

针对图书馆的卫生、秩序、爱惜图书、文明行为等方面制定一份文明公约。
【参考材料】
（1）爱惜图书，不在书上乱写乱画或折页。
（2）看完的书按照要求放回图书馆规定的位置。
（3）离开图书馆时把自己的位子清理干净，将座椅向书桌轻轻靠拢。
（4）借书、还书时有序排队。
（5）不用物品占座位，不把自己的包放在旁边暂时没有人的座位上。
（6）不大声说话或接打电话，不与旁人窃窃私语，走路轻手轻脚。
（7）不带东西进图书馆，不在图书馆吃东西。

【活动 6-4】 接打电话训练

【训练内容】

电话已成为展示一个人甚至一家企业形象的重要窗口,通话中表现出来的礼貌最能体现一个人的基本素养,体现一家企业的品牌形象。因此,在接打电话时,一定要表现出良好的礼仪风貌,要有"我代表企业形象"的职业意识,养成礼貌用语随时挂在嘴边的良好职业习惯。一个措辞规范、内容清晰的电话,是促进双方交流的便利桥梁。作为准职业人,应该熟练掌握电话沟通的各种技巧和礼仪。

(1) 电话询问训练。

以小组为单位,用手机现场模拟以下场景的通话,观察并在模拟结束后点评。

① 你面试了一家心仪的公司,但一直没收到面试结果通知,于是打电话询问。

② 你接听了一个公司重要客户的电话。

③ 你接听了上级主管部门的电话,通知公司经理开会。

④ 你接听了一个找同事小马的电话,但你不知道小马现在是否在公司。

⑤ 公司开会时,你的手机震动提示有来电,是一个客户的电话。

参考表 6-3 中拨打、接听电话的要点,找出不足之处后制订改进计划。

表 6-3 拨打、接听电话的要点

序号	要领	检查要点	不足之处	改进计划
1	准备纸和笔	① 是否将纸和笔放在触手可及的位置 ② 是否养成随时记录的习惯		
2	选择时机,有备而打	① 时间是否恰当 ② 情绪是否稳定 ③ 条理是否清楚 ④ 语言是否简练		
3	态度友好,礼貌用语	① 是否微笑着说话 ② 是否真诚面对通话者 ③ 是否使用平实的语言 ④ 是否向对方致以问候		
4	语言清晰,体态优雅	① 语言是否流利 ② 声调是否平和 ③ 吐字是否清晰 ④ 语速是否适中 ⑤ 姿势是否正确		
5	记录、复述来电要点	① 是否及时记录通话要点 ② 是否及时分辨、确认关键性字句		
检查人			检查时间	

(2) 模拟打电话。

每个小组选派两位同学,分别模拟办公室文员和客户,按以下两个场景进行接打电话训练,观察与体会哪个场景符合接打电话的文明规范,哪个场景还需要进行改进,指出需要改进之处。

场景1：

丁零零……丁零零……办公室的电话铃声响起，电话铃响 5 遍，办公室文员才开始接听电话。

文员：您好！

客户：您好！麻烦请刘总接电话。

文员：稍等，刘总的电话没人接，可能出去了，要不您下午再打过来。

客户：好吧，我下午再打。

文员：好的，再见。

客户：再见。

场景2：

文员：下午好，这里是经理办公室，很高兴为您服务，请讲。

客户：您好！麻烦请王总接电话。

文员：先生您好！很高兴为您服务，我姓张，请问该怎么称呼您？

客户：我姓林。

文员：林先生您好！请您稍等，我马上为您转接王总。

客户：好的，谢谢！

文员：林先生，非常抱歉，王总的电话现在没有应答。林先生，需要我帮您向王总留言吗？

客户：好的，请你告诉他就说林好打过电话了。

文员：好的林先生，需要我记录一下您的电话号码吗？

客户：他知道的，你说林好就可以了。

文员：好的林先生，我已经记录下来了，我一定会尽快转告王总，林好先生给他打过电话了。林先生，您还有其他的吩咐吗？

客户：没有了，谢谢你！

文员：不客气，林先生，祝您下午愉快！林先生，再见。

客户：谢谢！再见。

【方法指导】

请扫描二维码，浏览并理解"接打电话礼仪"。

【活动6-5】握手礼仪训练

握手是社交场合见面、接待、迎送时常见的礼节，也是对他人祝贺、感谢、关心或相互鼓励的表示，是交际场合运用最多的一种交际礼节。

握手看似只是两人之间双手相握的一个简单动作，却是沟通情感、增进人际交往的重要手段。得体的握手能让对方感受到你的真诚，能使交流变得顺畅。

握手是重要的身体语言之一，对握手的顺序、时间、力度和忌讳等方面的把握，是举止得体、优雅的关键所在。怎样握手？谁先伸手？握多长时间？这些都很关键，因为握手是见面后建立第一印象的重要开始。

【训练内容】

每个小组选派两位同学，模拟以下场景，进行握手礼仪训练，要求体会不同场景的表达，掌握握手礼仪规范，注意握手禁忌，相互观摩，并在模拟结束后进行点评。

（1）校长为优秀毕业生颁奖时握手。

（2）去其他公司办事，临走与他人道别时握手。

（3）到公司人事部面试，见到面试主管时握手。

（4）公司召开产品推介会，在门口迎宾时与客户握手。

（5）回家遇到长辈时握手。

（6）毕业多年后，同学聚会时与老同学握手。

【方法指导】

请扫描二维码，浏览并理解"握手礼仪"。

【活动 6-6】 介绍礼仪训练

介绍是人与人之间沟通和了解的桥梁，是良好合作的开始。介绍是人们在社交活动中相互结识的一种常见形式，是指把同行者或自己的简要情况和性格特点通过明示或暗示的方式告诉对方。在社交场合，把自己的相关情况告诉对方，就是常说的自我介绍；把同行者的相关情况介绍给他人，就是常说的介绍他人。介绍得体能使被介绍者感到高兴，新结识者感到欣喜。

【训练内容】

（1）自我介绍。

模拟以下场景，请选择一种合适的形式进行自我介绍，介绍的内容主要包括姓名、身份、从业单位或部门等。

① 参加学生干部竞选。

② 到公司应聘。

③ 到商场推销一种新产品。

（2）介绍他人。

模拟以下场景，请选择一种合适的形式介绍他人，介绍的内容主要包括姓名、职务、从业单位或部门，注意采用中位手势，指向被介绍的一方。

① 一次聚会，将自己的朋友介绍给他人。

② 自己所在的公司正在招聘新人，将自己过去的同事或同学推荐给招聘主管。

③ 自己随公司经理来母校招聘，将自己的老师介绍给招聘主管，也将招聘主管介绍给老师。

【方法指导】

请扫描二维码，浏览并理解"介绍礼仪"。

总结评价

改进评价

1. 校内外遵规明礼自我评价

对照自己在校内外生活中在遵规明礼方面的行为表现，对表 6-4 中所列遵规明礼方面的条目进行评价，将评价结果填写在对应的"评价结果"列中。

表 6-4　校内外遵规明礼自我评价

场　　所	规范要求描述	评 价 结 果
课堂、教学楼	课前按规定提前到教室，做好上课准备工作	
	不迟到、不早退、不旷课，有事课前请假	
	因故迟到应敲门，向老师致歉，经老师同意方可进入，课后说明原因	
	上课将手机调到静音状态或关机	
	遵守课堂纪律，课堂上不睡觉，不吃东西，不窃窃私语，不做与课堂教学无关的事	
	课堂上发言先举手，允许后起立提问或回答问题	
	课前、课间主动擦拭黑板	
	维护教室环境卫生，爱护教学设施，不损坏公共财物、墙壁	
	不在桌椅、墙壁上乱写乱画，离开教室时关好灯和门窗	
	不在教学区吸烟、打闹、大声喧哗	
宿舍、食堂	团结友爱，与同学和睦相处，爱护他人财物，尊重他人隐私及个人习惯	
	保持宿舍整洁、美观，养成良好的个人卫生习惯	
	自觉保持公寓区、走廊、公共水房、厕所的环境卫生	
	增强自我防范意识，防火防盗，节约水电	
	不吸烟、不酗酒、不赌博	
	遵守宿舍管理制度，不用酒精炉、煤油炉，不违章用电，不私自留宿外来人员	
	在食堂打饭、水房打水时自觉排队	
	勤俭节约、爱惜粮食，不乱扔乱倒剩饭	
	见到来访的客人、老师，应主动起立问好	
校园活动	文明娱乐，文明健身。个人行为要选择合适的场所和时间，以不打扰他人为前提	
	自尊自爱，言行举止得当；男女生之间在公共场合不应有过于亲昵的举动及其他不文明行为	
	参加活动讲文明，遵守纪律，不起哄、不吹口哨、不鼓倒掌	
	待人有礼，文明用语，不说脏话	
	在校园内要衣着整洁，举止端庄，不穿背心、拖鞋进入公共场合	
	不在校园内打闹，走路尽量靠右侧通行，遇见老师应主动让路并致意	
	爱护公物，保护校园环境，视校为家	
	善用网络，不沉迷于网络，不浏览不良信息	
	增强自我保护意识，不随意约见网友	

续表

场　所	规范要求描述	评价结果
图书馆、办公场所	自觉遵守图书馆的各项制度	
	保持办公场所的安静、卫生	
	进办公室应先敲门，允许后进入	
	办事首先向老师问好，然后自我介绍、说明来意	
	向老师告别后，退一步转身，离开时将门关好	
校园外	乘公共汽车主动购票，给老、幼、病、残、孕妇及师长让路、让座，不争抢座位	
	遵守交通规则，注意交通安全，文明出行，不违章骑车，过马路走人行横道	
	爱护公共设施、文明古迹，爱护庄稼、花草、树木，保护有益动物	
	礼貌待人，见义勇为，对违反社会公德的行为要进行劝阻	

2. 外出旅游遵规明礼自我评价

对照自己在外出旅游过程中在遵规明礼方面的行为表现，对表 6-5 中所列遵规明礼方面的条目进行评价，将评价结果填写在对应的"评价结果"列中。

表 6-5　外出旅游遵规明礼自我评价

规范类型	规范要求描述	评价结果
维护环境卫生	不随地吐痰和吐口香糖，不乱扔废弃物，不在禁烟场所吸烟	
遵守公共秩序	不喧哗吵闹，排队遵守秩序，不并行挡道，不在公共场合高声交谈	
保护生态环境	不踩踏绿地，不摘折花木和果实，不追捉、乱喂动物	
保护文物古迹	不在文物古迹上涂刻，不攀爬触摸文物，拍照或摄像遵守规定	
爱惜公共设施	不污损客房用品，不损坏公共设施，不贪小便宜，节约用水用电，用餐不浪费	
尊重别人权利	不强行和外宾合影，不对着别人打喷嚏，不长期占用公共设施，尊重服务人员的劳动，尊重各民族宗教习俗	
讲究以礼待人	衣着整洁得体，不在公共场合袒胸露背，不讲粗话，礼让老幼病残，礼让女士	
提倡健康娱乐	抵制封建迷信活动，拒绝黄、赌、毒	

自我总结 ▶

经过本单元的学习与训练，针对规范、礼仪方面，在思想观念、理论知识、行为表现方面，你认为自己哪些方面得以改进与提升，将这些成效填入表 6-6 中。

表 6-6　规范、礼仪方面的改进与提升成效

评价维度	改进与提升成效
思想观念	
理论知识	
行为表现	

单元 7

关注细节、塑造完美

有一种态度叫一丝不苟，你必须认真细致，用心把握细节。
有一种本领叫目光敏锐，你必须机警敏锐，留心发掘细节。
有一种积累叫不择细流，你必须睿智包容，全心关注细节。
有一种品质叫不厌其烦，你必须平和冷静，耐心处理细节。
有一种追求叫精益求精，你必须积极向上，尽心完善细节。

细节是一种习惯、一种积累，也是一种眼光、一种智慧。细节是一种态度，每个细节都代表着我们对工作的态度。细节是一种责任，细微之处彰显着我们所肩负的使命。细节是极其普通、平凡的，稍不留意，就会从我们身边溜走。一句话、一个动作、一个想法……它就像细沙一样微不足道，但我们不可忽视它。细节决定成败，对于企业来说，只有从"大处着眼、小处着手"，才能在目前的精细化管理时代，打造企业品牌，让基业长青；对于个人来说，只有持之以恒地做好日常工作中的每一件简单平凡的小事，才能把握好人生的每一次机遇，扭转命运，实现梦想。

课程思政

本单元为了实现"知识传授、技能训练、能力培养与价值塑造有机结合"的教学目标，从教学目标、教学过程、教学策略、教学组织、教学活动、考核评价等方面有意、有机、有效地融入定置管理、时间管理、珍惜时间、细节精神4项思政元素，实现了课程教学全过程让学生在思想上有正向震撼、在行为上有良好改变，真正实现育人"真、善、美"的统一、"传道、授业、解惑"的统一。

自我诊断

自我测试

【测试 7-1】 关注细节能力测试

在这个讲求精细化的时代，细节往往能反映你的专业水准，突出你的内在素质。"细节决定成败"，可见细节的重要性。那么，你是一个注重细节的人吗？做完下面的题目就知道了。

（1）你总是觉得学校或公司的制度有很多缺陷吗？
（2）当你进入别人的办公室时，与你办公室的不同之处你能很容易发现吗？

（3）你会研究同行作品中有些看起来很无所谓的部分吗？
（4）你是否经常为了使作品更完美，而导致未按时完成任务？
（5）你爱好艺术吗？
（6）与人交谈时，你除了听，还会注意别的吗？如领带的颜色？
（7）你会研究别人说出的话与其心理是否一致吗？
（8）你会反复检查你的工作吗？
（9）你是否为了掌握事物的变化规律而花费大量的时间？
（10）为了一件事，你会想出3种甚至更多的解决方法吗？

【评分标准】

回答"是"得2分，回答"否"不得分。

（1）将各题所得的分数相加。

（2）根据得分测评你关注细节的程度及个性特点。

【测评结果】

（1）得分为16～20分：表示你是一个注重细节的人，一丝不苟地做事是你的个性特点，你的细节观察能力很强，很适合做一个艺术家。需要提醒的是，切忌为了完美而忘记一切，有时要讲究效率。

（2）得分为8～15分：表示你是一个比较注重细节的人，只是有时不太认真，往往因情绪不稳定而忽略细节。

（3）得分为0～7分：表示你根本不注重细节，做什么都粗枝大叶、敷衍了事，给别人一种不负责任的印象。你要注重加强细节的训练，否则领导很少会把工作交给你。

【测试7-2】时间管理能力测试

以下20道题用于测试你的时间管理能力，每小题有3个选项——总是这样、有时这样、从不这样，请你从这3个选项中做出选择。为保障这个测试的正确性，请你如实回答！

（1）在每学期开始的时候为自己制订一学期的学习和生活计划。
（2）在课余时间不感到无所事事。
（3）把自己的东西放得井井有条。
（4）在做事时能坚持到底。
（5）在做事时不容易受到其他事情的影响。
（6）能有条理地完成自己该做的事。
（7）能分清什么是眼前最该做的事。
（8）能够做到及时反思自己利用时间的情况。
（9）每天都能按照自己的计划学习和娱乐。
（10）每次做事之前都能提醒自己要在尽量短的时间之内保证质量地完成。
（11）每时每刻都知道自己应该做什么事。
（12）每天都能按时起床。
（13）认为自己做事效率很高。
（14）在任何时候都不感觉自己无事可做。
（15）当完成一件事情有困难时，不会为自己找借口说"明天再做吧"。

（16）从不同时做几件事，导致哪件事也做不好。
（17）从未因为顾虑其他事情而无法集中精力来做目前该做的事。
（18）从未在每天放学回家时感觉精疲力竭，却好像一天的学习没完成一样。
（19）不认为没有时间做自己喜欢的事。
（20）每隔一段时间便检查自己时间计划的完成情况。

【评分标准】

选"总是这样"记 2 分，选"有时这样"记 1 分，选"从不这样"记 0 分。

【测评结果】

（1）得分为 0~15 分：说明你的时间管理能力还有待提高，需要从计划性、坚持性、合理性、反思性等多个方面来提高自己的时间管理能力。

（2）得分为 16~30 分：说明你具备较好的时间管理能力，但是在有的方面还有待提高，请分析自己平时的表现和本次测试的得分情况，看看自己哪方面还需努力。

（3）得分为 31~40 分：说明你具备较好的时间管理能力，只要坚持下去就一定会得到良好的效果。

分析思考

1. 关注生活中的细节

从小到大，我们学会了做各种各样的事，也懂得了很多道理。可是你知道吗，有些生活中的细节，往往被我们所忽视了。表 7-1 中所列出的生活中的细节，哪些你已经做好了、哪些还需要改进，请在表格中做出标识。认为自己做得好的请在"做得好的"列中对应处标识"√"，认为自己还需改进的请在"需改进的"列中对应处标识"√"。

表 7-1　关注生活中的细节

序　号	细节描述	做得好的	需改进的
1	去别人家里，不要坐在人家的床上		
2	晴带雨伞，饱带干粮，未雨绸缪总是好的		
3	如果问别人话，别人不回答你，不要厚着脸皮不停地问		
4	吃饭的时候尽量不要发出声音		
5	捡东西或穿鞋时要蹲下去，不要弯腰、撅屁股		
6	别人批评你的时候，即使他是错的，也不要先辩驳，等大家都平静下来再解释		
7	做事要适可而止，无论是狂吃喜欢的食物还是闹脾气		
8	到朋友家吃完饭，要主动帮忙洗碗、清理桌子，主人做饭已经很辛苦了，不能事后还让主人清理		
9	生活中会遇见各式各样的人，你不可能与每个人都合拍，但是有一点是放之四海而皆准的：你如何对待别人，别人也会如何对待你		
10	待客不得不大，持家不得不小		
11	把拳头收回来是为了更有力地还击		
12	任何时候对任何人不要轻易告诉对方你的秘密		
13	学无止境，不仅要学会书本知识，更要学会怎么待人处事，社会远比你想象得要复杂		

续表

序 号	细 节 描 述	做得好的	需改进的
14	不要跟同事议论上司或其他同事的是非，你的无心之言很可能成为别人打击你的证据		
15	做事，做好了是你的本分，做得不好就是你的失职		
16	只有错买，没有错卖，不要只顾着贪小便宜		
17	有时候孤单是正常的，不要害怕，要自己调剂		
18	有真正的朋友，但不知道你有没有福气遇到。不管有没有遇到，都不要否认它。不要算计别人，尤其不要算计自己喜欢的人。对自己喜欢的人，不要使用手段去得到		
19	最勇敢的事情是认清了生活的真相之后依旧热爱生活。不要害怕欺骗，但要知道世界上存在欺骗		
20	借给别人钱的时候，心里要有个底，就是要想着这个钱是回不来的，所以借出去的钱永远要在自己能承受的损失范围之内。在可以承受的损失范围之内，即使回不来，也是心里早就准备好的。自己不能承受的数目就不能借		
21	最好的朋友之间，除非他穷得没有饭吃了，否则最好不要有经济往来。许多可贵的友谊都败坏在钱上		
22	出门在外能忍则忍，退一步海阔天空		
23	擦桌子的时候要往自己的方向抹		
24	打电话、接电话时第一句话一定要是"喂，您好"，挂电话的时候要等别人先挂		
25	一次不忠百次不容		
26	不随地吐痰、扔东西，如果没有垃圾箱，就拎回家扔垃圾桶里		
27	多看书对心灵有益，你会看到一个更广阔的世界		
28	是你去适应社会，不是社会来适应你		
29	不要让别人知道自己的真实想法，要笑在人前笑，要哭一个人躲起来哭		
30	走路时手不要插在口袋里		
31	简单的事情复杂做，复杂的事情简单做		
32	机会只留给有准备的人，天上不会掉馅饼		
33	不管在什么条件下，都要仔细刷牙，特别是晚上		
34	早上一定要吃早餐，没有早餐也一定要喝杯水		
35	少说别人是非，把自己的嘴管牢		

2. 整理宿舍内的物品，区分"要"与"不要"

厘清不良习惯，列出在宿舍乱放东西的习惯。宿舍整理"要"与"不要"分类范例如表 7-2 所示。对宿舍内的所有物品进行整理，区分"要"与"不要"，对于应保留的物品定点放置、不要的物品及时清除或整理、不当的行为及时改进。养成良好的职业行为习惯，习惯成自然，习惯成素质。

表 7-2 宿舍整理"要"与"不要"分类范例

类 型	物品或行为描述
"要"的范例	日常使用的生活用品（如被、帐、衣、帽、鞋、袜等）
	日常使用的洗漱及卫生用品（如脸盆、水瓶、杯子、牙膏、牙刷、肥皂、洗衣粉等）

续表

类　　型	物品或行为描述
"要"的范例	日常使用的餐具等
	学习用的书籍、文具等，以及其他学习用品
	存放物品的箱、包、袋、盒等
	正常使用的桌、椅、凳、架等
	使用中的拖把、扫帚、垃圾桶、垃圾袋等
	宿舍公约、轮流值日表、宣传材料等
	美化用的饰物、字画、盆景等
	推行"6S活动"的各种宣传材料、简报、张贴画等
	尚有价值或使用价值的其他物品
	其他（指私人用品）
"不要"的范例	未叠的衣被、杂乱或过季的脏鞋袜、未洗的衣裤
	灰尘和杂物，积水、痰迹、果皮、纸屑、瓜子壳等
	不再使用的学习用品（如破旧的书籍、报刊等）
	不再使用的生活用品、卫生用品
	无序存放的盆、瓶、箱、包、桌、椅、凳、架等
	严禁使用的大功率、非照明电器
	裸露的垃圾桶或装满的垃圾袋
	其他摆放杂乱无序的个人物品
	蜘蛛网，灰尘、脏污（脚印、球印等污渍）
	过时或残破的张贴画、标语及其他宣传材料
	不规范的张贴画，更改后的标志牌、荣誉牌
	残破的门板、窗户玻璃、门闩、拉手、插座等
	摇摆危险的灯具、电扇等
	残破或不规范的装饰物、挂架
	乱拉的绳索，私拉、私接的电线，杂乱的衣物，乱拉的蚊帐

自主学习

熟知标准

1. 关注细节能力的评价要素

关注细节能力的评价要素如表7-3所示。

表7-3　关注细节能力的评价要素

评价要素	要点描述
行事规范	对自己的工作要求严格，会按照既定的操作规范或上级指示进行，较少出现错误
主动检查	注重对自己的工作进行检查，以核实提供的资料或信息的真实性
多方验证	在提供资料或信息前，能够主动通过多种途径，对其真实性进行交叉验证

续表

评价要素	要点描述
监督他人	① 注意督促下属或配合自己工作的其他人员对工作的各个环节进行多角度、全方位的考虑，确保工作准确无误 ② 能够对他人的工作细节进行要求或检查，发现或纠正其工作中的差错和疏忽等
系统思维	督促自己及他人掌握各种可以提升和改进的方法，能够设计或使用程序化检查错误的手段

2. 关注细节能力的评价标准

关注细节能力的评价标准如表 7-4 所示。

表 7-4 关注细节能力的评价标准

等级	行为描述
1 级	① 较少关注工作中的细节问题 ② 较少关注工作中反映出来的问题和隐患
2 级	① 工作踏实，关注工作中的细节问题 ② 能够主动学习和掌握各种可以改进细节的方法，并能够将其运用到工作中
3 级	① 能够带动下属学习和掌握各种改进细节的方法，并能够将这些方法运用到工作中 ② 工作中以事实为依据，作风严谨 ③ 能够对工作中的各个环节进行多角度、全方位的考虑，进而确保各项计划的周密性

3. 办公区 7S 管理推行标准

（1）定位线。
（2）办公桌面的管理。
（3）抽屉管理。
（4）文件存档。
（5）储物柜管理。
（6）电源线管理。
（7）垃圾桶定位标准。
（8）电器开关标识。
（9）灭火器管理。
（10）公共区域管理。

请扫描二维码，浏览并熟知"办公区 7S 管理推行标准"。

4. 工作场所的职业素养推行标准

在工作中，认真履行与仪容、班前班后、生产运行、质量标准、工艺设定等有关的规范要求，通过每个人的努力，让工作过程更加顺畅、工作配合更加协调。

（1）职业素养的基本要求。
（2）生产现场的日常素养推行标准。
（3）办公室的日常素养推行标准。

请扫描二维码，浏览并熟知"工作场所的职业素养推行标准"，理解表 W7-1 和表 W7-2 中的内容。

5. 日常生活、学习、公务活动的素养推行标准

请扫描二维码，浏览并熟知表 W7-3 所示的"日常生活、学习、公务活动的素养推行标准"。

明确目标

在日常生活、学习、工作过程中从小事做起，更多地关注细节，努力实现以下目标。

（1）从生活中的小事做起，努力成为关注细节、重视小事的人。

（2）将重复的、简单的日常工作做精细、做到位，用做大事的心态努力做好每件小事，并恒久地坚持下去。

（3）认真对待学习和工作，将小事做细，在做事的细节中寻找机会并积累经验。

（4）让关注细节成为习惯，自发、认真地对待每件事情，坚持按质按量地完成每项任务、做好每件事情。

（5）在生活、学习、工作中留心观察，关注细节、改进工作，发现细节、避免错误。

（6）在工作中养成认真细致、一丝不苟、追求极致的工作品性，不会忽略任何细节，不会放过任何差错，做事尽力做到精益求精。

（7）培养自己甘于平凡的精神，养成认真做好每个细节的态度。

（8）把好习惯放在心中，积极行动起来，从我做起、从现在做起、从身边的点滴做起，自觉规范自己的行动，养成良好的行为习惯。

（9）在家里尊敬父母；在学校尊敬师长，和同学和睦相处，礼貌待人；在企业尊重领导和同事，团结协作，为企业创造价值。

（10）珍惜时间，提高效率，有效利用时间，不虚度光阴。

（11）工作作风严谨务实，有强烈的寻求事实依据的倾向，愿意看到并尊重事实。

（12）相信只有将可操作的细节作为保障，才能确保整个计划的成功。

榜样激励

【案例 7-1】 史蒂芬的成功之路

【案例描述】

维斯卡亚公司是 20 世纪 80 年代美国著名的机械制造公司，其产品销往全世界，代表着当时重型机械制造业的最高水平。许多人毕业后到该公司求职遭拒绝，原因很简单，该公司的高技术人员爆满，不再需要各种技术人才。但是，该公司令人垂涎的待遇和足以让人自豪、炫耀的地位仍然向那些有志的求职者闪烁着诱人的光芒。

史蒂芬是哈佛大学机械制造业的高才生，和许多人一样，在该公司每年一次的用人测试会上他也被拒绝了。不过，史蒂芬并没有死心，他发誓一定要进入维斯卡亚公司。于是，他采取了一个特殊的策略——假装自己一无所长。

他先找到公司人事部，提出为该公司无偿提供劳动力，请求公司分派给他任何工作，他承诺不计任何报酬来完成。公司起初觉得这简直不可思议，但考虑到不用任何花费，也用不

着操心，于是便分派他去打扫车间里的废铁屑。

一年来，史蒂芬勤勤恳恳地重复着这种简单但是劳累的工作，为了糊口，下班后他还要去酒吧打工。这样，虽然得到了上司及工人们的好感，但是仍然没有一个人提到录用他的问题。

20世纪90年代初，公司的许多订单被纷纷退回，理由均是产品质量问题，为此公司将蒙受巨大的损失。公司董事会为了挽救颓势，紧急召开会议商议对策，当会议进行到一大半却未见眉目时，史蒂芬闯入会议室，提出要直接见总经理。

在会议上，史蒂芬对这一问题出现的原因做了令人信服的解释，并就工程技术上的问题提出了自己的看法，随后拿出了自己对产品的改造设计图。这个设计非常先进，恰到好处地保留了原来机械的优点，同时克服了已出现的弊病。

总经理及董事会的董事见到这个编外清洁工如此精明在行，便询问了他的背景及现状，史蒂芬当即被聘为公司负责生产技术问题的副总经理。

原来，史蒂芬在做清洁工时，利用清洁工到处走动的特点，细心察看了整个公司各部门的生产情况，并一一做了详细记录，发现了所存在的技术性问题并想出解决的办法。为此，他花了近一年的时间搞设计，获得了大量的统计数据，为最后一展雄姿奠定了基础。

【思考讨论】

成功需要一个过程，如果你一直不被人重视，不妨降低一下自己的目标，从基层的事做起，终有一天成功会向你招手。

史蒂芬的成功之路给了你哪些启示？在未来的职场中要从小事做起、多关注工作中的细节，谈谈你的看法。

【案例7-2】 爱迪生的惜时

【案例描述】

爱迪生只上过3个月的小学，他的学问是靠母亲的教导和自修得来的。他的成功，应该归功于母亲自小对他的谅解与耐心的教导，这才使原来被人认为是"低能儿"的爱迪生，长大后成为举世闻名的"发明大王"。爱迪生从小就对很多事物感到好奇，而且喜欢亲自去试验一下，直到明白了其中的道理为止。长大以后，他就根据自己这方面的兴趣，一心一意做研究和发明的工作。他在新泽西州建立了一个实验室，一生发明了电灯、电报机、留声机、电影机等总计两千余种东西。爱迪生的强烈研究精神，使他为改进人类的生活方式做出了重大的贡献。

"浪费，最大的浪费莫过于浪费时间了。"爱迪生常对助手说，"人生太短暂了，要多想办法，用极少的时间办更多的事情。"一天，爱迪生在实验室里工作，他递给助手一个没上灯口的空玻璃灯泡，说："你算算灯泡的容量。"说完他又低头工作了。过了好半天，他问："容量是多少？"没听见回答，他转头看见助手拿着软尺在测量灯泡的周长、斜度，并拿测得的数字伏在桌上计算。他说："时间，时间，怎么花费那么多的时间呢！"爱迪生走过来，拿起那个空灯泡，向里面斟满了水，交给助手，说："把里面的水倒在量杯里，马上告诉我它的容量。"助手立刻读出了数字。爱迪生说："这是多么容易的测量方法啊，它既准确，又节省时间，你怎么想不到呢？还去算，那岂不是白白地浪费时间吗？"助手的脸红了。爱迪生喃喃地说："人生太短暂了，太短暂了，要节省时间，多做事情啊！"

【思考讨论】

时间对每个人都是公平的，不以尧存，不以桀亡，古往今来有头有脸的人物，哪个不珍惜时间。所以说，珍惜时间可以让人实现梦想，不珍惜时间，就会荒废学业，碌碌无为。

珍惜时间就是珍惜学习的机会、努力工作的机会。对于工作一族来说，珍惜时间意味着提高效率；对于学生一族来说，珍惜时间意味着更多积累；对于每个活着的人来说，珍惜时间意味着在有限的生命里体验更多的生活！

珍惜时间吧！只有珍惜时间，你才能在有限的生命里创造自己的价值；只有珍惜时间，你才能把握生活的主动权，才能积极向上、勇于进取；只有珍惜时间，你才能学会珍惜一切，珍惜那些来之不易的幸福人生。

爱迪生的惜时给了你哪些启示？在日常生活、学习中你是否养成了珍惜时间的好习惯？对于珍惜时间、提高效率，有哪些方面还能做得更好一些？

【案例7-3】 海尔的"日事日毕、日清日高"

【案例描述】

海尔由一个濒临倒闭的小厂发展成为称雄国内外市场的企业，今天的海尔为什么这么强大，知名度这么高呢？海尔的管理为什么会做得这么好呢？其实，海尔也是从每件小事做起的。

当年"海尔兄弟""真诚到永远"的大众宣言，一次次撞击着我们的记忆神经。可爱的"海尔兄弟"、亲切的广告标语，让很多消费者在购买家电产品时都情不自禁地将目光投向了海尔产品。这就是优秀品牌的魅力，也是海尔多年来所奉行的企业文化的成功所在。

海尔提出"日事日毕、日清日高"的管理口号，即每天的工作每天完成，工作要每天清理并要每天有所提高。但海尔并没有将这句话停留在这么简单的意义上，而是从这句话出发，开发了一套称为OEC的管理方法，并使之成为海尔文化的一个组成部分。

海尔的每个人都以"日事日毕、日清日高"为工作目标，每个人都有强烈的责任感，做好每件小事、每个细节。经过多年的发展，海尔成为国内外的知名品牌，并在全世界获得越来越高的美誉度。

"日清"的目的就是为自己总结一天的工作内容及成果，以及今日遇到的需要其他人协同解决的问题，并将其发给上级看，以提高工作效率，不叫员工上班闲混（每天没有内容写也很难受），减少部门间的推诿扯皮等。它主要就是提高效率、螺旋上升的意思。

【思考讨论】

海尔"日事日毕、日清日高"的做法给了其他企业哪些启示？你是否有"今日事今日毕，明日事今日计"的好习惯？还有哪些需要改进之处？

长江实业（集团）有限公司的创始人李嘉诚在管理企业的时候，最注重的就是时效性，他认为戒掉拖延症有3个方法。

（1）给工作加上期限：给每项工作加上期限，即开始和结束时间，根据自己的任务和工

作量，安排以后的任务。

（2）给自己一个专注的空间：给自己一个非常舒服的环境，起码要舒心，试想一下，在脏乱差的环境中，自己有心情认真工作吗？

（3）找到最高效的工作方法：人的精力是有限的，在最高效的时候尽量完成更多的工作，在低谷时快速调整自己。

讨论戒掉拖延症、提高学习效率的良策。

知识学习

1. 细节

细节既是一种态度，也是一种准备，更是一种精神。细致严谨的态度是做好细节的前提，只有重视心态中的细节，才能发现工作中的细节。细节也是一种准备、一种实力。只有进行长期的积淀，才能形成一种实力，将细节内化成行为，成为一种习惯。细节更是一种精神，细节追求完美，细节也成就完美。细节就是品质，细节也体现品位。细节是区分成败的分水岭，而关注细节的职业精神则是注重细节的源头。

决定细节的不是细心，而是境界、格局和观念。细节是平凡的、具体的、零散的，如一句话、一个动作、一场会面……细节很小，容易被人们所忽视，但它的作用是不可估量的。有些细节会深深地印在我们的脑海中，留下终生难忘的印象；有些细节会改变事物的发展方向，使人们的命运发生转变。对于个人来说，细节体现着素质；对于部门来说，细节代表着形象；对于事业来说，细节决定着成败。

而"细节"又是一个多么容易被忽视的字眼啊！在表面风光的背后，有谁会真正注意到细节的存在和影响呢？要想真正做到对每件事情都细致入微、周全考虑并不是一件容易的事。

小事不能小看，细节方显魅力。以认真的态度做好工作岗位上的每件小事，只有将小事做好了，才能在平凡的岗位上创造出最大的价值。"管中窥豹，可见一斑"，我们往往可以从生活中的一些微不足道的小事洞察秋毫，从而感悟到一个人的内在精神。

2. 关注细节能力

关注细节能力是指在面对事实和细节问题时，既能够考虑全局，又能够深入了解工作过程中各个环节的关键细节，并能够对细节问题进行预防和控制，确保成果完美的能力。

3. 现场管理

现场管理是指用科学的标准和方法对生产现场各生产要素，包括人（工人和管理人员）、机（设备、工具、工位器具）、料（原材料）、法（加工和检测方法）、环（环境）、信（信息）等进行合理有效的计划、组织、协调、控制和检测，使其处于良好的结合状态，达到优质、高效、低耗、均衡、安全、文明生产的目的。

4. 定置管理

定置管理是指以生产现场为主要研究对象，研究与分析人、物、场的状况及其联系，并通过整理、整顿，改善生产现场条件，促进人员、机器、原材料、制度、环境的有机结合。

定置管理通过整理，把生产过程中不需要的东西清除掉，不断改善生产现场条件，科学地利用场所，向空间要效益；通过整顿，促进人与物的有效结合，使生产过程中需要的东西随手可得，向时间要效益，从而实现生产现场管理规范化与科学化。

5. 时间管理

时间管理是指通过事先规划并运用一定的技巧、方法与工具，实现对时间的有效运用，从而实现个人或组织的既定目标。简单地说，时间管理就是研究以最少的时间投入来获得最佳的结果。

每个人都同样拥有每年 365 天、每天 24 小时。可是，为什么有的人在有限的时间里既完成了辉煌事业，又能充分享受到亲情和友情，还能使自己的业余生活多姿多彩呢？"时间老人"过多地偏爱他们吗？不是，秘诀就在于这些成功人士善于进行时间管理。

6. 7S 管理

5S 起源于日本，是指在生产现场对人员、机器、原材料、方法、环境、信息等生产要素进行有效管理。因为整理（Seiri）、整顿（Seiton）、清扫（Seiso）、清洁（Seiketsu）、素养（Shitsuke）在英文拼写中，第一个字母都为 S，所以称之为 5S。近年来，随着人们对这一活动认识的不断深入，又添加了安全（Safety）、节约（Save）、学习（Study）等内容，分别称为 6S、7S、8S。

7S（整理、整顿、清扫、清洁、素养、安全、节约）管理方式，保证了企业幽雅的生产和办公环境、良好的工作秩序和严明的工作纪律，同时也是提高工作效率、提高产品质量、减少浪费、节约物料成本和时间成本的基本要求。

请扫描二维码，浏览并理解"7S 管理"。

课堂教学

观点剖析

1. 伟大来源于平凡

《道德经》中有云："天下难事，必作于易；天下大事，必作于细。"各行各业的成功人士，哪个不是从无名小卒做起的，哪个不是从点点滴滴做起的？把一件简单的事做好了就是不简单，把一件平凡的事做好了就是不平凡。若想成功，就必须注重细节，脚踏实地，一步一个脚印地做好每件平凡的小事。

我们都知道，伟大来源于平凡。一座座摩天大楼是伟大的，但是它们需要许许多多平凡的垫脚石来支撑，如果没有这些平凡的石块，高耸入云的大楼就会坍塌；一条条拦河大坝是伟大的，然而它们也是由一块块碎石组成的，如果没有这一块块碎石组成的钢筋混凝土，大坝就会被冲垮……由此可见，伟大是离不开平凡的，没有平凡，伟大也将不复存在。

世界上当然有大事和小事之分，但无论是大事还是小事都要努力去做。不要轻视自己的工作，应该全力以赴、尽职尽责地把每份工作做到位。再大的事也都是从平凡的小事做起来的，都需要认真负责地对待。可能你暂时无法看到小事的魅力，但是如果连小事都做不好，则很难成就大事。所以，对于每个人来说，最重要的是将重复的、简单的日常工作做精细、做到位，用做大事的心态努力做好每件小事，并恒久地坚持下去，这样的人才有可能获得更大的成功。

2. 卓越业绩始于细节

机器的正常运转离不开每个零部件的正常工作。在企业的发展过程中，忽略任何一个细节，都可能给企业带来意想不到的致命打击和损害。在日常的生活和工作中，你也许已经注意到，平庸与卓越的区别常常取决于是否对细节予以足够的关注。

生活、工作中的我们总有许多遗憾，苦苦求索却总有些事不能如愿，那是因为我们有时太过于执着、专注于事物的主流，而忽视了一些看似与主流无关的细枝末节。其实，有许多看似宏大的东西，最终取决于细微之处。细节的成功看似偶然，实则孕育着成功的必然。

3. 让关注细节成为习惯

做一件成功的事情并不难，难的是把每件事情都做成功。只有让关注细节成为习惯，我们才能自发、认真地对待每件事情，才能坚持按质按量地完成每项任务、做好每件事情。

当然，成功不会一蹴而就，关注细节也不能靠一时心血来潮。关注细节其实是一种功夫，这种功夫是靠日积月累培养出来的。关注细节是一种作风，更是一种态度，而最为理想的是让关注细节成为一种习惯。一个人关注细节可以称之为优秀，而让关注细节成为习惯则是卓越！让我们时刻提醒自己，关注细节！让我们随时提醒身边的人，关注细节！长此以往，关注细节就将成为我们共同的习惯。

4. 如何用心捕捉细节

法国雕塑家罗丹说过："世界上不是缺少美，而是缺少发现美的眼睛。"在工作中，"不是缺少细节，而是缺少发现细节的眼睛"。我们常常借流程、职责所限之名，对身边的细节不注意、漠视或视而不见，那么细节也就无从谈起了。所以，关注细节要求我们必须练就一双善于捕捉细节的眼睛，去观察、去发现。

无论是何种行业、何种岗位，处处都有细节的存在，只要你留心观察，这就可能是你步入成功的开始。因为无论是关注细节、改进工作，还是发现细节、避免错误，你都将为企业创造价值，善于捕捉细节将使你与他人在业绩的创造能力上大不相同。

成就绝非一夕之功，不要奢望一步登天，要想在关键时刻脱颖而出，就要在平时关注细节上多下功夫，日积月累你就会逐渐接近自己的奋斗目标。如果你能敏锐地发现别人忽略的空白领域或薄弱环节，以小博大，你的业绩就会突飞猛进，你也会取得意想不到的收获。

5. 如何关注工作中的细节

正所谓工作无小事，任何一件看起来微乎其微的事情都可能影响到整体工作质量，那么究竟应当怎样注意这些细节问题呢？

请扫描二维码，浏览并剖析"如何关注工作中的细节"。

6. 追求卓越，杜绝1%的错误

古人云："千里之堤，溃于蚁穴。"只有在工作中认真细致、一丝不苟，才能达到尽善尽美的境地，才能成为企业最需要的人。但凡业绩卓越的员工都具有追求极致的工作品性，因为他们深知1%的错误意味着有可能导致100%的失败的道理，因此绝不会忽略任何细节，更不会放过任何差错，做事尽力做到精益求精。

1%的错误的确看起来微不足道，但它有可能毁掉一个企业，也会毁掉一个人的大好前程，甚至会引发灾难性的后果。让我们心怀卓越，追求完美，能达到最好绝不要次好！

7. 如何养成良好的行为习惯

衡量一个人的道德水平高低，不是听其讲得如何动听，而是看其是否有良好的行为习惯。习惯不同，人的机遇就不同。

（1）要从小事做起。

（2）要从自己做起。

（3）要从现在做起。

请扫描二维码，浏览并剖析"如何养成良好的行为习惯"。

8. 珍惜时间

时间是一种重要的资源，却无法开拓、积存与取代。每个人一天的时间都是相同的，但是每个人会有不同的心态与结果，主要是因为人们对时间的态度颇为主观，不同经历与不同职务的人，对时间会保持不同的看法，所以在时间的运用上就千变万化了。

岁月总在不经意间就溜走了，许多时间都不知道用到哪里去了，很多人都在叹息时间去哪儿了，殊不知时间就在自己的指间溜走。年轻的时候，总以为时间有很多，很多人就这样在浪费着时间，明知道时间过去就没有了，但依然还是看着它溜走，无论有多么不舍，都不会在意，但真的需要它的时候，会发现一切都回不去了。

很多人看着自己在时间的岁月中，没有留下什么，只留下很多遗憾的时候，都叹息时间为什么不长久一点，殊不知时间对每个人都是公平的，只是很多人都没有留恋过时间这个永远不会停止的东西。

当我们走过那个曾经浪漫的年代的时候，会觉得时间其实对我们已经很好了，只是当时的我们不知道时间珍贵，只知道在该放肆的时候就放肆地潇洒，却没有珍惜时间。

当我们不再冲动轻狂的时候，当我们能理解时间珍贵的时候，当我们都在怀念当初快乐时光的时候，当我们已经不再是当年那个懵懂少年的时候，当我们没有给父母任何回报的时候，当我们的父辈都离开我们的时候，当我们都在叹息岁月催人老的时候，当一切一切都变得模糊的时候，可听见时间的一声叹息？

当我们真正懂得时间去哪儿了的时候，才发现原来时间都是自己在不经意间浪费的。不要怪时间给我们的太少了，时间对每个人都是一样的，不会偏向任何人。时间是最公平的，只能怪自己当初轻狂，不懂珍惜时间，从懵懂到叛逆，从叛逆到成熟再到理解，可惜到理解时间珍贵的时候，时间已经回不去了，这时才知道先辈留下的名言都是对的，"一寸光阴一寸金，寸金难买寸光阴"。

珍惜剩下的时间，不要让自己留下任何遗憾，因为时间不会给我们再来一次的机会。

9. 如何高效管理自己的时间

请扫描二维码，浏览并剖析"如何高效管理自己的时间"。

感悟反思 ▶

【案例 7-4】 细节彰显力量

【案例描述】

德胜洋楼成立于 1997 年，从事美制现代木（钢）结构住宅的研究、开发设计及建造。对于德胜洋楼，很多人大概是从《德胜员工守则》中了解到的。守则中事无巨细地罗列了公司的制度纪律，大到员工精神、道德，小到剪发、洗澡的频率。在这本守则中，能看到德胜人严格遵守制度的精神，以及德胜洋楼健康的雇佣关系、平等的人性关怀及注重细节的管理精神。

德胜洋楼对员工的工作程序有着严格的要求，提出了许多近乎苛刻的细节规定。例如，员工在上空调的塑料螺丝时务必用旋塑料螺丝的方法，如果这时你用上金属螺丝的方法就是违反工作程序；在建房子的工地上，3寸的L形弯头计划用3个，结果却用了5个，那员工一定要写出理由来。德胜洋楼规定，两个钉子之间的距离是6寸，既然是规定，就不能在6寸半或7寸处钉钉子；某种型号的螺丝需要拧多少圈，员工要一丝不苟地执行；钉石膏板要把施工者的名字写在板头上；接待和参观用的样板房，规定的灯、电视机必须打开。总之，在德胜洋楼，做事不允许"基本上理解""大概这么做"，坚决按照"一事一程序、一事一规矩、一一对应"的原则做。

在德胜洋楼的施工现场，物料摆放井然有序，其整洁程度让人想不到这是一家建筑企业。德胜洋楼总部的卫生间在任何时候都要保持洁净，不能有一点异味。

只有将细节落到实处，企业制度和文化才不会流于空泛，责任才能准确到人，企业才能长远发展。细节彰显力量，细节体现企业文化，这是德胜洋楼正在实践的道理。

【感悟反思】

（1）对本案例你有何感悟？

（2）对照德胜洋楼关注细节的做法，反思平时学习、生活中哪些方面需要改进。

【案例 7-5】 作品是这样完美起来的

【案例描述】

米查尔·安格鲁是一位著名的雕塑家，他的作品非常有神韵，让人赞叹不已，因此他的许多作品在艺术界都有非常高的声誉。

有一天，一位参观者来到安格鲁的工作室，参观安格鲁的新作。参观者问道："我上次来的时候，你就在做这个雕塑，当时我就觉得这个雕塑已经很好了，可是为什么到现在你还在做这个雕塑？你可以接着做下一个雕塑啊！这样一直不停地做一件，可真是浪费时间。"

安格鲁解释说："你来看一下，我在这个地方润了润色，使那儿变得更光彩，这样的话，雕塑的整个面部表情变得更柔和了。我还在这里稍加改动，使那块肌肉显得更强健有力。然后，我还在嘴唇的地方略做修饰，你来看，嘴唇是不是显得更富有表情了？而整体看来，这些修改使雕塑的全身显得更有力度。"

那位参观者听了不禁说道："但这些都是琐碎之处，不太引人注目啊！"

安格鲁回答道："情形也许如此，但你要知道，正是这些细微之处才使整件作品趋于完美，而让一件作品完美的细微之处可不是一件小事啊！我并没有浪费时间，我只是做得更仔细些，使雕塑作品变得更完善而已！"

听了他的话，参观者佩服地点了点头，默默念道："那些成就非凡的大家，总是于细微之处用心、于细微之处着力，如此日积月累，自然渐入佳境，达到出神入化的效果。"

成功不是偶然的，有些看起来很偶然的成功，实际上我们看到的只是表象。一个人要想成功，就必须具备一种锲而不舍的精神、一种坚持到底的信念、一种脚踏实地的态度和一种发自内心的责任感。我们一定要用做大事的心态去对待周围的每件小事，把它们做到位。

【感悟反思】

（1）对本案例你有何感悟？
（2）结合本案例的观点，思考在未来的工作中，我们应以何种心态去对待每件小事。

各抒己见 ▶

【案例7-6】 小习惯成就大未来

【案例描述】

1978年，75位诺贝尔奖获得者在巴黎聚会。有位年轻人问其中一位学者："你在哪所大学、哪所实验室里学到了你认为最重要的东西呢？"出人意料，这位白发苍苍的学者回答说："是在幼儿园。"

这位年轻人继续问道："在幼儿园里学到了什么呢？"

学者笑了笑，回答道："把自己的东西分一半给小伙伴们；不是自己的东西不要拿；东西要放整齐，饭前要洗手，午饭后要休息；做了错事要表示歉意；学习要多思考，要仔细观察大自然。从根本上说，我学到的全部东西就是这些。"

年轻人接着问道："这些都是很简单、很平常的事啊，有什么独特之处吗？"

学者回答道："这些事虽然微小，但都是一些很重要的细节，这使我养成了注重细节的习惯。习惯养成了，在日后的工作中就会自然而然地注重起细节来。"

年轻人若有所思地点了点头，而其他科学家也都会心一笑。

是的，这位学者的回答代表了与会科学家的普遍看法，概括起来，他们认为其终生所学到的最主要的东西，是从小家长和幼儿园老师给他们培养的良好习惯。

【各抒己见】

习惯是一种顽强而巨大的力量,它可以主宰人的一生。我们应养成按计划学习的习惯,讲求效益的习惯,独立钻研、务求甚解的习惯,查阅工具书和资料的习惯,善于请教的习惯等。

(1) 由一个小组选定一位成员讲述该案例。

(2) 案例中提到的那位学者在幼儿园里学到的对他一生十分重要的东西是什么?

(3) 结合案例谈谈良好的学习习惯有什么作用。

(4) 结合自己的实际谈谈你打算如何向案例中的科学家学习,以及要养成良好的学习习惯应从哪些方面着手。

【案例 7-7】 请把废纸捡起来

【案例描述】

美国福特公司名扬天下,它不仅使美国汽车产业在世界遥遥领先,而且改变了整个美国的国民经济状况。谁又能想到该奇迹的创造者福特当初进入公司的"敲门砖"竟是"捡废纸"这个简单的习惯呢?

那时福特刚从大学毕业,到一家汽车公司应聘,一同应聘的几个人学历都比他高,福特感到希望渺茫。

当他敲门走进董事长办公室时,发现门口地上有一张纸,他很自然地弯腰把它捡了起来,看了看,原来是一张废纸,就顺手把它扔进了垃圾桶里。这一切发生得如此自然,福特也没有特别放在心上。令人意想不到的是,此刻正有一双眼睛在默默地关注着整件事情的发生,董事长对这一切都看在眼里。

福特进门后,向董事长自我介绍说:"董事长,您好,很高兴见到您!我是来应聘的福特。这是我的简历,请您多指导……"然而,福特还没来得及往下说,董事长就发出了邀请。

董事长微笑着说:"很好,很好,福特先生,你不用再介绍了。"

福特听了董事长的话,以为自己没戏了。他刚要说点什么来推销一下自己,董事长接着说:"恭喜你!你已经被我们录用了,你正是我们需要的人。"

听了董事长的话,福特感到非常意外,当然也很高兴。而此后,福特的表现并没有让董事长失望,甚至最终将公司改名,让福特汽车闻名全世界。

这个让福特感到惊异的决定,实际上源于他那个不经意的动作。福特的成功看上去很偶然,但实际上是必然的,他下意识的动作是习惯、品质和修为的体现,正是这种良好的习惯成就了他的事业,而这种习惯的养成源于他的积极态度。正如心理学家威廉·詹姆斯所说:"播下一个行动,你将收获一种习惯;播下一种习惯,你将收获一种性格;播下一种性格,你将收获一种命运。"

【各抒己见】

小事恰恰具有巨大的力量,我们平时的一言一行都有可能影响自己的一生。在一个人的人生历程中,一次大胆的尝试,一个灿烂的微笑,一个习惯性的动作,一种积极的态度和真诚的服务,都可以带来生命中意想不到的辉煌或成功,它们能带来的远远不止一点点喜悦和表面上的报酬。

（1）由一个小组选定一位成员讲述该案例。
（2）福特成功应聘的关键因素是什么？
（3）结合实际，谈谈大学生应注重培养哪些良好习惯。

【案例 7-8】 一定要做到最好

【案例描述】

美国一家公司在韩国订购了一批价格昂贵的玻璃杯，为此公司专门派了一位经理到韩国的工厂监督生产。

在韩国的工厂里，他发现，这家玻璃厂的技术水平和生产质量都是世界一流的，生产的产品几乎完美无缺，而且韩方的要求比美方还要严格。他很满意，也就没有刻意去检查和监督什么。

一天，他随意来到生产车间，发现一个工人正从生产线上挑出一部分杯子放在旁边。他上去仔细看了一下，并没有发现挑出来的杯子有什么问题，就好奇地问："挑出来的杯子是干什么用的？"

"那是不合格的次品。"工人一边工作一边回答。

"可是我并没有发现它们和其他杯子有什么不同啊！"美方经理不解地问。

"如果你仔细看看，就能发现这里多了一个小气泡，这说明杯子在制造的过程中漏进了空气。"工人回答道。

"可是那并不影响使用啊！"美方经理说。

工人很干脆地回答："我们既然工作，就一定要做到最好，绝不能出现任何问题。任何缺点，哪怕客户看不出来，对于我们来说，也是不允许的。只要有问题，就要挑出来。"

当天晚上，这位美方经理给总部写邮件报告说："一个完全合乎我们检验和使用标准的杯子，在这里却在无人监督的情况下用近乎苛刻的标准被挑选出来。这样的员工堪称典范，这样的公司绝对可以信任。我建议公司马上与该厂签订长期的供销合同，而我也没有必要再待在这里了。"

【各抒己见】

在一家优秀而有竞争力的公司里，每个员工都必须设法将自己的工作做到最好，让问题在自己这里消失。只有这样才能生产出高质量的产品，为顾客提供优质服务。

而作为一名员工，也只有以这样的高标准严格要求自己，认真负责地对待工作，才能赢得老板的信任和器重，获得相应的回报和提升。

如果我们留心观察自己的生活就会发现，许多人之所以失败，就是败在做事不够尽责、轻率马虎这一点上。无数人因为养成了糊弄工作、敷衍了事的工作习惯，从而导致自己一生都不能有大的机会和发展。

一位著名的企业家说过："作为一名员工，必须停止把问题推给别人，应该用自己的意志力和责任感，立即行动，处理这些问题，只有这样才能让自己尽快地成熟和成长起来。"

（1）由一个小组选定一位成员讲述该案例。
（2）你从这家韩国公司的工人身上学到了哪些优秀品质？
（3）你认为作为公司的一名普通员工应采取何种态度对待本职工作、对待顾客？

扬长避短 ▶

【案例 7-9】 多余的 3 秒

【案例描述】

公司的车间里是实行流水线操作的。在生产流水线上，一个个散乱的零件沿着履带经过工人一道道紧张而忙碌的拼接，很快就变成了一件完整的产品，被送到包装车间。

虽说生产流水线上的工人都是熟练工，可毕竟不是机器操作，大家在组装的速度上也是略有差异。可相差也不多，只差两三秒而已。有的人就会利用这点时间活动一下麻木的手脚，有的人还会和旁边的工友说上一句话，车间里的气氛便显得很愉快。

有一天，董事长来到车间视察工作。因为大家早早听说了这个消息，所以工作时非常认真，不再嬉笑，不再东张西望，一个个零件在工人的手中慢慢变成了一件成品，车间里一派忙碌而严谨的氛围。

董事长对这种场景很满意，边看边不住地点头，他为工人的认真工作而感到欣慰。

忽然，董事长对一旁陪同的经理说："这个车间管理得这么好，我想与车间主任说几句话。"

可经理无奈地告诉他："车间主任因为个人原因，刚好于几天前辞职了。"

经理又抱歉地笑了笑，说："这段时间比较忙，再说这个人选也比较难选，所以到现在还没定下来。"

董事长对这事来了兴趣，反而将了经理一军："要不我给你推荐个人选？"

经理想董事长推荐的人肯定没错，就点了点头。

谁知董事长却指着不远处在生产流水线上工作的一位女孩说："我给你推荐那个小姑娘吧，我看她非常合适。"

这下轮到经理不解了，他想董事长推荐的人不是高学历就是在管理上有一套，想不到却是这个小姑娘。因为这个人选关系到车间的正常运转，经理也不肯轻易答应董事长，便小声地说："这个小姑娘进公司的时间还不长，我看不太妥吧？"

可董事长却反问经理："那你说，她在平日的工作中表现是否优秀？"

经理肯定地点点头。

董事长笑着说："那就对了，你放心吧，选她当车间主任肯定没错。"

见经理还一脸迷惑，董事长解释说："你认真看一下她的工作，就会明白为什么她是合适的人选了。"

的确，那女孩的手脚很麻利，虽说进公司的时间不长，可在操作速度上却丝毫不逊于一旁的老员工，在组装下一个产品时往往也有 3 秒左右的空余时间。可在等待下一个组装品时，其他人总是眼看着履带上的产品，唯有她，总是利用这 3 秒端详一下手里的产品，而等她放下手里的产品时，履带上的产品又正好来到。当然，经理也知道，这个女孩在利用这 3 秒检查自己的组装是否还有瑕疵，因为流水线上任何一道工序上的失误都会导致整个产品成为次品。

董事长又笑着说："我是第一次看到这个女孩，可第一眼我就知道这个女孩是个不错的人选。"

经理在一旁笑道："董事长，你可真是慧眼识英才啊。"

经理的话是真心的，丝毫没有恭维董事长的意思，因为他明白，多余的 3 秒时间虽说很短，可这3秒完全能反映一个员工对工作的态度，它让人的优缺点暴露无遗。

多余的3秒，其实不是多余的。利用好多余的3秒，这是一种责任，也是一种执着。利用好了这多余的3秒，那成功就会在不远处向我们招手。

高素质员工并不是普通的符合要求的员工，而是将其智能与精力集中在工作上，将每件事情都做得尽善尽美，从而使每个普通岗位发挥最大能量，为公司获取最大化利润的员工。

【思考讨论】

（1）案例中的董事长在选择车间主任时，主要看重什么？
（2）结合自己的亲身体会，谈谈如何将每件事情都做得尽善尽美。

【案例7-10】 这也是面试

【案例描述】

北京某外企招聘，其报酬丰厚，要求也严格。很多优秀的毕业生前来应聘，希望能够被这家外企录用。最后，几个高学历的年轻人过五关斩六将，几乎就要如愿以偿了。他们还有最后一关。

最后一关是总经理亲自面试，成败在此一举，大家既紧张又兴奋。

面试这天，他们都精神抖擞、意气风发，一字排开站在总经理的办公桌前。谁知道，这时总经理对这些前来参加面试的年轻人说："我有点急事，你们等我几分钟。"

总经理走后，几个踌躇满志的年轻人围住总经理的大办公桌，你翻看文件，我翻看来信，没一人闲着，甚至还有人说话带脏字、随地吐痰。几分钟后，总经理回来了，宣布说："面试已经结束，很遗憾，你们都没有被录用。"

几个年轻人大惑不解，有人问道："面试还没开始呢！"

总经理说："我不在期间你们的表现，就是面试。你们在这段时间的表现太随便了，不经他人同意随意翻动他人物件，大声喧哗，说话也不太文明！本公司不能录用习惯不好的人。"

几个年轻人辩解道："我们在工作的时候不会这样！再给我们一次机会吧！"

总经理摇了摇头，说："我们认为，一些在平时生活中不注重细节、不讲究细节的人无法对公司的发展做出贡献。你们在平时已经养成了这样的习惯，那么你们在工作的时候也不会有太大改进。这样的人并不是我们公司需要的，所以我感到很遗憾！"

这些年轻人全傻了。因为从小到大，没有人告诉他们这一常识，更谈不上习惯养成。他们认为这些事是再正常不过的，所以也就不加注意。而正是因为他们的随意，才养成了"不拘小节"的习惯，谁知道，这竟是他们失败的原因。

【思考讨论】

在日常生活和工作中，存在许多重要但不为人们所注意的细节，只有认识这些细节并注意做好它们，才能在职场上找到自己的位置。在公司里工作，员工大部分干的都是"小事"，因此必须养成关注细节的习惯。如果不关注细节，是很难将工作做到最好的，还很可能因为一件小事影响公司的大局。

强调细节，正是因为细节微不足道，但举足轻重，关系成败。成功与失败，常常就差在那么一点点的细节处理上。成功前来叩门有时也是因为在细节处理上做得完美。

（1）案例中没有一人通过最后一关面试的原因是什么？
（2）如果你是被面试者之一，在总经理不在场的情况下，你应如何表现？
（3）平时生活中"不拘小节"的习惯，你认为会带来哪些不良后果？

活动教育

互动交流

【话题7-1】 细节是什么

请扫描二维码，浏览并理解"细节"的相关观点，然后以"关注细节"为题准备演讲稿，每个小组选派一人上台进行主题演讲。

【话题7-2】 如何做一个注重细节的员工

请扫描二维码，浏览并理解"做一个注重细节的员工"的相关观点，然后以"如何做一个注重细节的员工"为题准备演讲稿，每个小组选派一人上台进行主题演讲。

【话题7-3】 职场上应关注哪些工作细节

"太山不让土壤，故能成其大；河海不择细流，故能就其深。"同样，在我们的工作中也是这个道理，凡成大事者必须从小事做起，注意每个细节问题。细节就像"一粒沙""一滴水"，把工作中的细节做好做透，日积月累，成功才会来陪伴你，你才能成就伟大的事业。

请扫描二维码，浏览并熟知"职场上应关注哪些工作细节"，先在小组内研讨未来的职场应注意哪些工作细节，然后在全班分享小组观点。

【话题7-4】 提高时间管理能力

时间对于每个人来说都是有限的，只有善于管理时间的人，才能让有限的时间发挥最大的效益。事实上，任何一个成功者都是时间管理的高手。

以下25个方面，哪些你做得好、哪些还需要改进？请如实回答。

（1）每天都留出一点时间，以供做计划和思考工作如何开展。
（2）有书面和明确的远期、中期、近期计划，并经常检查计划执行情况。
（3）把每天要做的事情按重要程度排序，并尽量先完成重要的事情。
（4）在一天工作开始前，已经编好当天的工作次序，拟订每日计划。
（5）用工作成绩和效果来评价自己，而不单纯以工作量来评价自己。

（6）把工作注意力集中在目标上，而不是集中在过程上。
（7）在获得关键性资料后马上进行决策。
（8）采取某些措施以减少无用资料和刊物占用你的时间。
（9）只有在不可避免的情况下才利用书面形式处理事情，一般选用电话沟通形式。
（10）采取某些措施以减少无用资料和刊物占有你的办公桌。
（11）强迫自己迅速做出决策。
（12）你认为时间很宝贵，所以从来不在对失败的懊悔和气馁上浪费时间。
（13）经常或定期进行时间统计。
（14）你的行动取决于自己，而不是取决于环境或他人。
（15）随身携带一些读物和空白卡片，以便在排队等待时随时阅读或记录心得。
（16）养成了凡事马上行动、立即就做的习惯。
（17）尽量对每项工作只做一次处理。
（18）善于应用节约时间的各种工具。
（19）积极地设法避免访客、会议、电话等干扰。
（20）当天工作结束时，总要检查一下哪些工作没有按原计划进行，并分析原因。
（21）在召开会议前，总要考虑是否存在取代该次会议的各种途径。
（22）将重要的工作安排在你工作效率最高的时间做。
（23）将时间分段，找出自己一天中的最佳时段。
（24）定期检查自己的时间支配方式，以确定有无各种浪费时间的情形。
（25）开会时，总要设法提高会议效率与效果。

在时间管理上做得好的方面，我们要继续保持；还需要改进的方面，制订计划并立即进行整改。

团队活动 ▶

【活动7-1】读《德胜员工守则》，学细节工作精神

美国哈佛大学出版社前几年在全球推广了一本特别的书——《德胜员工守则》。是的，不用怀疑，它是一本守则。

德胜洋楼的董事长聂圣哲说过："中国人注重写意性，说白了就是随心所欲。但做企业一定不能随心所欲，要一板一眼、一笔一画。"

因为上下同心共同遵守这本《德胜员工守则》，员工近千人的德胜洋楼只有数十位脱产的高管，创造了管理神话。

如果你想了解德胜洋楼是如何管理的，先看看这本《德胜员工守则》吧，然后写下自己的心得体会。

【活动7-2】坚持培养细节工作精神

关注细节，说起来容易，但坚持起来是有难度的，关注细节是需要特别培养的一种工作精神。

首先将自己在生活、学习和工作中常见的细节一一列出，然后从以下方面尝试改进，并持久坚持，直到形成良好的习惯。

（1）端正态度。

很多事情的关键不是你能不能做好，而是你肯不肯努力去做。要想学习或工作出色，必须端正你的学习态度或工作态度。

（2）适当的心理暗示。

有些同学缺乏自信，总是觉得自己学习不好或工作做得不好，结果真的就做不好。你应该多给自己一点心理暗示，告诉自己我能处理好这些事情，只要一步一步来，将每个细节都做好就不会有问题。

（3）保持桌面的整洁。

保持桌面的整洁，有助于你有条不紊地开展工作。

（4）坚持每天写工作日志。

安排好每天的工作，按照轻重缓急排列好，完成的和未完成的都逐一标注。

（5）及时总结经验。

工作出现失误，及时总结经验。把失误的原因写下来，看看有哪些是因为疏忽大意造成的，杜绝再犯。

【活动 7-3】 时间都去哪儿了

【活动目的】 认识时间及时间管理的意义。

【活动内容】

（1）描述时间消费。

（2）分割时间。

（3）重新调整时间。

（4）欣赏歌曲《时间都去哪儿了》。

【活动过程】

（1）描述时间消费。发给每位学生一张 100 厘米长的纸条，代表一天（24 小时），请学生描述自己一天的时间消费。

（2）分割时间。学生听完老师的描述后，根据自己在该项活动中所花费的时间长短剪裁纸条，并在剪裁下来的纸条上标明用途。最后，学生查看手中的纸条，了解还剩多少时间用于学习（除去睡觉时间、吃饭时间、洗漱等个人卫生时间、聊天及打电话时间、上网时间、玩游戏时间、玩手机时间、购物逛街时间、娱乐时间、发呆时间……），并讨论以下问题。

① 时间安排合理吗？你的学习时间够用吗？为什么？

② 休闲活动占了多大比重？你自己满意这样的安排吗？

③ 哪些活动可以少占用些时间？需要采取什么措施？

④ 别人浪费你的时间了吗？你浪费别人的时间了吗？

（3）重新调整时间。讨论：

① 面对结果，你有何打算？

② 理想的时间消费应该是怎样的？

③ 如果再做一次活动，应该如何合理地使用时间？

(4)欣赏歌曲《时间都去哪儿了》。

【活动总结】

每个人都是时间的消费者,人们消费时间的过程不是几何中单向的一条射线,而是一个立体的系统。人要生存,就要吃饭、睡觉等。人生的不少时间是在工作、学习中消费的,它构成了硬性规定的工作、学习日程表。除工作、学习外,人还要丰富自己的生活,享受人类创造的精神文化成果,从事娱乐、社交等活动。时间对于我们来说,并不是不够用,只是我们不知道如何有效地使用它。有效的时间管理能让我们事半功倍。因此,把握时间是学生有效学习的关键,我们应把时间用在最有价值或最有助于自己达成目标的事情上。

【活动7-4】 高效利用时间,努力成为时间管理高手

人生最宝贵的两项资产,一项是头脑,另一项是时间。无论你做什么事情,即使不用脑子,也要花费时间。因此,管理时间的水平高低,会决定你事业的成败。如何根据你的价值观和目标管理时间,是一项重要的技巧。它使你能控制生活、善用时间,朝自己的方向前进,而不至于在忙乱中迷失方向。

请扫描二维码,浏览并熟知时间管理的相关内容,从今天开始尝试高效利用时间,努力成为时间管理高手。

【活动7-5】 在学生宿舍推行6S管理

宿舍是学生学习和生活的重要场所,是学校教育学生的主要基地。学校要强化宿舍的育人功能,积极推行6S管理,创建幸福之家。

请扫描二维码,浏览并熟知宿舍6S管理标准,并按此标准在学生宿舍推行6S管理,定期进行考核评比。

【活动7-6】 在实训(实验)室推行7S管理

实训(实验)室是学生学习和工作的重要场所,是学校教育学生的主要基地。学校要强化对实训(实验)室的管理,积极推行7S管理。

请扫描二维码,浏览并熟知实训(实验)室7S管理标准,并按此标准在实训(实验)室推行7S管理,定期进行考核评比。

(1)整理:区分需要的和不需要的事或物,对实训场地不必要的物品进行整理、清除,同时清除不正确的思想意识。

(2)整顿:将需要的物品配置齐全,并明确地对其进行标识,按规定对物品进行科学的定位、定量、整齐摆放,达到标准化的放置要求,用完物品后及时复位。

(3)清扫:各责任人将实训场地打扫干净,使场地保持无垃圾、无灰尘、无脏污、无异味、干净整洁,按照"谁使用、谁负责"的原则,并防止产生其他污染。

(4)清洁:维护整理、整顿、清扫的工作成果,并对其实施的做法予以标准化、制度化、持久化,使7S活动形成惯例和制度。

(5)素养:通过整理、整顿、清扫、清洁等合理化的改善活动,帮助全体学生养成守标准、守规定的良好习惯,永远保持妥当的行为,进而促进学生素养的全面提升。

（6）安全：遵守纪律，提高安全意识，每时每刻都树立"安全第一"的观念，做到防患于未然。

（7）节约：合理利用财物，并发挥其最大效能，讲究速度和效率，创造出一个高效率、物尽其用的实训环境。

总结评价

改进评价

1. 个人素养评价

请扫描二维码，浏览并熟知表 W7-4 所示的"个人素养评价表"。参照该评价表，对自身的素养进行评价，结合自身真实情况在"自我评价"列中做出选择。

2. 学生宿舍 6S 管理考核评价

请扫描二维码，浏览并熟知表 W7-5 所示的"学生宿舍 6S 管理考核评价表"。参照该评价表，对所在宿舍进行考核评价。

3. 实训（实验）室 7S 管理考核评价

请扫描二维码，浏览并熟知表 W7-6 所示的"实训（实验）室 7S 管理考核评价表"。参照该评价表，对实训（实验）室进行考核评价。

4. 办公场所 6S 管理考核评价

请扫描二维码，浏览并熟知表 W7-7 所示的"办公场所 6S 管理考核评价表"。参照该评价表，对办公场所进行考核评价。

5. 企业生产现场 7S 管理考核评价

请扫描二维码，浏览并熟知表 W7-8 所示的"企业生产现场 7S 管理考核评价表"。参照该评价表，对企业生产现场进行考核评价。

6. 企业生产现场 7S 管理效果评价

请扫描二维码，浏览并熟知表 W7-9 所示的"企业生产现场 7S 管理效果评价表"。对该评价表进行分析，你认为这些效果是否明显？

自我总结

经过本单元的学习与训练，针对关注细节方面，在思想观念、理论知识、行为表现方面，你认为自己哪些方面得以改进与提升，将这些成效填入表 7-5 中。

表 7-5　关注细节方面的改进与提升成效

评 价 维 度	改进与提升成效
思想观念	
理论知识	
行为表现	

单元 8

防微杜渐、确保安全

"隐患险于明火,防范胜于救灾。"安全事故的发生往往只是一瞬间,却可能摧毁我们最宝贵的生命,与其亡羊补牢,不如防微杜渐。

美国著名安全工程师海因里希提出了"海因里希法则",即 300∶29∶1 法则。这一法则主要应用于安全管理领域,即在一件重大的事故背后必有 29 件轻微事故及 300 个潜在的隐患。可怕的是,若对潜在性事故毫无觉察,则会导致无法挽回的损失。不安全行为不是凭空就有的,任何安全事故都是有迹可循的。如果每个事故的隐患和苗头都能受到重视,那么每次事故都可以避免。俗话说"小洞不补,大洞吃苦",做安全工作,应善察"蚁穴",及时堵塞,不致酿成"决堤之灾"。

根据大量的案例分析,人的不安全习惯来自人的安全知识不足、安全意识不高和安全习惯不佳。对任何存在安全隐患的行为,都要及时发现并予以纠正,不可存在侥幸心理,要做到"安全教育天天讲,事故隐患日日防"。要防止重大事故的发生,就必须减少和消除无伤害事故,要重视事故的苗头和未遂事故,否则终会酿成大祸。

安全是企业的生命,是家庭幸福和谐的根本。一起安全事故,对企业来讲,是损失惨重的,对家庭来讲,是一场无法弥补的灾难,不是用损失所能衡量的。面对铁的事实和血的教训,更加坚定了实现安全生产、消除安全隐患的决心,这就要求我们对任何事故隐患都不能有丝毫大意,要想尽一切办法把事故隐患和苗头消灭在萌芽状态,确保安全生产和工作。确保生产和工作安全必须善于见微知著、小中见大,从小事做起,一步一个脚印,逐项抓好落实。另外,要做到"未雨绸缪",防患于未然。

高校开展的大学生安全教育是一项系统工程,需要社会、学校、家庭的通力合作、共同配合,才能达到对大学生进行安全教育的目的。大学生安全教育是构建和谐校园、平安校园的基础工程,它与大学生的生活息息相关,直接影响着大学生在校的生活质量及健康成长。大学生安全教育问题是完善高等教育、培养合格人才应有的内容之一,也是大学生个人急需正视和重视的问题。如今,许多大学生安全责任意识淡薄,安全知识缺乏。如何通过加强安全教育提高大学生的安全意识、普及安全知识已成为当代大学生急需重视的问题。

课程思政

本单元为了实现"知识传授、技能训练、能力培养与价值塑造有机结合"的教学目标,从教学目标、教学过程、教学策略、教学组织、教学活动、考核评价等方面有意、有机、有效地融入安全意识、防范意识、法纪意识、责任意识 4 项思政元素,实现了课程教学全过程让学生在思想上有正向震撼、在行为上有良好改变,真正实现育人"真、善、美"的统一、"传道、授业、解惑"的统一。

自我诊断

自我测试

【测试 8-1】 大学生安全常识测试

请扫描二维码，浏览并完成大学生安全常识测试题。

在线测试

【测试 8-2】 安全用电测试

请扫描二维码，浏览并完成安全用电测试题。

在线测试

【测试 8-3】 消防安全测试

请扫描二维码，浏览并完成消防安全测试题。

在线测试

【测试 8-4】 交通安全测试

请扫描二维码，浏览并完成交通安全测试题。

在线测试

【测试 8-5】 食品安全测试

请扫描二维码，浏览并完成食品安全测试题。

在线测试

【测试 8-6】 安全生产测试

请扫描二维码，浏览并完成安全生产测试题。

在线测试

分析思考

表 8-1 中列举了部分用电、消防、交通方面的不良行为，请自查这些不良行为你是否曾有过，如果还有其他的不良行为，请填写在表格的空行中。

表 8-1 不良行为自查

序 号	不良行为描述	不良行为自查
1	乱拉电线，乱接电源，使用禁用电器	
2	使用蜡烛等明火照明用具	
3	在教室、宿舍及公共场合吸烟	
4	在宿舍使用煤油炉、液化炉、酒精炉等灶具	
5	使用电炉、"热得快"等大功率电器	

续表

序　号	不良行为描述	不良行为自查
6	使用假冒伪劣及不合格电器	
7	过马路时不看交通信号灯，与机动车抢道通行	
8	不按规定靠道路右侧行走，随意行走在机动车通道	
9	过马路不走人行横道、过街天桥、地下通道	
10	翻越或倚坐人行道、车行道和铁道路口的护栏	
11	在道路上追车、强行拦车和抛物击车	
12	过马路或下公交等大型车辆时，从车头部位绕行	
13	在道路上追逐、嬉闹，边行走边听音乐或接打电话	
14	乘坐超载车辆、黑车、摩托车等安全系数低的机动车	
15	乘车时将身体伸出窗外	
16	乘车时将废弃物扔出窗外	
17	校园内骑车冲坡	
18		
19		
20		

自主学习

熟知标准

1. 企业安全用电规范

请扫描二维码，浏览并熟知"企业安全用电规范"。

2. 消防安全规范

请扫描二维码，浏览并熟知"消防安全规范"。

3. 行人交通安全规范

请扫描二维码，浏览并熟知"行人交通安全规范"。

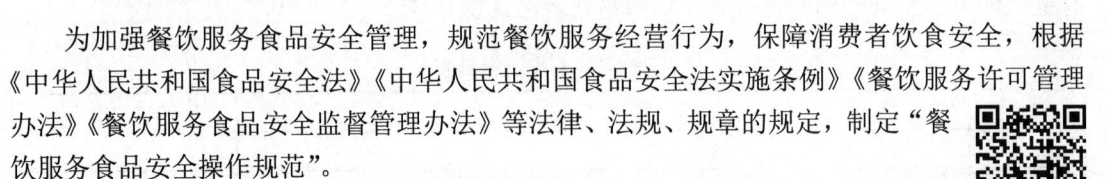

4. 餐饮服务食品安全操作规范

为加强餐饮服务食品安全管理，规范餐饮服务经营行为，保障消费者饮食安全，根据《中华人民共和国食品安全法》《中华人民共和国食品安全法实施条例》《餐饮服务许可管理办法》《餐饮服务食品安全监督管理办法》等法律、法规、规章的规定，制定"餐饮服务食品安全操作规范"。

请扫描二维码，浏览并熟知"餐饮服务食品安全操作规范"。

5. 食品加工安全操作规范

"食品加工安全操作规范"应包括对采购验收、运输、贮存、粗加工、切配、烹调、备餐及凉菜配制、水果拼盘制作、生食海产品加工、面点制作、餐饮器具消毒保洁等加工工序的具体规定和操作方法的详细要求。

请扫描二维码，浏览并熟知"食品加工安全操作规范"。

6. 企业安全生产工作标准

请扫描二维码，浏览并熟知"企业安全生产工作标准"。

7. 企业员工安全生产行为规范

请扫描二维码，浏览并熟知"企业员工安全生产行为规范"。

明确目标

在校期间，每位学生都要提高防范意识，学会自我保护，服从老师的管理，自觉遵守校纪校规，同学之间要相互沟通、相互帮助，在安全方面实现以下目标。

（1）保管好个人的贵重物品（计算机、手机、钱包、银行卡、各类证件等），经常提醒自己不将贵重物品随便放在桌、床上，应放在抽屉、柜子里并锁好，外出时不放在外衣口袋内，随身提包、背包等应置于胸前位置。

（2）不用自己的生日、学号、电话号码等作为各类证件的密码，密码不泄露给任何人，银行卡等不和身份证放在一起。

（3）养成随手关门窗和水电的好习惯。无论何时，只要宿舍没有人，都要将宿舍内断水断电；不违规使用电器及乱拉电线。

（4）离开教室、图书馆、食堂等场所时，将手机、钱包、钥匙等随身带上。

（5）严格遵守交通法规，过马路注意观察，走人行横道，不闯红灯，不驾驶违规车辆，不翻越护栏，不乘非法营运车辆，不骑车追逐打闹等。

（6）严格遵守学校规章制度，不私自租房；养成良好的生活习惯，注意饮食卫生。

（7）提高防诈骗意识，防范校园诈骗，不贪小便宜，不网贷。

（8）谨慎交友，避免以感情代替理智。

（9）当发生财物被盗事件时，要保护好现场，及时向保卫处报告或向公安机关报案；发现线索不扩散、不私了，积极配合公安机关破案。

（10）当发生财物被骗事件时，要冷静面对，记住有关信息，马上向保卫处报告或向公安机关报案；及时通知亲朋并挂失有关证件，避免继续受骗。

榜样激励

【案例8-1】 感动中国十大人物之救火英雄王锋

【案例描述】

救火英雄王锋，男，1978年12月19日出生，汉族，河南省南阳市方城县广阳镇古城

村人，郑州大学计算机专业毕业。

2016年5月18日凌晨，一场突如其来的大火打破了南阳市卧龙区西华村居民小区的宁静。睡在一楼的王锋一家四口是最早被惊醒的人，王锋带着女儿第一时间跑出去，之后立刻折回头救出妻子和儿子。想到二楼住着的托教老师和两个学生，王锋毫不犹豫再次冲入火海，并把他们安全送出。楼上还有房东一家四口，还有十几个邻居，王锋在爆炸声中第三次冲入火海，挨家挨户敲门示警。楼里20多个人得救了，而原本最容易逃生出去的王锋却被重度烧伤，成了"炭人"，烧伤面积达98%。

从楼前到巷口，50多米的距离，王锋留下的一连串带血的脚印，见证了他的临危不惧与舍生忘死。从本能的反应到二入火海见义勇为，再到三入火海人性光辉的绽放，王锋用嘶哑的声音和带血的大脚，为西华村那栋楼20多位沉睡的住户，擂响一串逃生的警钟，跑出了一条生命的通道，谱写出了一曲无私无畏的英雄壮歌。王锋的事迹被广为传颂，社会各界踊跃捐助。虽经多方救治，但因严重感染，在顽强坚持了136天后，王锋于2016年10月1日因多脏器衰竭不幸病逝。

【思考讨论】

大火无情人有情，百折不挠的钢铁意志让生命的光辉无限绽放。王锋早已成为大家心目中的榜样。一位茫茫人海中的普通市民，却用不平凡的行为感动着千千万万的人。

《感动中国》评选委员会给予王锋的颁奖词是："面对一千度的烈焰，没有犹豫，没有退缩，用生命助人火海逃生。小巷中带血的脚印，刻下你的无私和无畏。高贵的灵魂浴火涅槃，在人们的心中永生。"

《感动中国》颁奖现场，方城县委书记褚清黎说："第一次冲入火海救出妻子和孩子，这是亲情使然，第二次冲入火海救出学生和老师，这是责任使然，第三次冒着生命危险冲入火海救出邻居，这是人性的光辉。王锋精神感动中国，王锋精神永远是我们战胜困难、坚毅前行的不竭动力！"

（1）敬于心，动在身，王锋的优秀事迹给了你哪些启示？
（2）如果你是着火现场的一员，你是否也会像王锋一样舍命救人？
（3）你认为王锋因火场救人而牺牲是否值得？

【案例8-2】 母子三人落入冰窟！十余人自发拉起"生命锁链"

【案例描述】

2018年1月7日下午，唐山市丰润区曹雪芹文化园的大观湖上呈现感人一幕：结冰的湖面上，十几位市民手拉手结起"生命锁链"，奋勇救起不慎落水的母子三人。

回忆起当天的情景，参与救援的唐山市建设集团职工满晓猛仍感到惊心动魄："那天是周日，公园里的人比较多，结冰的湖面上有许多人在滑冰、坐冰车，我和朋友高秀伟一起带着孩子在这里玩。"

"大约四点钟，我突然听到有人喊救命，回头一看，只见不远处坐在冰车上的一个大人和两个孩子已经落入了冰窟里。"满晓猛清楚记得令自己毛孔炸开的惊险一瞬，"那个妇女抱着一个三四岁的小女孩在水中挣扎，时沉时浮，旁边一个十来岁的小男孩手扒着断裂的冰沿使劲喊救命。"

见此情景，满晓猛和高秀伟来不及思考，马上冲了过去。同时他们看到，一位离冰窟最近的中年男子已经先他们一步靠近了小男孩，并一把抓住小男孩的胳膊将其拽了上来。紧接着，中年男子又转回头帮助水中眼看就要体力不支的妇女和孩子。

此时，满晓猛、高秀伟和越来越多的游人向事发地点围拢过来。满晓猛回忆，当时有几个人就近拿起救援工具快速跑向事发地点，有的拿着绳子，有的拿着木棍。为了防止冰层坍塌，十几位市民手挽手从冰面到岸边，拉成了20多米长的"人体锁链"，牢牢地与冰窟边上正在施救的中年男子"链"在一起，将木棍迅速传递到施救最前端。

中年男子将木棍伸向小女孩，让小女孩攥住木棍，妇女则将其往上一托，众人顺势将小女孩拉了上来。随后，中年男子再将木棍递给妇女，大家一起用力将其拽上了岸。"短短三分钟，三人就被成功救上岸，一对夫妇赶忙脱下自己的羽绒服，给两个孩子包裹在身上。"满晓猛回忆道。

说起参与救人一事，满晓猛一直说"这没啥"，反而对那个冲在最前面的中年男子及众多救援者赞誉有加。"那几分钟确实是挺惊险的，可谓千钧一发，脚下的冰层断裂声不时响起，但没有一个人退缩，每个人的心里都只有一个念头，就是一定要把人救上来。"满晓猛说，后来他才得知，事发地点水深至少两米，"但为了救人，那一刻大家都豁出去了！"后经了解，被救者系母子三人，因营救及时，均无大碍。

【思考讨论】

舍己救人，是中华民族传统美德，对于我国的社会主义精神文明建设有着重要的作用。

（1）结冰的湖面上，十几位市民手拉手结起"生命锁链"，奋勇救起不慎落水的母子三人，这给了你哪些启示？

（2）如果类似事件出现在你身边，你是否也会毫不犹豫地成为"生命锁链"中的一环，迅速参与救人，而没有更多考虑自身的安危？

知识学习 ▶

1. 安全意识

所谓安全意识，就是人们头脑中建立起来的生产必须安全的观念，也就是人们在生产活动中对各种各样有可能对自己或他人造成伤害的外在环境条件的一种戒备和警觉的心理状态。

2. 安全用电常识

（1）不靠近高压带电体（高压线、变压器旁），不接触低压带电体。

（2）不用手或导电物（如铁丝、钉子、别针等金属制品）去接触、探试电源插座内部。

（3）不用湿手扳开关、插入或拔出插头，不用湿手触摸电器，不用湿布擦拭电器。

（4）不随意拆卸和安装电源线路、插座、插头等。哪怕安装灯泡等简单的事情，也要先切断电源。

（5）安装、检修电器应穿绝缘鞋，站在绝缘体上，且要切断电源。

（6）禁止用铜丝代替保险丝，禁止用橡皮胶代替电工绝缘胶布。

（7）在电路中安装触电保护器，并定期检验其灵敏度。

（8）雷雨天时，不使用收音机、电视机且拔出电源插头，拔出电视机天线插头；暂时不使用电话，如一定要用，可用免提功能。

（9）严禁乱拉乱接电线，禁止在宿舍使用电炉、"热得快"等电器。

（10）不在架着的电缆、电线下面放风筝和进行球类活动。

（11）电器使用完毕后应拔出电源插头；插拔电源插头时不要用力拉拽电线，防止电线的绝缘层受损造成触电；电线的绝缘层脱落，要及时更换新线或用绝缘胶布包好。

（12）发现有人触电要设法及时切断电源，或者用干燥的木棍等物将触电者与带电的电器分开，不要用手去直接救人。

3. 安全用电标志

明确统一的标志是保证用电安全的一项重要措施。统计表明，不少电气事故是由于标志不统一而造成的。例如，由于导线的颜色不统一，误将相线接到设备的机壳上，而导致机壳带电，酿成触电伤亡事故。

请扫描二维码，浏览并熟知"安全用电标志"。

4. 家庭安全用电常识

请扫描二维码，浏览并熟知"家庭安全用电常识"。

5. 学生宿舍安全用电常识

请扫描二维码，浏览并熟知"学生宿舍安全用电常识"。

6. 火灾逃生自救常识

当火灾发生时，情况非常紧急，稍有不慎就会危及生命，所以一旦遇到火灾，一定要理智地选择最佳的逃生方式。不同的楼层、不同的位置、不同的现场环境、不同的火势，逃生方式都可能不一样，这时一定要沉着冷静，迅速对各种逃生方式进行评估，确定其可行性后再进行逃生自救。

请扫描二维码，浏览并熟知"火灾逃生自救常识"。

7. 火灾逃生自救方法

当火灾发生时，如果被大火围困，可用以下几种逃生自救的常用办法。

（1）熟悉环境法：了解和熟悉我们经常或临时所处建筑物的消防安全环境。

（2）迅速撤离法：一旦听到火灾警报或意识到自己可能被烟火包围时，要立即跑出房间，切不可延误逃生良机。

（3）通道疏散法：楼房着火时，应根据火势情况，优先选用最便捷、最安全的通道和疏散设施，如防烟楼梯、封闭楼梯、室外楼梯等。

（4）暂时避难法：在无路可逃的情况下，应积极寻找暂时的避难处所，切断毒烟来源，以保护自己，择机撤离。

（5）毛巾保护法：逃生时可把毛巾浸湿后叠起来捂住口鼻，以过滤炙热的空气和产生的毒烟，穿越烟雾区，逃离火灾区。

8. 学生宿舍如何预防火灾发生

（1）不违章用电，不乱拉电线，不乱接电源，不使用禁用电器。

（2）不使用蜡烛等明火照明用具，台灯不要靠近枕头和被褥。

（3）不在教室、宿舍及公共场合吸烟，不乱丢烟头、火种。

（4）不在宿舍存放易燃易爆物品。

（5）不在宿舍擅自使用煤油炉、液化炉、酒精炉等灶具。

（6）不使用电炉、"热得快"等大功率电器。

（7）不在楼道堆放杂物，不焚烧杂物。

（8）不使用假冒伪劣及不合格电器，嗅到电线胶皮的煳味，要及时报告，并采取必要的措施。

（9）使用电器必须有人看管，做到人走断电、关灯。

（10）遇火灾险情，先关闭房内电源，并拨打校内报警电话，可视火情拨打"119"报警。

9. 校园常见的火灾类型

请扫描二维码，浏览并熟知"校园常见的火灾类型"。

10. 灭火的基本方法

灭火就是设法打破可燃物质、助燃物质和着火源三者之间的必然联系。

请扫描二维码，浏览并熟知"灭火的基本方法"。

11. 火灾的类型及合适的灭火器具

（1）A类指含碳固体火灾。可选用清水灭火器、酸碱灭火器等。

（2）B类指可燃液体火灾。可选用干粉灭火器、1211灭火器、二氧化碳灭火器等。

（3）C类指可燃气体火灾。可选用干粉灭火器、1211灭火器、1301灭火器等。

（4）D类指金属火灾。目前尚无有效灭火器。

（5）E类指带电燃烧的火灾。可选用干粉灭火器、1211灭火器、1301灭火器、二氧化碳灭火器等。

12. 灭火器保管与使用的注意事项

（1）应放置在被保护物品附近，干燥通风和取用方便的地方。

（2）要注意防止受潮和日晒。

（3）灭火器各连接部件不得松动，喷嘴塞盖不能脱落，保证密封性能良好。

（4）灭火器应按规定的时间进行检查。

（5）灭火器使用后必须进行再充装。

13. 交通事故逃生自救常识

（1）发生交通事故，被困在所乘车辆中时，可击碎车窗玻璃逃生。

（2）从所乘车辆中逃出后，要远离事发地点，防止因车辆着火、爆炸而造成伤害。

（3）逃生后要迅速报警或拦截车辆救助其他未逃生人员。

（4）所乘车辆着火时，应先防止吸入烟气窒息，再设法逃生。

14. 骑自行车交通安全常识

请扫描二维码，浏览并熟知"骑自行车交通安全常识"。

15. 驾驶机动车交通安全常识

请扫描二维码，浏览并熟知"驾驶机动车交通安全常识"。

16. 乘车安全常识

（1）乘车时要先下后上，候车要排队，按秩序上车，不要拥挤以免踩伤。

（2）车停稳时才能上下车，不能抢车、扒车。

（3）下车后要等车开走后再行走，如要横穿马路，一定要在确保安全的情况下穿行。

（4）乘车时不可将头或手伸出窗外，以免受到伤害。

（5）不乘坐超载车辆，不乘坐无载客许可证、运行证的车辆。

（6）不准携带易燃易爆等危险品乘坐公共汽车、出租车、长途汽车、地铁、火车等交通工具。

17. 横穿马路安全常识

横穿马路，可能遇到的危险因素会大大增加，应特别注意安全。

（1）横穿马路时，要听从交警的指挥，要遵守交通规则，做到"绿灯行，红灯停"。

（2）横穿马路时，要走人行横道，在有过街天桥和地下通道的路段，应自觉走过街天桥和地下通道。

（3）横穿马路时，要走直线，不可迂回穿行；在没有人行横道的路段，应先看左边，再看右边，在确认没有机动车通过时才可以横穿马路。

（4）不要翻越道路中央的安全护栏和隔离墩。

（5）不要突然横穿马路，特别是马路对面有熟人、朋友呼唤，或者自己要乘坐的公共汽车已经进站时，千万不能贸然行事，以免发生意外。

18. 大学生交通安全事故的主要表现形式

请扫描二维码，浏览并熟知"大学生交通安全事故的主要表现形式"。

19. 交通信号灯的判断

在繁忙的十字路口，四面都悬挂着红、黄、绿三色交通信号灯，它是不出声的"交通警察"。红灯是停止信号，绿灯是通行信号。交叉路口，几个方向来的车都汇集在这儿，有的要直行，有的要拐弯，到底让谁先走，这就要听从交通信号灯的指挥。

（1）绿灯亮时，准许车辆、行人通行。

（2）红灯亮时，不准车辆、行人通行。

（3）黄灯亮时，不准车辆、行人通行，但已超过停止线的车辆和已经进入人行横道的行人，可以继续通行。

20. 交通标线的判断

在道路上，用油漆画的各种各样颜色的线条是"交通标线"。道路中间长长的黄色或白色直线，叫"车道中心线"，它是用来分隔来往车辆，使它们互不干扰的。车道中心线两侧的白色虚线，叫"车道分界线"，它规定机动车在机动车道上行驶，非机动车在非机动车道上行驶。

在路口四周有一根白线是"停止线"，红灯亮时，各种车辆应该停在这条线内。道路上由白色平行线（像斑马纹那样的线条）组成的长廊就是"人行横道线"。行人在这里过马路比较安全。

21. 食品安全常识

（1）购买食品时，注意食品包装上有无生产厂家、生产日期，是否过保质期，是否标明食品原料、营养成分，有无 QS 标志，不能购买"三无"产品。

（2）打开食品包装，检查食品是否具有应有的感官性状。不能食用腐败变质、油脂酸败、霉变、生虫、污秽不洁、混有异物或其他感官性状异常的食品，若蛋白质类食品发黏，碳水化合物有发酵的气味或饮料有异常沉淀物等均不能食用。

（3）不到无证摊贩处购买盒饭或食物，减少食物中毒的隐患。

（4）注意个人卫生，饭前便后洗手，自己的餐具常洗净消毒，不用不洁容器盛装食品，不乱扔垃圾，防止蚊蝇滋生。

（5）少吃油炸、油煎食品。

22. 预防食源性疾病的建议

请扫描二维码，浏览并熟知"预防食源性疾病的建议"。

23. 常见的饮食卫生误区

（1）用白纸包食物。

（2）用酒消毒碗筷。

（3）抹布清洗不及时。

（4）用卫生纸擦拭餐具。

（5）用毛巾擦干餐具或水果。

（6）将变质食物煮沸后再吃。

（7）把水果烂掉的部分剜掉再吃。

请扫描二维码，浏览并熟知"常见的饮食卫生误区"。

24．地沟油的鉴别

所谓地沟油，泛指在生活中存在的各类劣质油，如回收的食用油、反复使用的炸油等，长期食用可能引发癌症，对人体的危害极大。食用植物油一般可以通过看、闻、尝、听、问5个方面进行鉴别。

请扫描二维码，浏览并熟知"地沟油的鉴别"。

25．安全使用 Wi-Fi 的注意事项

目前，很多餐饮娱乐等公共场合已提供免费 Wi-Fi 服务。由于安全措施较差，黑客可通过网络监听、密码攻击、会话劫持、脚本注入和后门植入等方式进行攻击，从而盗取各类账号和密码。公共场合的 Wi-Fi 安全问题不容忽视。

（1）关掉共享，不要自动连接 Wi-Fi 网络。在不需要上网时，及时关闭手机 Wi-Fi 信号，避免手机自动连接 Wi-Fi 引发不必要的安全隐患，或者将 Wi-Fi 连接设置改为手动。

（2）使用手机安全软件对 Wi-Fi 进行安全检测或开启 Wi-Fi 安全通道。

（3）尽量不使用陌生 Wi-Fi 网购。在公共 Wi-Fi 下登录最好不要涉及支付、财产相关账号和密码，即便当前 Wi-Fi 较为安全。如非要登录，可将手机切换至当前网络状态。

（4）个人社交账号和密码及网上银行密码等信息要定期更改，防止因其他网站信息泄露而造成支付账户的资金损失。

26．保护用具的分类

一定要使用操作安全规则上所规定的保护用具。保护用具有以下几种。

（1）面具、口罩：防止气体或飞沫吸入。

（2）眼镜：遮光、防止飞沫附着。

（3）手套：防止直接接触。

（4）绝缘垫、绝缘手套：防止电感应。

（5）耳罩：阻隔噪声。

（6）安全带：预防高处跌落。

（7）安全帽：预防砸伤。

27．紧急报警电话与报警注意事项

（1）110 报警电话。讲清楚案发的时间、方位，你的姓名及联系方式等。要保护现场，以便民警到场后提取物证、痕迹。

（2）119 火警报警电话。准确报出失火方位。如果不知道失火地点名称，应尽可能说清楚周围明显标志，如建筑物等，同时应派人在主要路口等待消防车。

（3）122 交通事故报警电话。必须准确报出事故发生的地点及人员、车辆伤损情况。

（4）120 医疗急救求助电话。应说清楚病人所在方位、年龄、性别和病情。尽可能说明病人典型的发病表现，尽可能说明你的特殊需要，了解清楚救护车到达的大致时间，准备接车。

28. 拥挤踩踏事故的应急处置

在空间有限且人群相对集中的场所，如体育场馆、狭窄的街道、楼梯等，遇到突发情况，就容易发生拥挤踩踏事故。遇到拥挤踩踏事故时应如何处置呢？

请扫描二维码，浏览并熟知"拥挤踩踏事故的应急处置"。

29. 火灾事故的应急处置

人员密集场所发生火灾时采取何种措施？

请扫描二维码，浏览并熟知"火灾事故的应急处置"。

30. 电梯事故的应急处置

电梯事故的应急处置要点有哪些？

（1）电梯速度不正常时，应两腿微微弯曲，上身向前倾斜，以应对可能受到的冲击。

（2）电梯突然停运时，不要轻易扒门爬出，以防电梯突然运行。

（3）被困电梯内时，应保持镇静，立即用电梯内警铃、对讲机或电话与有关人员联系，等待外部救援。如果报警无效，可以大声呼叫或间歇性地拍打电梯门。

（4）如电梯运行途中发生火灾，应使电梯在就近楼层停靠，并迅速从楼梯逃生。

课堂教学

观点剖析

1. 学生宿舍哪些用电行为属于违规用电

学生宿舍违规用电行为主要有以下几种。

（1）使用未经批准的大功率电器和不安全电器，如电热杯、电炉、"热得快"、电烤火炉、电热水壶、电饭煲、电炒锅、电热毯及其他可能导致超负荷用电和安全系数较低的电加热器具。

（2）使用带有严重安全隐患的假冒伪劣电器、"三无"产品或无 3C 认证标志的电器产品。

（3）不正确、不安全的用电和使用电器行为，如乱接临时电源线路，乱动配电设施、照明灯具，拔插电源接口时靠近可燃物（如蚊帐、枕头、被褥等），电器长期处于通电状态，继续使用老化或故障电器等。

2. 学生宿舍为什么不能使用大功率电器

（1）学生宿舍属于公共住宿场所，涉及公共安全利益，使用大功率电器极易引起电线超负荷，造成电流增加、电线发热、绝缘层老化加速，当温度大于 250℃时，绝缘层会发生自燃，并与电线分离，造成短路而发生火灾事故。

（2）学生宿舍供电线路、配电设施较为薄弱，客观上不允许使用大功率电器。

3. 为什么不能乱拉乱接电线

（1）在乱接电线的过程中因错误接线容易造成事故，或者因连接不牢固造成接触电阻过大而引发火灾事故。

（2）导线的设计容量是有限的，乱接电线造成接入过多的负荷，容易因超负荷而造成火灾。

（3）乱拉乱接电线，容易与被褥、蚊帐、床铺、书本、衣物等物品混杂，而发生漏电或触电。

4. 学生宿舍失火原因有哪些

学生宿舍失火原因主要有以下几点。

（1）不注意用电安全，在宿舍乱拉乱接电线，擅自使用大功率电器、违规电器、不安全电器、不达标电器，致使电线过载变热起火。

（2）将计算机、充电器、接线板等放在枕头下或被褥中，用纸罩或衣物遮盖台灯等灯具，使用电器长时间不断电等导致火灾。

（3）在宿舍擅自使用煤炉、液化炉、酒精炉、蜡烛等明火引发火灾。

（4）在宿舍、床上或卫生间等处吸烟、乱丢烟头、焚烧杂物引发火灾。

5. 哪些火灾不能用水扑救

请扫描二维码，浏览并熟知"哪些火灾不能用水扑救"。

6. 手机电池及充电器"引火"的原因有哪些

（1）手机电池本身原因。

电池内部在设计或生产过程中存在瑕疵和缺陷，导致电池本身在不充电、不放电的情况下发生自燃或爆炸。

（2）电池长期过充。

手机电池在特殊的温度、湿度及接触不良等情况或环境下可能瞬间放电产生大量电流，引发自燃或爆炸。

（3）电路短路。

充电器在工作时，要把高电压转换成低电压，如果充电器长时间在插座上不拔，而它又没连接到手机，这就是在"空载"，"空载"时同样有电流通过。充电器长期不拔，"空载"会导致充电器老化。如果充电器质量不高，就容易引起短路，引发火灾、爆炸、意外触电等。

7. 手机如何正确充电

（1）手机充电时间不宜过长。

（2）充电前，要确保插座、插头干燥，检查充电数据线有无破损。

（3）充电时，千万不要使用手机。

（4）充电中的手机上不要覆盖任何东西。

（5）要尽量选择有人在时充电，若充电过程中手机出现温度过高、煳味等异常情况时能及时处理。

(6) 充电完毕后，要及时拔下充电器，避免因长时间将手机充电器插在插座上造成电路短路，引起火灾。

8. 学生宿舍失火怎么办

请扫描二维码，浏览并熟知"学生宿舍失火怎么办"。

9. 高层建筑失火怎么办

请扫描二维码，浏览并熟知"高层建筑失火怎么办"。

10. 大学生乘车时如何提高防范意识

请扫描二维码，浏览并熟知"大学生乘车时如何提高防范意识"。

11. 如何判别伪劣食品

(1) 防"艳"。
(2) 防"白"。
(3) 防"长"。
(4) 防"反"。
(5) 防"小"。
(6) 防"低"。
(7) 防"散"。
请扫描二维码，浏览并熟知"如何判别伪劣食品"。

12. 如何清洗果蔬上的残留农药

请扫描二维码，浏览并熟知"如何清洗果蔬上的残留农药"。

13. 哪些原因可导致食物中毒等食源性疾病发生

(1) 冷藏方法不正确，如将煮熟的食物长时间存放于室温下冷却，把大块食物贮存于冰柜中，或者冷藏温度不够。
(2) 从烹调到食用的间隔时间太长，使细菌有足够的繁殖时间。
(3) 烹调或加热方法不正确，加热不彻底，食物中心温度低于70℃。
(4) 由病原携带者或感染者加工食物。
(5) 使用受污染的生食物或原辅料。
(6) 生熟食物交叉污染。
(7) 在室温条件下解冻食物。
(8) 厨房设备、餐具清洗与消毒方法不正确。
(9) 食用了来源不安全的食物。
(10) 加工制备后的食物受污染。

14. 接触直接入口食物的操作人员在哪些情形下应先洗手

接触直接入口食物的操作人员在以下情形下应先洗手。
(1) 处理食物前。

（2）上厕所后。

（3）接触生食物后。

（4）接触受到污染的工具、设备后。

（5）咳嗽、打喷嚏或擤鼻涕后。

（6）处理动物或废弃物后。

（7）触摸耳朵、鼻子、头发、面部、口腔或身体其他部位后。

（8）从事任何可能污染双手的活动后。

15. 如何绿色、文明、安全上网

（1）慎信他人。不要轻信网上的人讲的话。

（2）慎护隐私。不要轻易发布个人身份信息。

（3）慎收邮件。不要打开来历不明的邮件。

（4）慎会网友。不要单独与网友会面。

（5）远离色情。不要浏览色情网站。

（6）远离网吧。通过学校或家庭等途径上网，不要进入网吧、"黑网吧"等场所。发现"黑网吧"或接纳未成年人上网的正规网吧，积极向市场监督管理部门举报。

（7）培养文明的网络素养和网络道德。未征得别人同意，不要随意改变计算机的设置或删除别人的文件；在网络上交谈或写电子邮件的时候，保持礼貌与良好的态度。

（8）切忌沉迷。安排好健康的作息时间，切不可沉迷上网或玩游戏。

16. 如何提高防诈骗意识，防范校园诈骗

为增强大学生的防范意识、提高其防骗识骗能力，要提醒大学生警惕兼职刷单、高考招生、助学金、校园贷和网购退款 5 类多发性电信网络诈骗，切实维护自身财产安全和合法权益。

请扫描二维码，浏览并熟知"如何提高防诈骗意识，防范校园诈骗"。

17. 使用网上银行的安全防范措施

网上银行因其快捷方便的特点正越来越多地被人们所使用，但其存在的安全隐患往往被忽略。应提醒广大师生加强自我保护意识，采用正确、安全的操作方式，在操作过程中杜绝安全隐患。

请扫描二维码，浏览并熟知"使用网上银行的安全防范措施"。

18. 大学新生防骗有哪些秘籍

开学季针对准大学生的骗术都有哪些呢？该如何识别和防范？

请扫描二维码，浏览并熟知"大学新生防骗有哪些秘籍"。

感悟反思

【案例8-3】 "4·28"胶济铁路特别重大交通事故

【案例描述】

2008年4月28日4时41分,北京开往青岛的T195次旅客列车运行至山东境内胶济铁路周村至王村间时脱线,第9节至第17节车厢在铁路弯道处脱轨,冲向上行线路基外侧。此时,正常运行的烟台至徐州的5034次旅客列车刹车不及,最终以每小时70千米的速度与脱轨车辆发生撞击,机车的第1节至第5节车厢脱轨。胶济铁路特别重大交通事故造成72人死亡,416人受伤,已经被认定是一起人为责任事故。

国务院"4·28"胶济铁路特别重大交通事故调查组认为,胶济铁路特别重大交通事故是一起典型的责任事故,济南铁路局(现为中国铁路济南局集团有限公司)在这次事故中暴露出两点突出问题:一是用文件代替限速调度命令;二是漏发临时限速命令,从而造成事发列车(北京开往青岛的T195次旅客列车)在限速每小时80千米的路段上实际时速居然达到了131千米,每小时超速51千米。这充分暴露了一些铁路运营企业安全生产认识不到位、领导不到位、安全生产责任不到位、安全生产措施不到位、隐患排查治理不到位和监督管理不到位的严重问题;同时也反映了基层安全意识薄弱,现场管理存在严重漏洞,安全生产责任没有得到真正落实。

这起铁路事故的主要原因是调度命令传递混乱。济南铁路局于2008年4月23日印发了《关于实行胶济线施工调整列车运行图的通知》,其中含对该路段限速每小时80千米的内容。这一重要文件距离实施时间28日零时仅有4天,却在局网上发布。对外局及相关单位以普通信件的方式邮递,而且把北京机务段作为抄送单位。这一文件发布后,在没有确认有关单位是否收到的情况下,2008年4月26日济南铁路局又发布了一个调度命令,取消了多处限速命令,其中包括事故发生段。

济南铁路局列车调度员在接到有关列车司机反映现场临时限速与运行监控器数据不符时,济南铁路局于2008年4月28日4时02分补发了该路段限速每小时80千米的调度命令,但该命令没有发给T195次列车乘务员,漏发了调度命令。而王村站值班员对最新临时限速命令未与T195次列车司机进行确认,也未认真执行车、机联控。与此同时,T195次列车乘务员没有认真瞭望,错失了防止事故发生的最后时机。

很多事故的发生,看似偶然,但除去其中少数确系"天灾"的因素,实际大多可归为"人祸"。"这起列车相撞事故,不管最终认定原因如何复杂,但可以毫无疑问地说,这不是天灾,是人祸!"济南铁路局一位负责运输管理的工程师说,这需要认真加以反思。

"4·28"胶济铁路特别重大交通事故就像一面展板,反映出我们的部分干部员工的规则意识多么淡薄。层层责任人竟然都视规则制度而不见,这样的不作为,损害的不仅是自身的前途,更使几百人的生命财产遭受重大损失,教训何其惨痛!

【感悟反思】

(1)"4·28"胶济铁路特别重大交通事故暴露了一些铁路运营企业的哪些问题?铁路运营企业的从业人员应如何提高规则意识、安全意识和责任意识?

（2）在实训、实习场所，在现场管理、制度执行、安全生产等方面，你是否发现了急需改进的漏洞？针对所发现的问题是否建议有关部门进行整改？

【案例 8-4】 "5·15"天津中医药大学火灾事故

【案例描述】

1. 事故经过

2017 年 5 月 15 日 20 时 30 分许，天津中医药大学租借的天津大学卫津路校区学生宿舍 35 斋失火。

2. 事故处置

消防部门接到报警时，起火位置位于宿舍楼的四层，当时现场仍有浓烟冒出，房顶仍有零星的明火冒出，周围聚集多人围观，不断有消防员进入现场进行扑救。

截至 2017 年 5 月 15 日 22 时许，卫津路校区学生宿舍 35 斋明火已被扑灭。

3. 事故原因

据现场保安介绍，晚上 8 点多巡逻的时候，火已经起来了，保安值班人员已经将现场封锁，开始组织学生疏散，具体的起火原因怀疑是用电问题。现场学生也反映，因 35 斋宿舍是木质结构，火灾事故有可能是由学生违规使用电器引发的。

2017 年 5 月 15 日 22 时 05 分，火被扑灭，无人员伤亡。

【感悟反思】

学生宿舍是一个集体场所，是一个人口密度极大的聚居地，任何一场火灾都可能造成重大后果，带来无法挽回的财产损失和人身伤害。火灾大都是由个别学生违规用火、用电器而引发的，给其他住宿学生造成了重大影响。

（1）为了住宿学生的生命财产安全，宿舍内严禁使用劣质电器、非安全电器、无 3C 认证的产品及其他危害公共安全、不适宜在集体宿舍内使用的大功率电器。请反思平时你是否违规使用过"热得快"、电炉等大功率电器。

（2）观察或调查一下，你周围的学习场所、实习场所、住宿场所还有哪些火灾隐患？大家积极行动起来，赶快消除这些火灾隐患。

【案例 8-5】 轻信被骗钱

【案例描述】

2018 年的某日，某高校发生两起诈骗大学生钱财的案件，共骗走人民币 3000 余元。犯罪嫌疑人说普通话，年龄在 20 岁左右（两男一女）。作案手段是主动与学生搭话，自称是某知名高校学生，因课题研究来到本地，与导师失散，所带的钱已用完，骗得学生信任后，以吃住急需用钱为由，向学生借现金或储蓄卡，并称家里会将钱汇到该卡上，从而骗钱得逞。

【感悟反思】

诈骗犯罪团伙成员的诈骗手段并不高明，但屡屡得手，值得深思。犯罪分子利用的是大学生的同情心，利用了大学生没有社会经验、涉世未深，同学们在遇到此情况时应当多问几个为什么。例如：犯罪分子是否有学生证，是否具备大学生所学专业的素质？犯罪分子为什么在上课期间出来办事或找同学？

（1）你是否曾遭遇过类似的诈骗？你是如何识别犯罪分子，成功防范诈骗的？

（2）如果你遭遇过类似的诈骗，你有什么高招可识破犯罪分子，不让诈骗得逞？

各抒己见 ▶

【案例8-6】"7·23"甬温线特别重大铁路交通事故

【案例描述】

2011年7月23日20时30分，北京南开往福州的D301次动车组列车运行至甬温线上海铁路局（现为中国铁路上海局集团有限公司）管内永嘉至温州南间，与前行的杭州开往福州南D3115次动车组列车发生追尾事故。在这起事故中，D301次动车组列车第1节至第4节车厢脱轨坠落桥下，其中1节车厢悬空；D3115次动车组列车第15节至第16节车厢脱轨。事故造成40人死亡、172人受伤。

经调查认定，"7·23"甬温线特别重大铁路交通事故是一起因列控设备存在严重设计缺陷、上道使用审查把关不严、雷击导致设备故障后应急处置不力等因素造成的责任事故。事故发生的主要原因如下。

1. 通信信号集团公司设备存在设计缺陷和隐患

通信信号集团公司所属通信信号研究设计院在LKD2-T1型列控设备研发中管理混乱，通信信号集团公司作为甬温线通信信号集成总承包商履行职责不力，致使为甬温线温州南站提供的设备存在严重设计缺陷和重大安全隐患。

2. 原铁道部招标、上道使用审查把关不严

原铁道部在LKD2-T1型列控设备招投标、技术审查、上道使用等方面违规操作、把关不严，致使其上道使用。雷击导致列控设备和轨道电路发生故障，错误地控制信号显示，使行车处于不安全状态。诱因是雷电把甬温线一处铁路地面设备保险打断，本来按常规，出现故障后应"导向安全"，但由于电路设计存在问题，结果造成故障升级，迂回电路错误发码，将红码发成绿码，原本出现故障后应自动亮出的停车红灯变成了行车绿灯。

3. 作业人员安全意识不强、处置不力

上海铁路局相关作业人员安全意识不强，在设备故障发生后，未认真正确地履行职责，没有通过车站的无线电呼叫，故障处置工作不得力，未能起到可能避免事故发生或减轻事故损失的作用。

【各抒己见】

（1）了解"7·23"甬温线特别重大铁路交通事故发生的原因后，谈谈预防类似事故发生应从哪些方面建立与严格执行相关制度和规则。

（2）如何理解"安全责任重于泰山"这一说法？

【案例8-7】 "8·19"徐玉玉被电信诈骗案

【案例描述】

2016年高考，徐玉玉以568分的成绩被南京邮电大学录取。8月19日16时30分左右，她接到了一通陌生电话，对方声称有一笔2600多元助学金要发放给她。按照对方要求，徐玉玉将准备交学费的9900元打入了骗子提供的账号……发现被骗后，徐玉玉万分难过，和家人去派出所报了案。在回家的路上，徐玉玉突然晕厥，不省人事，虽经医院全力抢救，但仍没能挽回她18岁的生命。2016年8月27日，徐玉玉被电信诈骗案的头号犯罪嫌疑人投案自首。

【各抒己见】

（1）"8·19"徐玉玉被电信诈骗案的教训深刻，谈谈公安部门和高校应如何加大宣传力度，提醒、警示大学新生防范诈骗，应采取哪些强有力的措施事前控制诈骗案的发生，加大打击诈骗犯罪的力度。

（2）作为大学新生和在校大学生，应如何提高防范诈骗的意识和能力？

【案例8-8】 "12·31"上海外滩踩踏事故

【案例描述】

1. 事故简介

2014年12月31日23时35分，正值跨年夜活动，因很多游客及市民聚集在上海外滩迎接新年，上海市黄浦区外滩陈毅广场东南角通往黄浦江观景平台的人行通道阶梯处底部有人失衡跌倒，继而引发多人摔倒、叠压，致使踩踏事故发生，造成36人死亡，49人受伤。

2. 事故经过

2014年12月31日23时30分，警方从监控探头中发现外滩陈毅广场上下江堤的一个通道上，发生人员滞留的情况，立即调集值班警力赶赴现场。之后，民警遭超大规模拥挤人流的阻隔，采取了强行切入的方式，赶到事发中心所用的时间比正常时间多5~8分钟。

原来，22时37分，外滩陈毅广场东南角北侧人行通道阶梯处的单向通行警戒带被冲破以后，现场值勤民警竭力维持秩序，仍有大量市民及游客逆行涌上观景平台。

23时23分至33分，上下人流不断对冲后在阶梯中间形成僵持，继而形成"浪涌"。

23时35分，僵持人流向下的压力陡增，造成阶梯处底部有人失衡跌倒，继而引发多人摔倒、叠压，致使踩踏事故发生。有处于高处的民众意识到了危险，挥舞手臂让其他人后退。楼梯上的人和赶到救援的民警开始呼喊让台阶上的人群后退，但声音太小并没有起到多大作用。于是，更多的人被层层涌来的人浪压倒，情势开始失控。

23时40分，眼见下面的人处于危险，站在墙头的几个年轻人开始号召大家一起呼喊："后退！后退！"楼梯上端的人群察觉到了下面的危险，人流涌动的趋势开始减慢并停止。十分钟后，人群有了后退的趋势，然而压在下面的人已经渐渐不支，当人群终于散开时，楼梯上已经有几十人无力地瘫倒在那里，救援人员立即进行呼喊和心肺复苏。

23 时 50 分，越来越多的民警赶到，试图从下端往外拉拽被压得动弹不得的人，但根本拉不动。

23 时 55 分，所有倒地没有受伤的人都站了起来。现场的哭喊与尖叫声和呼叫救护车的声音混成一团，赶来的医务人员和附近的热心市民对每个倒地的人进行呼喊和心肺复苏，试图进行抢救。

3. 事故原因

2015 年 1 月 21 日，上海市公布"12·31"外滩踩踏事故调查报告，认定这是一起对群众性活动预防准备不足、现场管理不力、应对处置不当而引发的拥挤踩踏并造成重大伤亡和严重后果的公共安全责任事件。

【各抒己见】

大学生经常参加人数众多的群众性活动，如体育比赛、演唱会、报告会等，为了避免类似"12·31"上海外滩踩踏事故的悲剧发生，谈谈活动举办方和参与人员分别应采取哪些措施进行现场管理并处理安全事件。

【案例 8-9】 网上交友不慎而被骗

【案例描述】

一女生在网上聊天时认识一个网友，两人见过几次面后，该网友自称是同校大二的学生，家住本市，父亲是某局局长，家庭条件很好，并以各种理由向这个女生借钱。后来，这个网友消失得无影无踪。派出所接到报案后立即开展调查，最后将犯罪嫌疑人抓获。经审查，这名 22 岁的男子，编造假名、假身份上网聊天，骗得网友信任后，以各种理由借钱，每次骗完一个网友后，立即改名。他以同样的手段骗了 4 名大学女生。

【各抒己见】

大学生自我意识的发展及远离家乡和亲人的现状，使其与人交往的愿望变得更加强烈，上网聊天、交朋友便成为释放情感的一条渠道。而使用互联网的人中，鱼龙混杂，不像大学生上网的动机只是聊天交友那么单纯。公安机关资料统计，因上网交友不慎，导致被骗、被杀的案件呈逐年上升的趋势。因此，大学生要提高警惕，如发现被骗，应及时报案。你认为网上交友是否可靠？网上交友应采取哪些防范措施？网友见面时应采取哪些措施防范被骗？

【案例 8-10】 边听音乐边走路的后果

【案例描述】

某高校学生李某，虽然眼睛近视，但他最喜欢戴着耳机边听音乐边走路，有时候车到了跟前才发觉。同学提醒他要注意，他却当作耳边风。2018 年 6 月的一天下午，他跟往常一样听着音乐走回宿舍，经过一个十字路口时，一辆轿车从他左侧开过来，汽车鸣笛，他丝毫没有避让的意思，结果汽车刹车不及将他撞倒，幸好车速不是太快，否则他性命难保。

【各抒己见】

大学生交通事故频发，大都是因为其思想麻痹、交通安全意识薄弱。我国每年因交通事故死亡的人数达几万人，因交通事故致残的数量更多。作为大学生，一定要牢固树立交通安全意识，掌握基本的交通法规，从根本上预防和减少交通事故的发生。谈谈大学生自身应如何提高交通安全意识，掌握基本交通法规，预防和减少交通事故的发生。

扬长避短 ▶

【案例8-11】 "11·14"上海商学院火灾事故

【案例描述】

1. 事故简介

2008年11月14日清晨6时10分左右，4名女生从上海商学院徐汇校区6楼宿舍阳台跳下逃生，经120急救中心确认身亡。后消防部门全力扑救，于6时30分将火全部扑灭。这起火灾酿成当年最为惨烈的校园事故。

2. 事故经过

2008年11月14日清晨6时10分左右，上海商学院女生宿舍602室冒出浓烟，随后又蹿起火苗，屋内6名女生被惊醒，离门较近的2名女生拿起脸盆冲出门外到公共水房取水，另外4名女生则留在房中灭火。然而，当取水的女生回来后，却发现宿舍门打不开了。因为火场温度高，木制的宿舍门被烧得变了形，被火场的气流牢牢吸住了。

不一会儿，大火越烧越旺，4名穿着睡衣的女生被浓烟逼到阳台上。蹿起的火苗不断扑来，吓得她们惊声尖叫。隔壁宿舍女生见状，忙将蘸过水的湿毛巾从阳台上扔过去，想让被困者捂住口鼻，争取营救时间。宿舍楼下，大批被紧急疏散的学生纷纷往楼上喊话，鼓励4名女生不要慌乱，等待消防员前来救援。可是，在凶猛的火势面前，4名女生逐渐失去了信心。又一团火苗蹿出后，一名女生的睡衣被烧着了，惊慌失措的她大叫一声，从6楼阳台跳下，摔在底层的水泥地上。看到同伴跳楼求生，另外2名女生也等不及了，顾不得楼下男生们"不要跳，不要冲动"的提醒，也纵身一跃，消失在众人的视线中。3名同伴先后跳楼，让最后一名女生没了主意。她在阳台上来回转了几圈后，决定翻出阳台跳到5楼逃生。可她刚拉住阳台外栏杆，还没找准跳下的位置，双臂已支撑不住，一头掉了下去。与此同时，滚滚浓烟灌进了隔壁601宿舍，将屋内3名女生困在阳台上。所幸消防员接警后及时赶到，强行踹开宿舍门，将女生们救了出来。此时，距4名女生跳楼求生不过几分钟时间。

3. 事故原因

上海市公安局于2008年11月14日下午对外发布消息称，当日早上致4名大学生死亡的上海商学院学生宿舍火灾事故原因初步判断为，宿舍里使用"热得快"引发电器故障并将周围可燃物引燃。

上海商学院规定晚上11时至次日清晨6时断电。据知情者介绍，事发前一晚，602室女生曾用"热得快"烧水，晚上11时宿舍断电，6人均忘记将插头拔掉。次日清晨6时恢复供电后，"热得快"开始自行加热，10分钟后，高温引发了电器故障，迸发出的火星不巧落在了女生们晾挂的衣物上，最终酿成事故。据了解，起火的宿舍楼建于2000年，楼内有消防栓，不过大楼内部及公用卫生间内无自动喷淋器。

校方表示，出于安全考虑，学校一直严禁学生使用"热得快"等违规电器，天冷时都会对宿舍进行突击检查，尽管如此，学生偷偷使用"热得快"的现象仍很普遍。每年学校都会收缴一些违规电器，其中以"热得快"居多。

【思考讨论】

（1）导致"11·14"上海商学院火灾事故发生的原因有哪些？

（2）你认为火灾发生时，602室的6名女生应如何逃生？跳楼是否为逃生的唯一方式？

（3）假设你的宿舍不幸发生了火灾，结合宿舍实际情况，你会采取哪些措施灭火？采取哪些措施逃生？

【案例8-12】 支付宝账户余额被盗

【案例描述】

某高校的张同学一次收到淘宝卖家发来的二维码购物信息，扫描该信息后，收到一个无法打开的APK格式的文件，但当他登录支付宝账户后，发现账号已被盗取（余额被盗）。

【思考讨论】

随着智能终端系统的日益盛行，二维码已经成为人们生活中不可缺少的一部分，只要轻轻一扫，就能加好友、装软件、网上购物等。可是，随着木马病毒的不断渗透，二维码也成为一些不法犯罪分子实施犯罪的工具。

二维码本身并不带木马病毒，它只是一种信息编码，但病毒软件可以通过二维码下载的方式植入手机或其他智能系统。如果用户通过扫描二维码等方式下载了这些病毒软件，不知不觉间设备将中毒，绑定扣费软件或携带木马病毒。

消费者在扫码前一定要确认其是否出自知名正规的载体，不要见"码"就扫，应当在手机或其他智能设备上安装防病毒安全软件等，以便实时监控各种运行程序。

你是否曾收到过购物中奖信息、商家的微信红包？你是否真的以为天上掉馅饼？你认为应如何发挥手机在线学习、在线购物、在线欣赏音乐、在线观看电影、在线转账和发红包的优势？应如何克服通过二维码绑定扣费软件或植入木马病毒的不足，避免上当受骗？

活动教育

互动交流 ▶

【话题8-1】 火场如何正确逃生自救

请扫描二维码，浏览并熟知"火场逃生自救十条"。

【话题 8-2】 发生交通事故时当事人该如何处理

交通事故是指车辆驾驶人员、行人、乘车人及其他在道路上进行与交通有关活动的人员，因违反《中华人民共和国道路交通安全法》和其他道路交通管理法规、规章的行为，过失造成人身伤亡或者财产损失的事故。

请扫描二维码，浏览并熟知"发生交通事故时当事人该如何处理"。

【话题 8-3】 发生交通事故时现场急救的注意事项有哪些

发生交通事故抢救伤员时，不要盲目操作，应有要领和顾及轻重缓急，否则可能加重伤情，甚至危及伤员的生命安全。

（1）初步检查、判断伤员的伤情。
（2）现场施救的先后顺序。
（3）防止"二次损伤"。
（4）有危难请拨 110 报警电话。

请扫描二维码，浏览并熟知"发生交通事故时现场急救的注意事项有哪些"。

【话题 8-4】 换手机及手机号前必须做的几件事

换新手机后，卖掉的旧手机中的隐私很容易被别人恢复。曾有人更换手机号后，网络账户中的钱被别人转走。因此，换手机及手机号前，还有很多事要提前做好，否则将来很麻烦。

（1）转卖旧手机前须反复进行格式化，删除信息或刷机。
（2）银行卡、信用卡等绑定更改。
（3）支付宝、财付通、微信、微博、QQ 红包等支付账号的解绑也要及时。
（4）QQ、微信、微博等社交账号解绑。
（5）邮箱账号绑定更改。
（6）携程、去哪儿、途牛等订票网站解绑。
（7）会员卡信息修改。
（8）及时销毁 SIM 卡。
（9）及时注销旧号。

请扫描二维码，浏览并熟知"换手机及手机号前必须做的几件事"。

【话题 8-5】 高校校园常见骗局有哪些

请扫描二维码，浏览并熟知"高校校园常见骗局有哪些"。

【话题 8-6】 高校诈骗案件的预防措施

请扫描二维码，浏览并熟知"高校诈骗案件的预防措施"。

【话题8-7】 个人信息的主要泄露途径有哪些

在这个网络、通信日益发达的信息时代,很多人的个人信息都是透明的,其中有一些甚至是我们自己不经意间泄露出去的!不信,就来看看,你真的会保护好自己的个人信息吗?

泄露途径1:快递单、火车票、银行对账单。
泄露途径2:聊天互动时不小心。
泄露途径3:各类网购、虚拟社区、社交网络账户。
泄露途径4:商家各种促销活动,办理会员卡等。
泄露途径5:招聘网站泄露个人简历中的个人信息。
泄露途径6:身份证复印件滥用。
请扫描二维码,浏览并熟知"个人信息的主要泄露途径有哪些"。

【话题8-8】 校园内如何防止、减少手机和银行卡被盗

(1)手机等贵重物品应妥善保管,手机、钱包要随身携带,手机充电时人应在场。
(2)银行卡密码不要随意告诉他人,并应经常修改密码。同时,密码不使用出生日期、电话号码、上网密码等。
(3)宿舍无人时,晚上睡觉前,门窗要关紧关好。
(4)在公共场合(如教室、餐厅、图书馆)不要用内放有贵重物品的书包等抢占位置。
(5)乘坐拥挤的交通工具时,要时时提高警惕,谨防扒手伺机行窃。
(6)在银行的ATM上取款,输入密码时要留意旁边是否有人,取款凭证不要随意丢弃。

【话题8-9】 个人信息遭泄露后,有哪几种维权方式

个人信息遭泄露后,公民可通过以下3种方式进行维权。
(1)按照《全国人民代表大会常务委员会关于加强网络信息保护的决定》,遭遇信息泄露的个人有权立即要求网络服务提供者删除有关信息或采取其他必要措施予以制止。
(2)个人还可向公安部门、互联网管理部门、市场监督管理部门、行业管理部门和相关机构进行投诉举报。中央网信办(国家互联网信息办公室)违法和不良信息举报中心将专职接受和处置社会公众对互联网违法和不良信息的举报。中央网信办(国家互联网信息办公室)违法和不良信息举报中心的举报热线为12377。
(3)消费者还可依据《中华人民共和国民法典》《中华人民共和国消费者权益保护法》等,通过法律手段进一步维护自己的合法权益,如要求侵权人赔礼道歉、消除影响、恢复名誉、赔偿损失等。

【话题8-10】 造成死亡谁之过

某市电机厂停电整修厂房,并悬挂了"禁止合闸"的标牌。但组长甲为移动行车便擅自合闸,此时在桁架上的职工乙正手扶行车的硬母排导线,引起触电。当组长甲发现并立即切断电源时,职工乙的双手也随即脱离硬母排导线并从3.4米高处摔下,经抢救无效于当夜死亡。

根据学过的安全知识，试分析此事故发生的原因有哪些。

【参考答案】

（1）组长甲严重违反操作规程，擅自合闸通电，是导致事故发生的主要原因。

（2）职工乙在高处作业未系安全带，违反高处作业安全操作规定，是导致事故严重的另一原因。

团队活动 ▶

【活动 8-1】 收集并认识安全标志

安全标志是用以表达特定安全信息的标志，由图形符号、安全色、几何形状或文字构成。安全标志分为禁止标志、警告标志、指令标志、提示标志。

以小组为单位，在校园内或到周边商场、医院、宾馆、火车站等场所收集并认识各类安全标志，如禁止吸烟、禁止跨越、禁止饮用、禁止鸣笛、禁止自行车冲坡、机动车禁止驶入、全线禁止停车、禁止入内等禁止标志，限速、注意安全、当心烫伤、当心触电等警告标志，必须戴安全帽、必须系安全带、必须戴防护眼镜等指令标志，紧急出口、避险处、危险警示、急转弯警示、出租车停靠点、环岛行驶、下行等提示标志，并说明各标志的含义，对增设安全标志提出合理化建议。

【活动 8-2】 收集与分析未来可能从事职业的安全规程

对未来职业安全规程有所了解，不仅是职业准备的重要组成部分，而且是职业院校的学生顺利进入实习岗位和工作岗位的现实需要。

以小组为单位，在分析自己未来可能从事的职业之后，小组成员分工合作，收集未来可能从事职业的安全规程，选择具有典型性的职业安全规程在全班进行展示交流。

【活动 8-3】 正确使用灭火器的演练

（1）干粉灭火器的正确使用。

（2）泡沫灭火器的正确使用。

（3）二氧化碳灭火器的正确使用。

（4）1211 灭火器的正确使用。

请扫描二维码，浏览并熟知"正确使用灭火器的演练"。

【活动 8-4】 火灾烧伤急救演习

演习火灾烧伤时采取的急救措施。

（1）迅速熄灭伤员身体上的火焰，减轻烧伤。

（2）用冷水冲洗、冷敷或浸泡肢体，降低皮肤温度。

（3）用干净纱布或被单覆盖和包裹烧伤创面，切忌在烧伤处涂抹各种药水和药膏。

（4）可给烧伤伤员口服糖盐水，切忌给烧伤伤员喝白开水。

（5）搬运烧伤伤员，动作要轻柔、平稳，尽量不要拖拉，以免加重皮肤损伤。

【活动 8-5】 触电急救演习

演习触电时采取的急救措施。
（1）迅速关闭开关，切断电源。
（2）用绝缘物品挑开或切断触电者身上的电线、灯、插座等带电物品。用带有绝缘柄的钳子将输电线切断。用木板、干橡胶等绝缘物品插入触电者身下。
（3）保持呼吸道畅通。
（4）立即呼叫 120 急救服务。
（5）若呼吸、心跳停止，应立即进行心肺复苏，并坚持长时间进行。
（6）妥善处理局部电烧伤的伤口。

【活动 8-6】 交通事故急救演习

交通事故一旦发生，常有许多人受伤，其中甚至有伤势严重或处于濒死状态的伤员急需抢救。能在现场进行及时正确的救护，对于减轻事故受害者的伤残至关重要。

演习发生交通事故时采取的急救措施。

（1）心肺复苏。

① 保持呼吸道畅通。打开伤员的嘴巴，清理口腔内的异物，保持口腔气道通畅。

② 维持呼吸。检验伤员是否还有呼吸，若伤员已没有呼吸，可立即采取口对口的呼吸方法，每 3~4 秒吹气一次。

③ 恢复血液循环。对心脏骤停的伤员，要立即采取心肺复苏术，抢救者应掌握胸外心脏按压双手配合的正确姿势及按压动作，有节奏地按压心脏。

（2）控制严重出血。

① 直接加压法。用手掌或手指直接按在伤口上，并保持 15 分钟以上。

② 高举法。举起伤员出血的肢体，高于心脏部位，以减缓出血部位的血液流动。有条件的情况下，可在伤口敷一块清毒纱布或垫一块干净的衣物包扎。

③ 压迫止血法。当四肢有严重出血时，可压迫肢体的重要动脉。

总结评价

改进评价

1. 正确处置各类安全事故

对以下各类安全事故的处置过程进行正确排序。

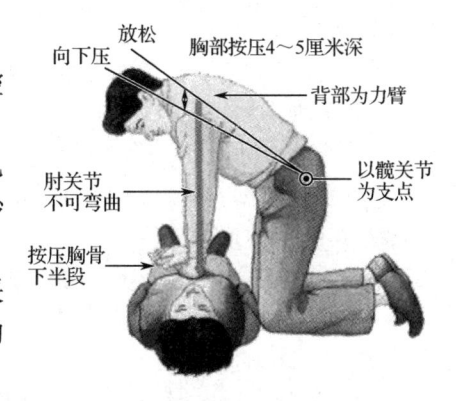

(1) 火灾现场应对处置的基本环节是什么？

① 报警、协助　　② 救援、打120　　③ 扑救、疏散　　④ 安置人员、保护现场

答案：③①②④

(2) 交通事故的报警该按照怎样的步骤进行？

① 拨通交通事故报警电话122

② 说明交通事故发生地的准确地址和事故性质

③ 说明受伤程度

④ 说明肇事车的车牌号码、车型和颜色

答案：①②③④

(3) 交通事故现场应对处置的基本环节是什么？

① 通知家属　　　　　　　　　② 报告、报警

③ 保护现场、记录肇事车的车牌号码　　④ 救人、打120

答案：④③②①

(4) 溺水事故现场应对处置的基本环节是什么？

① 疏散无关人员、维护秩序

② 救人、打120

③ 了解溺水情况、掌握一手材料

答案：②①③

(5) 拥挤踩踏事故善后工作的基本环节是什么？

① 清理现场、恢复秩序　　　　② 接待家属、做好善后

③ 实施心理救助、总结经验　　④ 统计、报告伤亡情况

⑤ 看望伤员、抚慰、治疗

答案：④①⑤②③

(6) 煤气、液化气中毒或爆炸事故应对处置的基本环节是什么？

① 开窗换气　　② 关闭气源　　③ 严禁开关电器、使用明火或手机

答案：②①③

(7) 危险品泄露污染事故现场应对处置的基本环节是什么？

① 设置隔离区　　　　　　　② 控制、切断污染源

③ 消除危害，疏散人、物　　④ 立即报告安监、环保部门

答案：②①④③

2. 交通安全方面有哪些陋习需要改正

注意交通安全，生命不能儿戏！我们一方面感叹城市交通的种种不堪，另一方面常常是交通不和谐的始作俑者。仔细阅读表8-2中列出的各种陋习，如果对号入座，你占几条？经过本单元的学习与改进，有哪些陋习已经改正？

表8-2　交通安全方面的陋习及改正情况

陋　习	描　　述	改正情况
陋习1：争分夺秒、乱闯红灯	横穿马路时不要凑够一撮人就走，不要忽略此时交通信号灯的状态	

续表

陋　　习	描　　述	改正情况
陋习 2：有地下通道或过街天桥不走，偏要横穿行车道和护栏	图省事的心态在任何情况下都是弊大于利。由于持这种心态，很多人冒险横穿马路。要知道，每天都会发生因行人或非机动车冒险横穿马路、护栏导致的交通死亡事故	
陋习 3：鬼探头	行人在过马路时不要忽然从车头窜出，汽车不是说停就能停的	
陋习 4：不看路，边走边打电话	过马路时，不要打电话、刷微博、看微信……你能确保司机一定会看到你吗	
陋习 5：骑电动车闯红灯、逆行与超速	骑电动车闯红灯、逆行、超速带来的事故不忍直视。为了自己与家人的幸福，远离这三种要命的行为	
陋习 6：占用机动车道	非机动车或行人在机动车道上穿插是非常危险的，"各行其道"才是正道	

也许我们管不了刮风下雨，但这些不起眼的不文明行为我们还是可以避免的。不是显示我们多么高尚，即使为了我们自身的性命，也应该告别这些陋习。

自我总结 ▶

经过本单元的学习与训练，针对安全方面，在思想观念、理论知识、行为表现方面，你认为自己哪些方面得以改进与提升，将这些成效填入表 8-3 中。

表 8-3　安全方面的改进与提升成效

评 价 维 度	改进与提升成效
思想观念	
理论知识	
行为表现	

单元 9

敬业担责、奋发有为

　　爱岗敬业作为最基本的职业道德规范之一，是对工作态度的一种普遍要求。敬业是职场中员工最重要的职业竞争力。敬业不仅是一种工作态度、职业能力、职业精神，更是一种使命。一个人是否有作为不在于他做什么，而在于他是否尽心尽力地把所做的事做好。干一行，爱一行，精一行，这就是敬业。敬业精神要求我们恪守职责，扎实、勤恳地做好本职工作。

　　一个能胜任工作岗位要求的员工，首先是一个敬业的员工。敬业的人，能够在单调、重复的工作中找到乐趣，并以最大的热情投入工作中，确保自己工作的完美，同时创造了自己的快乐人生，实现了人生的价值追求。就个人而言，财富和前途来源于敬业；就企业而言，生存和发展来源于敬业；就社会而言，繁荣和进步来源于敬业。

　　勇于担责的精神是改变一切的力量。它可以改变你平庸的生活状态，使你变得杰出和优秀；它可以帮你赢得别人的信任和尊重，从而强化你脆弱的人际关系；更重要的是，它可以使你成为好机会的"座上宾"，频频获得它的眷顾，从而扭转向下的职业轨迹。如果你已经足够聪明和勤奋，但依然成绩平庸，那么请反思自己是否有勇于担责的精神，只要拥有了它，你就可以获得改变一切的力量。

　　强烈的责任感和敬业精神是每位员工做人做事的最基本准则之一，是每位员工拥有良好心态、主人翁意识的判断标准之一，是每个人人生观、价值观的直接体现，是每个人做好工作、获得上司认可和在企业存在价值的前提条件，更是一个人能力发展得到良好提升和未来职业规划向好发展的综合素质的全面反映。

课程思政

　　本单元为了实现"知识传授、技能训练、能力培养与价值塑造有机结合"的教学目标，从教学目标、教学过程、教学策略、教学组织、教学活动、考核评价等方面有意、有机、有效地融入爱岗敬业、敬业精神、责任意识、奉献精神 4 项思政元素，实现了课程教学全过程让学生在思想上有正向震撼、在行为上有良好改变，真正实现育人"真、善、美"的统一、"传道、授业、解惑"的统一。

自我诊断

自我测试

【测试9-1】 敬业程度测试

请扫描二维码,浏览并完成敬业程度测试题。

【计分标准】

选择A选项得分为1分,选择B选项得分为3分,选择C选项得分为5分。

【测评结果】

(1) 得分为80分以上:敬业程度优异。对于工作,你从不偷懒、拖延。不论自己分内的工作有多少,你都会尽心尽力地完成。你对于工作中遇到的问题不会徒劳地抱怨,而且对于艰难的工作,你还会主动请缨、排除万难。对待工作充满激情,一丝不苟。因此,你总是老板的得力助手。

(2) 得分为61~80分:敬业程度上等。对于工作,你除能按时完成外,经常会提前完成,效率很高。对待工作充满激情,尽职尽责。因此,你总能得到老板的赏识。

(3) 得分为41~60分:敬业程度一般。对于工作,你能够按时完成,效率虽然不是很高,但也不会拖大家的后腿。偶尔也会在工作中偷懒、不负责任,但总体来说你还是能够做好分内的事。你要以更积极的态度对待工作,胜任自己的工作,保持良好的精神状态,只有这样才能得到同行的认可。

(4) 得分为40分及以下:敬业程度很低。对于工作,你总是敷衍了事,喜欢依靠其他人。工作积极性不高,经常为自己的失职找借口;头脑里没有对敬业的理解,更不会认为职业是一种神圣的使命。你应该培养对自己所从事职业的兴趣,鞭策自己对工作品质严格要求,并珍惜现有的工作机会,时时自我勉励。同事间互相学习、扶持,养成守本分和务实的观念。

【测试9-2】 忠诚敬业测试

请扫描二维码,浏览并完成忠诚敬业测试题。

【计分标准】

选择A选项得分为5分,选择B选项得分为3分,选择C选项得分为1分。

【测评结果】

(1) 得分为30~50分:很遗憾地告诉你,你的工作态度有问题,忠诚敬业无从谈起,这说明你对目前的工作很不满意。如果实在不想干就走吧,留在现在的工作岗位上,对你个人和企业都是一种损失。

(2) 得分为51~80分:你对工作不太上心,也许你对目前的工作不太满意,也许你选错了职业,或者是你对自己的估计太高。找找原因吧,像这样下去是不行的。几乎可以断定,如果企业裁员,你将是第一批被裁的人。

(3) 得分为81~100分:你对目前的工作比较满意,是一个忠诚敬业的人,但在有些事情的处理上，还需要更有责任感。

（4）得分为 101～130 分：你对目前的工作很满意，无论是在同事眼中，还是在上司眼中，你都是一个忠诚敬业的人。你的付出一定会有回报，坚持下去，成功就在不远处等着你。

（5）得分为 131～150 分：你对目前的工作非常满意，是一个非常忠诚敬业、值得信赖的人。上司除相信他自己外，相信的另一个人可能就是你了。你的工作热情及敬业程度让人钦佩，如果世界上真有"工作狂"，那你就是其中一位。

【测试 9-3】 责任感测试

请扫描二维码，浏览并完成责任感测试题。

【计分标准】

各道测试题答"是"加 1 分，答"否"不加分。

【测评结果】

（1）分数为 17 分及以上：你是一个非常有责任感的人，你行事谨慎、懂礼貌、为人可靠，并且相当诚实。

（2）分数为 12～16 分：大多数情况下你都很有责任感，只是偶尔有些率性，考虑得不是很周到。

（3）分数为 7～11 分：你的责任感有所欠缺，这将使你难以得到大家的充分信任。

（4）分数为 6 分及以下：你是一个完全不负责任的人，你一次又一次地逃避责任，将会造成你每份工作都干不长，手上的钱也老是不够用。

分析思考 ▶

工作态度、敬业程度和担责程度自我评价如表 9-1 所示，对照各自在学习、生活、工作中的表现进行自我评价，在对应列中标识"√"。

表 9-1 工作态度、敬业程度和担责程度自我评价

评价项目	评价要点	自我评价
纪律性	自觉遵守和维护各项规章制度	
	能遵守规章制度，但需要有人督导	
	偶有迟到，但工作兢兢业业	
	纪律观念不强，偶尔违反规章制度	
	经常违反规章制度，被指正时态度傲慢	
责任感	工作非常主动，尽职尽责、任劳任怨、公而忘私、勇于担责	
	工作比较主动，责任感较强，能较好地完成分内工作，能够担责	
	工作主动性一般，有一定的责任感，交付工作需要督促方能完成	
	工作不够主动，有一些本位主义，偶有推卸责任	
	工作很不主动，经常斤斤计较，经常推卸责任	
	缺乏责任感，敷衍了事，态度傲慢，做事粗心大意	

续表

评价项目	评价要点	自我评价
勤勉性	严格遵守规章制度,时间观念非常强,交付工作抢先完成	
	能较好地遵守规章制度,勤奋工作不偷懒,时间观念比较强	
	基本上能遵守规章制度,偶有迟到,有时间观念	
	偶有违反规章制度的现象,借故逃避繁重工作,时间观念一般	
	严重违反规章制度或时间观念很差,时常迟到、早退,工作不力	
积极性	有积极持久的工作热情,能够以主人翁的态度完成工作	
	有工作热情,能主动考虑问题,并主动提出解决办法,对边缘职责范围内之事不扯皮	
	工作有一定的主动性和热情,对于分内之事能较主动完成	
	工作有一定的主动性,但还需要督促	
	工作不主动,缺乏热情,需要不断督促	
爱岗敬业	爱岗敬业,工作能力强,有奉献精神	
	有良好的岗位操守,工作能力较强	
	能遵守岗位操守,没有违反职业道德的行为	
	基本能遵守岗位操守	
工作成效	工作业绩突出,工作有计划、有重点,能很好地履行岗位职责,很好地完成工作	
	工作业绩较好,工作有计划,能较好地履行岗位职责,较好地完成工作	
	工作业绩一般,工作有一定计划,基本能履行岗位职责,基本能完成工作	
	工作业绩一般,工作有一定计划,但计划外的工作有时难以兼顾	
	履行岗位职责有困难,工作有时难以完成	
工作质量	工作质量优,成为技术、业务模范	
	无差错,工作准确无误,没有返工现象	
	绝少差错,工作准确可靠,达到工作要求	
	工作偶尔不到位,工作质量不太稳定,偶尔存在返工现象	
	未达到最低要求,工作常有错误或返工	
工作效率	远远超过效率指标	
	经常提前完成工作,有效控制不利因素	
	在规定时限内按时完成工作,极少要催促,适当控制不利因素	
	偶有工作延期,工作时效性稍逊	
	经常推迟工作进度,工作效率持续低于要求	
安全作业	有很强的安全意识,能提供安全意见	
	有较强的安全意识,作业过程中能照顾他人	
	有安全意识,作业过程中不违章	
	有安全意识,作业过程中偶尔违章	
	安全意识薄弱,作业过程中存在习惯性违章	

自主学习

熟知标准

1. 敬业精神的评价

敬业精神是指具有使命感,热爱工作,认可自己的工作职责,可以全身心投入工作中,尽心尽力采取行动完成工作的精神。其关键点是甘于奉献、不怕辛苦,尽心完成职责范围内的工作。

(1) 敬业精神的评价要素。

敬业精神的评价要素如表 9-2 所示。

表 9-2 敬业精神的评价要素

评价要素	要点描述
遵章守纪	① 遵守企业的各项规章制度,不迟到早退 ② 保证饱满的工作时间,不处理与工作无关的私人事情
认真做事	认真完成工作,保证按时交付成果,符合一定的工作标准
吃苦耐劳	工作中能够吃苦耐劳,不计较得失,以高质量标准要求自己,尽力把工作做到最好
全力投入	① 对工作充满激情,甘于奉献,宁愿放弃休息时间也要按时保质保量地完成任务 ② 在工作中遇到困难时不放弃,会努力克服困难完成任务
甘于奉献	在工作中愿意为了企业或团队的利益付出额外的努力,放弃或牺牲个人利益

(2) 敬业精神的评价标准。

敬业精神的评价标准如表 9-3 所示。

表 9-3 敬业精神的评价标准

等级	行为描述
1 级	对工作较不满意,工作热情不高;不热爱本行业及企业;使命感不强,没有奉献精神;事业心和上进心不足,没有很高的追求;对企业没有很强的认同感和归属感
2 级	比较认同企业文化,有较高的工作热情;爱岗敬业,有较强的使命感;有较强的事业心和上进心,努力追求更好的业绩;愿意为企业利益做出一定的自我牺牲,有较强的归属感
3 级	有较高的工作满意度,对工作热情投入;有较高的工作责任感,立足本职,兢兢业业;有事业心和上进心,不断追求更好的表现与更高的业绩;能够与企业共患难,在组织需要时愿意做出自我牺牲;对企业有强烈的认同感和归属感
4 级	有强烈的主人翁意识,对企业的价值观完全认同;始终保持创业般的工作热情,对工作本身有非常高的满意度;愿意在这个事业上尽其一生精力,不断追求,与组织同甘共苦,愿意在企业面临危机时牺牲自己的任何利益,视事业为生命

2. 责任感的评价

责任感是指认可自己的工作职责,认真地采取行动完成这些职责,并自发自觉地承担工作后果的精神。其关键点是在所负责的工作出现问题时不推诿,勇于担责并设法解决问题。

(1)责任感的评价要素。

责任感的评价要素如表 9-4 所示。

表 9-4 责任感的评价要素

评价要素	要点描述
明确职责	明确自己的工作职责和角色,认识到自己工作的重要性
主动落实	以一种积极主动的姿态处理事情,对职责范围内的工作进展情况及时进行核查,对发现的问题采取必要的行动,以保证工作按要求完成
尽职尽责	当面临需要同时处理职责范围内和职责范围外的任务时,能主动采取应对措施,保证不因为职责范围外的任务而影响职责范围内任务的完成情况
光明磊落	主动公开地承担本职工作中的责任问题,不欺上瞒下,并及时主动地采取补救和预防措施,防止类似的问题再次发生
克己奉公	支持组织战略目标的实现,即使面临巨大压力或个人利益受到损害时,仍能不折不扣地完成工作并承担责任

(2)责任感的评价标准。

责任感的评价标准如表 9-5 所示。

表 9-5 责任感的评价标准

等级	行为描述
1 级	对自己的工作不满意,工作不够投入;对自己的工作认识不够,不知道其重要性,更无法从工作中获得满足感
2 级	对自己的工作有比较充分的认识,工作比较投入、比较热情;能从工作中获得较大的满足感,工作任劳任怨,能为实现团队的目标而牺牲自己的利益
3 级	能够与企业或团队共患难,在组织需要时愿意做出自我牺牲;热爱自己的工作,能够倾情投入;懂得自己的工作对整个企业运作的重要性,尽心尽力;不拘泥于工作本身,心怀全局;工作一丝不苟,有始有终;经常对工作中的问题进行思考,提出建议
4 级	具有强烈的主人翁意识,充分认识到自己工作的重要性,对工作几乎狂热,全力投入;在工作中获得极大的满足感与成就感,愿意为企业贡献自己

明确目标

在敬业担责、奋发有为方面,努力实现表 9-6 所示的各项目标。

表 9-6 敬业担责、奋发有为方面的目标

维度	目标要点描述
责任感	① 熟知岗位职责,工作有始有终,不需要监督 ② 对负责的工作积极主动,全力投入 ③ 正确面对工作失误,勇于承认错误和承担责任,不为工作失误而推卸责任
进取心	① 热爱本职工作,对工作充满热情和信心 ② 不断给自己提出新的目标和要求 ③ 积极学习和贯彻执行各项制度,及时提出合理化建议
积极性	① 为改变现状,能够热情地付诸行动 ② 对分配的工作能够马上执行并完成 ③ 自愿加班 ④ 主动多做工作
纪律性	严格遵守纪律和规章制度,无迟到、早退、缺勤和违反制度行为

榜样激励

【案例9-1】 马班邮路的坚守者

【案例描述】

　　一个人、一匹马、一条路,在绵延数百千米的木里藏族自治县雪域高原上,一个人牵着一匹马驮着邮包默默行走的场景成为当地老百姓心中最生动的印象。多年来,他每个月都有28天一个人孤独而坚毅地行走在大山深处、河谷江畔、雪山之巅;他一个人跋山涉水、风餐露宿,只为了准时将一封封信件、一本本杂志、一张张报纸准确无误地送到每个用户手中……他一个人直面挑战,从不懈怠,只是为了将党和政府的温暖、时代发展的声音及外面世界的变迁不断地传送到雪域高原的村村寨寨……他,就是木里藏族自治县邮政局的一个普普通通的乡邮员;一个多年来每年都有330天以上独自行走在马班邮路上的苗族邮递员;一个在雪域高原跋涉了53万里、相当于走了21趟二万五千里长征的共产党员——王顺友。

　　王顺友担负的马班邮路,山高路险,气候恶劣,一天要经过几个气候带。他经常露宿荒山岩洞、乱石丛林,经历了被野兽袭击、意外受伤乃至肠子被骡马踢破等艰难困苦。他常年奔波在漫漫邮路上,一年中有330天左右的时间在大山中度过,无法照顾多病的妻子和年幼的儿女。他视邮件为生命,从未丢失过一个邮件。为保护邮件,他曾勇斗歹徒,不顾个人安危跳入冰冷的河水中抢捞邮件。他吃苦不言苦,饿了就吃几口糌粑面,渴了就喝几口山泉水,自编自唱山歌,独自走在艰苦寂寞的崎岖邮路上。为了能把信件及时送到群众手中,他宁愿在风雨中多走山路,改道绕行方便沿途群众,从未延误过一个班期,准确率达到100%。他还热心为农民群众传递科技信息、致富信息,购买优良种子。为了给群众捎去生产生活用品,王顺友甘愿绕路、贴钱、吃苦,为大山深处各族群众架起了一座"绿色桥梁",受到群众的交口称赞。

【思考讨论】

　　(1)马班邮路的坚守者王顺友具有强烈的责任感和敬业精神,他的哪些优秀品质值得当代大学生学习?

　　(2)王顺友同志作为一名普通的乡邮员,坚持了多年,有时我们遇到一些困难就退缩或放弃,谈谈如何坚持不懈地做好每件事情。

【案例9-2】 承担责任,让人变得更强

【案例描述】

　　1987年,43岁的任正非集资2.1万元,在深圳创立了华为公司;次年,任正非出任华为公司总裁。随后,任正非凭借持续创新创业的精神,引领华为不断创造商业奇迹,并走出中国,走向世界。如今,华为从一家立足于中国深圳特区的民营企业,稳健成长为世界500强公司。华为的电信网络设备、IT设备与解决方案及智能终端已应用于全球170多个国家和地区。

　　作为华为创始人,任正非成为中国杰出的企业家之一,曾两度登上美国《时代》杂志全球100位最具影响力人物榜单。《时代周刊》曾这样评价他:"任正非是一个为了观念而战斗的硬汉。"

【思考讨论】

(1) 从 1987 年初创到如今成为世界 500 强公司，任正非到底是如何做到的？给了你哪些启示？

(2) 任正非是一位十分成功的企业家，那他又是如何成功的呢？

(3) 作为一位刚进入公司的新人，应如何抓住每次机会，做好每项工作，展示自己的工作能力？

知识学习

1. 爱岗敬业

爱岗敬业作为最基本的职业道德规范之一，是对工作态度的一种普遍要求。爱岗敬业就是认真对待自己的岗位，对自己的岗位职责负责到底，无论在任何时候，都尊重自己的岗位职责，对自己的工作尽心尽力。

爱岗敬业是平凡的奉献精神，因为它是每个人都可以做到的，而且是应该具备的；爱岗敬业又是伟大的奉献精神，因为伟大出自平凡，没有平凡的爱岗敬业，就没有伟大的奉献。

只有爱岗敬业的人，才会在自己的工作岗位上勤勤恳恳，不断地钻研学习，一丝不苟、精益求精，才有可能为社会、为国家做出崇高而伟大的奉献。

2. 爱岗

爱岗就是热爱自己的工作岗位，热爱本职工作，能够为做好本职工作尽心尽力。

热爱是最好的老师，一个人只有真正热爱自己所从事的职业，才能主动、勤奋、自觉地学习本职工作所需的各种知识和技能，才能花精力培养和锻炼从事本职工作的本领，切实把本职工作做好。

职业工作者的职业责任感也是来自对本职工作的热爱。只要真正热爱自己所从事的职业，就能把智力、体力的劳动付出看成是人生的一种乐趣，而不仅是谋生的手段，就能满腔热情、朝气蓬勃地做好每项属于自己的工作，就能在工作中焕发出极大的职业进取心，产生源源不断的动力，全身心地、忘我地投入本职工作，积极主动地完成工作。

3. 敬业

敬业就是要用一种恭敬严肃的态度对待自己的工作，即对自己的工作要专心、认真、负责任。简单地说，就是敬重自己所从事的职业。敬业不仅是一种工作态度、职业能力、职业精神，更是一种使命。敬业是职业工作者对社会和他人履行职业义务的道德责任的自觉行为与基本要求。

当我们以虔诚、敬畏的态度对待我们的工作时，我们就拥有了敬业精神。在现代职场中，员工能否创造佳绩、取得事业的成功，很大程度上取决于其是否具备敬业精神及其敬业程度高低。如果你能在自己的工作中抱有敬业的态度，并且把敬业变成职业习惯，那么你不仅会从中得到无尽的快乐，而且会收获丰厚的回报。

4. 敬业精神

请扫描二维码，浏览并理解"敬业精神"。

5. 责任

责任是一种能力，又远胜于能力；责任是一种精神，更是一种品格。责任是对自己不喜欢的工作，毫无怨言地承担，并认认真真地做好。责任就是对自己所负使命的忠诚和信守，责任就是对自己的工作出色地完成，责任就是忘我的坚守，责任就是人性的升华。

责任对每个人来说都是一种与生俱来的使命，它伴随着每个生命的始终。责任既是最基本的职业精神，又是一个人做事的基本准则；责任不仅是一种优秀品质，更是一种职责和使命。企业需要有能力的员工，更需要既有能力又有强烈责任感的员工。

总之，责任就是做好社会赋予我们的任何有意义的事情。我们的家庭需要责任，因为责任能够让家庭充满爱；我们的社会需要责任，因为责任能够让社会快速、稳健地发展；我们的企业需要责任，因为责任能够让企业更有凝聚力、战斗力和竞争力。

6. 担责

责任是使命的召唤，是能力的体现，是制度的执行。只有能够担责、善于担责、勇于担责的人才是可以信赖的人。承担、履行责任是天赋的职责和使命。

担责是一种优秀的品质。在考察一个人是否有责任感的时候，不是要听他讲得如何动听，而是要看他能否以饱满的精神认真细致地做好自己分内的工作。拥有正确、良好的工作态度，负责、周全地对待每项工作，才是一个合格员工应该具备的最基本条件。

在工作过程中，我们应该要求自己具备这种勇于担责的精神，要想赢得机会，就得勇于担责。一个普通的员工一旦具备了勇于担责的精神，他的能力就能够得到充分的发挥，他的潜力便能够得到不断的挖掘，从而为企业创造出更大的效益。同时，也让他本人的事业不断向前发展。

无论做什么工作，都应该静下心来，脚踏实地地去做。要知道，我们把时间花在哪里，就会在哪里看到成绩。只要我们是认认真真地在做，我们的成绩就会被大家看在眼里，我们的行为就会受到上司和同事的赞赏和鼓励。千里之行，始于足下。任何伟大的工程都始于一砖一瓦的堆积，任何耀眼的成功也都是从一步一步开始的。聚沙成塔，集腋成裘。不管我们现在所做的工作多么微不足道，我们都必须以高度负责的精神做好它，不但要达到标准，而且要超出标准，超出上司和同事对我们的期望。成功就是在这一点一滴的积累中获得的。

每个企业都希望自己的员工是一个勇于担责的人，而我们既然选择了这份工作，就要有一份责任感，清楚自己该承担的责任，明白自己该承担哪些责任，这样的人才能成大器。因此，在职场中最重要的就是遇事勇于担责，如果自己的工作出现了疏漏，就应该勇敢站出来，承担责任，并及时改正错误。

7. 责任感

责任感是企业成长的源泉，是工作出色的动力，是职业精神的核心。

何谓责任感？责任感同责任只差了一个"感"字。何谓感？其中应当包含知觉和态度。责任感是指对自己责任的知觉，以及自觉担负责任的一种态度。

从纵向上看，责任感包括对过去和未来的担当意识。就过去而言，包括勇于承担对某个过失的责任；就未来而言，小到三思过自己将采取的一项行动，大到慎重考虑过自己将选择的人生道路，并准备为这种选择承担后果。

从横向上看，责任感包括一个人对自己和周围所属人群的担当意识。对自己来说，你对自己分内的事清楚吗？是否要求自己完成相应的任务？是否对人生目标做出了慎重思考与选择？对周围所属人群来说，你是否对他们承担起了关心或帮助的义务，并且有"关注他人"的志向与行动？

作为团队的一员，要脚踏实地地干好每件事情，责任感是必须具备的职业素养。在每天的工作中，只有负责地履行职责才能让能力展现最大的价值。缺乏责任感的人，不可能得到发挥才能的舞台，即使一时获得了工作平台也成就不了事业。

8. 责任意识

责任意识是一种自觉意识，责任意识也是一种传统美德，表现得平常而又朴素。我国自古以来就重视责任意识的培养。"天下兴亡，匹夫有责"，强调的是热爱祖国的责任；"择邻而居"，强调的是孟母历尽艰辛、勇于承担教育子女的责任；"卧冰求鲤"，是对晋代王祥恪尽孝道的责任意识的传颂……一个人，只有尽到对父母的责任，才能是好子女；只有尽到对国家的责任，才能是好公民；只有尽到对下属的责任，才能是好领导；只有尽到对企业的责任，才能是好员工。只有每个人都认真地承担起自己应该承担的责任，社会才能和谐运转、持续发展。

课堂教学

观点剖析

1. 敬业提升核心竞争力

敬业是一种责任，责任推动社会发展，全社会的敬业行为，也将推动国家和民族的发展。敬业是一种完美的工作态度，只有敬业的人才能满怀热情、积极主动地工作。

敬业是卓越员工成功的奥妙之所在，是职场中员工的核心竞争力。获取核心竞争力的起点是敬业，一切以企业的利益为上，并在工作中磨炼意志、增长才干、丰富经验，只有这样才能踏上成功的阶梯。在一个人成功的因素中，知识仅占20%、技能占40%、态度占40%，所以我们常说"态度决定一切"，就是这个道理。而态度是什么？简单地讲就是一个人的敬业精神。比尔·盖茨曾说："无论在什么地方工作，员工与员工之间在竞争智慧和能力的同时，也在竞争态度。一个人的态度直接决定了他的行为，决定了他对待工作是尽心尽力还是敷衍了事，是安于现状还是积极进取。态度越积极，决心就越大，对工作投入的心血越多，从工作中获得的回报也就越多。"

成功从来都不是靠天资和运气，而是每天踏踏实实地努力，各行各业的成功者无不是以万分的敬业精神打造出属于自己的一片天空的。对员工来说，具备敬业精神可以促使他们完美地履行责任、圆满地完成任务。这不仅会为他们赢得机遇和财富，还会为他们打开职场之门,从而帮助他们实现人生价值。

2. 乐业是能力提升的原动力

敬业,即忠于职守,是对学业或工作专心致志;乐业,即热爱职业,不仅乐意去做某件事,而且能从中领略出趣味来。

比尔·盖茨曾说:"一个人做什么事都会有成功的希望,只要他肯热心工作,提起兴趣,纵使工作枯燥或繁重,也不会觉得辛苦。一个专门要别人监督他工作的人,永远不会有出人头地的那一天。"

也许你的工作岗位并非你的兴趣所在,也许你的工作内容枯燥乏味,也许你的工作条件艰苦恶劣,但这一切都不能成为阻碍你享受工作乐趣的理由,也不能成为你应付工作的借口,因为这是你的工作,是你应尽的责任。也许你没有更多的职业自由选择权,但以何种心境来处理你的工作可以说是"你的地盘你做主"。当你找到和发现了工作的乐趣后,你会自发地努力工作,会甘心为工作付出更多的时间和精力,会体会到成功后的那份满足感。

3. 唯有能负责,才是真敬业

所谓责任,即分内应做之事。对敬业意识强的人而言,负责是最基本的敬业态度。他勇于担责,能够尽好职责,并且愿意对结果负责。

工作中微小的失误,倘若没有及时改正,就可能给企业带来损失;而一个不起眼的好习惯或好理念,如果能够长期坚持,也能使企业有良好的效益,给员工的人生带来巨大的转机。员工要在自己的工作和生活中从"大处着眼,小处着手",认真落实每个细节,这才是明智的敬业态度。

一个优秀的员工,一个敬业的员工,总是主动承担更多的责任。他不仅敢于面对问题,而且能够很好地解决问题。他应该是这样的:面对艰巨的任务,敢于承担,绝不推诿;执行任务时全力以赴,力求做到最好;没有完成任务时立即承认错误,不找任何借口;完成任务之后总结经验,提升自己,改进工作。

4. 责任就是一个人分内的事情

责任就是天赋的职责和使命,它伴随着每个生命的始终。从根本上讲,任何一项事业的背后,必然存在着一种无形的精神力量,这种力量使我们勇于担责。

请扫描二维码,浏览并剖析"责任就是一个人分内的事情"。

5. 让担责成为职业习惯

责任来源于对自己和他人的承诺,来源于职业的要求,来源于法律的规定,来源于道德的约束等。我们的社会需要责任,我们的家庭需要责任,我们的工作需要责任。只有正确认识个人与社会、工作的关系,明确对自己、对社会、对家庭、对工作应负的责任,做好社会、家庭、工作赋予我们的任何有意义的事情,才能共享幸福美好的生活。

岗位意味着责任,责任感就是竞争力,每个人都要将责任意识根植于心,成为职业习惯。勇于担责可以使你在众多的竞争者中脱颖而出,心怀责任就会拒绝找借口,自发地提高工作效率和执行力,使你的人生轨迹明确、清晰地凸显出来,不会茫然浪费时间和生命。

责任感是现代企业员工必备的职业素养,是企业生存和发展获得竞争优势的基石,任何企业都需要大批能够将担责作为职业习惯的员工。如果你能在工作中拥有强烈的责任感，并将之转化为你的职业习惯，那么你将由此终生获益非凡。正如一位哲人所言："种下思想，收获行动；种下行动，收获习惯；种下习惯，收获品德；种下品德，收获命运。"

大量的调查研究表明，具备将担责作为一种职业习惯的员工都有以下特征：企业利益至上的价值观念、认真负责的职业精神、主动自发的做事态度、勤奋奉献的职业品性、益人益己的诚信行为和不折不扣的高效执行力。

6. 责任感是最基本的职业精神

责任，从本质上说，是一个人与生俱来的使命，它伴随着每个生命的始终。每个人都肩负着责任，对工作、对家庭、对亲人、对朋友，我们都要负一定的责任。正是因为担负着这样或那样的责任，我们才对自己的行为有所约束、有所选择。

请扫描二维码，浏览并剖析"责任感是最基本的职业精神"。

7. 负责本身就是一种能力

请扫描二维码，浏览并剖析"负责本身就是一种能力"。

8. 勇于担责造就品牌员工

一个人的成功，有时并不需要波涛汹涌式的艰难历程，也不需要做出惊天动地的大事。在平凡的工作中，只要你能处处为企业奉献你的真诚和责任，主动自发地用心做好每件事情，久而久之，你就会把自己锻造成品牌员工。而一旦你在企业中确立了自己的品牌形象，你就会成为企业宝贵的人才。

人们常说平凡中孕育伟大，在工作中尽心尽责地做好每件小事，就好比是在打磨颗颗珍珠，而将之穿成美丽项链的那根红绳就是你的责任感。

任何一家想要有所发展的企业都必须拥有一批敬业的员工，没有敬业的员工，企业就无法给顾客提供优良的产品和服务，也就无法促进企业的发展和前进。勤奋、努力、恪尽职守、主动自发的员工会以他们执着的敬业精神和切实的行动推动企业走向一个又一个辉煌。

9. 对工作负责就是对自己负责

责任是企业的生存之本，也是个人的成功之本，只有对工作负责才能对自己的人生负责。对工作负责就是对自己负责，你"敷衍"工作，工作也会"敷衍"你。实际上，做"演员"是很累的，与其把大部分时间花在精心策划的"表演"上面，还不如踏踏实实地做点实事。宝剑埋在土里太久就会生锈，一个人要是经常做职场演员，其存在的价值也会逐渐丧失，更谈不上个人才华的发挥、个人理想的实现了。

如果你能够承担起责任，一步一个脚印地对待自己的工作，那么企业必将给予你实实在在的回报；如果你敷衍工作，消极怠工，试图逃避责任，那么你永远都不会拥有令你骄傲的事业，永远也不会创造出令他人羡慕的价值。

社会学家戴维斯说："放弃了自己对社会的责任，就意味着放弃了自身在这个社会中更好地生存的机会。"放弃责任，或者蔑视自身的责任，就等于在可以自由通行的路上自设路障，摔跤的也只能是自己。

感悟反思 ▶

【案例9-3】 敬业的齐瓦勃

【案例描述】

齐瓦勃出生在美国乡村,只受过短期的学校教育。15岁那年,家中一贫如洗的他到一个山村做了马夫。然而,雄心勃勃的齐瓦勃无时无刻不在寻找着发展的机遇。18岁那年,齐瓦勃来到"钢铁大王"卡内基所经营的一家建筑公司打工。一踏进建筑工地,齐瓦勃就抱定了要做一名优秀员工的决心。当其他人在抱怨工作苦、薪水低的时候,齐瓦勃仍然勤奋认真地工作着,坚持把工作做到位,默默地积累着经验,并自学建筑知识。

每天晚上,在同伴们闲聊时,齐瓦勃却躲在角落里看书。一天晚上,恰巧公司经理到工地检查工作,经理看了看齐瓦勃手中的书,又翻了翻他的笔记本,什么也没说就走了。第二天,经理把齐瓦勃叫到办公室,问:"你学那些东西干什么?"齐瓦勃回答说:"我想我们公司并不缺少打工者,缺少的是勇于担责、能把工作做到位的优秀员工或管理者,对吗?"经理点了点头。不久,齐瓦勃就被升任为技师。有些工友讽刺、挖苦齐瓦勃,他回答说:"我不是在为老板打工,更不是单纯为了赚钱,我是在为自己的梦想打工,为自己的远大前程打工。我们只有勇于担责、把工作做到位,才能使自己的工作所产生的价值远远超过所得的薪水,只有这样我们才有可能得到重用,才有可能获得机遇!"就是抱着这样的信念和决心,齐瓦勃一步步升到了总工程师。25岁那年,齐瓦勃做了这家建筑公司的总经理。

卡内基的钢铁公司有一个天才工程师兼合伙人,名叫琼斯,他在建造布拉德钢铁厂时,发现了齐瓦勃超人的工作热情和责任感。当时身为总经理的齐瓦勃,每天都是最早来到建筑工地的人。琼斯问齐瓦勃为什么总来这么早,他回答说:"只有这样,当有什么急事的时候,才不至于耽搁。"工厂建好后,琼斯安排齐瓦勃做了自己的副手,主管全厂事务。两年后,琼斯在一次事故中不幸身亡,齐瓦勃便接任了厂长一职。因为齐瓦勃的天才管理艺术及强烈的责任感,布拉德钢铁厂成了卡内基钢铁公司的灵魂。几年后,齐瓦勃被卡内基任命为钢铁公司的董事长。

【感悟反思】

(1)齐瓦勃的成长经历对你有何启示?

(2)在职场中,我们除了要爱岗敬业、勇于担责,还应有自己的职业梦想。你的职业梦想是什么?你将如何实现自己的职业梦想?

【案例9-4】 自己建造的房子

【案例描述】

彼特做了一辈子木匠工作,他因敬业和勤奋深得老板信任。由于年老力衰,彼特准备退休,他对老板说,想要离开建筑行业,回家与妻子、儿女享受天伦之乐。老板舍不得他走,再三挽留,但他去意已决。老板只好答应他的请辞,但希望他能帮忙再建一栋房子,彼特自然无法推辞。彼特已是归心似箭,心思早就不在工作上了。由于用料不那么严格,做出的活也全无往日水准。老板看在眼里,却什么也没说。

等到房子建好的时候,老板把钥匙交给彼特。"这是你的房子,"他说,"我送给你的礼物。"此时,彼特愣住了,羞愧得无地自容。他一生建了很多豪宅华亭,最后却为自己建了这样一栋粗制滥造的房子。

【感悟反思】

这个木匠没有将敬业精神当作一种优秀的职业品质坚持到底。一个人做到一时敬业很容易,但要做到在工作中始终如一,将敬业精神当作自己的一种职业品质却是难能可贵的。敬业精神要求我们做任何事情都要善始善终。因为前面做得再好,也可能会由于最后的不坚持而导致功亏一篑、前功尽弃。

很多人漫不经心地"建造"自己的生活,不是积极行动,而是消极应付,凡事不肯精益求精,在关键时刻不能尽最大努力。等到他们惊觉自己的处境时,早已深困在自己建造的"房子"里了。把自己当成那个木匠吧,想想你的房子,每天敲进去一颗钉,加上去一块板,或者竖起一面墙,用你的智慧好好建造它吧!你的生活是你一生唯一的创造,不能抹平重建,即使只有一天可活,也要活得优美、高贵。墙上的标牌上写着:"生活是自己创造的。"

(1)彼特一生建造了很多房子,但他最后建造的房子却是劣作,分析原因是什么。

(2)许多时候,你会不经意地处理、打发一些自认为不重要的事情或人物,但这种随意、不负责、不敬业或不道德的行为会造成一些不好的影响或后果。在你以后的人生道路上,它将在某个时候突然显现出来,令你对当年的行为追悔不已。反思自己是否有过这样的经历。

各抒己见 ▶

【案例 9-5】 福特公司最年轻的总领班

【案例描述】

汤姆·布兰德起初只是美国福特公司一个制造厂的杂工,他就是在做好每件小事中获得了极大的成长,最后成为福特公司最年轻的总领班的。在有"汽车王国"之称的福特公司里,32 岁就升上总领班的职位,的确不是一件太简单的事。他是怎么做到的呢?

汤姆是在 20 岁时进入工厂的。一开始,每次工作之后,他就对工厂的生产情形进行一次全盘的了解。他知道一辆汽车由零件到装配出厂,大约要经过 13 个部门的合作,而每个部门的工作性质都不相同。他当时就想:既然自己要在汽车制造这一行做点事业,就必须对汽车的全部制造过程都能有深刻的了解。于是,他主动要求从基层的杂工做起。杂工不属于正式工人,也没有固定的工作场所,哪里有零星工作就要到哪里去。汤姆通过这项工作,和工厂的各部门都有接触,对各部门的工作性质也有了初步的了解。

在当了一年半的杂工之后,汤姆申请调到汽车椅垫部工作。不久,他就把制作椅垫的手艺学会了。后来又申请调到点焊部、车身部、喷漆部、车床部工作。不到 5 年的时间,他几乎把这个厂的各部门工作都做过了。最后他决定申请到装配线上去工作。

汤姆的父亲对儿子的举动十分不解,他质问汤姆:"你工作已经 5 年了,总是做些焊接、刷漆、制造零件的小事,恐怕会耽误前途吧?"

"爸爸,你不明白。"汤姆笑着说,"我并不急于当某一部门的小工头。我以整个工厂为工作的目标，所以必须花点时间了解整个工作流程。我是把现有的时间进行最有价值的利用，我要学的，不仅是一个汽车椅垫如何做，而是整辆汽车是如何制造的。"

当汤姆确认自己已经具备管理者的素质时，他决定在装配线上崭露头角。汤姆在其他部门干过，懂得各种零件的制造情形，也能分辨零件的优劣，这为他的装配工作带来了不少便利。没过多久，他就成了装配线上的灵魂人物。很快，他就升为领班，并逐步成为15位领班的总领班。

【各抒己见】

（1）由一个小组选定一位成员讲述该案例。
（2）汤姆·布兰德的职场经历给了你哪些启示？
（3）汤姆·布兰德成功的因素主要有哪些？

【案例9-6】 工作责任感赢得客户

【案例描述】

小王的公司主要为其他公司提供网站建设服务，以及电子商务平台产品。最近正和某小公司谈业务，可是他来来回回已经提交了3份网站建设框架方案建议书了，客户依然不满意。由于对方是小公司，所以网站建设的费用不是很高，而客户又有太多的要求，小王已经有些不耐烦了。于是，他向经理汇报，准备放弃这个客户了。

经理让小王把方案建议书拿过来看一下，了解是不是哪些地方还不完善。经理拿过几份方案建议书一看，基本上大同小异，就是零星几个栏目名称有些变动。经理问小王是否和客户进行过详细交流。小王说因为要跟其他客户谈业务，所以没有时间。经理又问小王是否对该公司的平台需求进行过调研。小王说宣传型网站基本上就是这个框架，所以没有调研。

经理说："你这是对工作负责的态度吗？没有经过调研，没有和客户交流就提交方案建议书，让你改方案建议书你就敷衍了事，如果我是客户，我也不接受。"小王嘟囔着说："不是我的责任，主要是客户太挑剔了。就那么点钱，还要这要那，差不多就可以了。可他偏不干，就没碰到过这么难缠的客户。"

【各抒己见】

（1）由一个小组选定一位成员讲述该案例。
（2）你觉得小王对工作有责任感吗？他这样的工作态度能签下这笔业务吗？
（3）如果这笔业务不能签约，是谁的责任？如果你是小王，你会怎样对公司负责、对客户负责？

【案例9-7】 洛克菲勒的敬业

【案例描述】

"世界石油大亨"洛克菲勒，是一个对工作十分认真敬业的人。他的老搭档克拉克曾这样评价他："他工作有条不紊，认真到了极点。如果有一分钱该归我们，他要拿来；如果少给客户一分钱，他也要客户拿走。"

洛克菲勒对数字有着极强的敏感度，他时常在算账，以免"钱从指缝中悄悄溜走"。他曾给西部一个炼油厂的经理写过一封信，严厉质问"上个月你厂报告有 1119 个塞子，本月初送给你厂 10 000 个。本月你厂报用去 9537 个，现在却报告只有 1012 个，其他 570 个去哪里了"。据说这样的信洛克菲勒写过上千封。他就是从这样的细节中分析出公司的生产经营情况和弊端所在，从而认真有效地经营着他的"石油帝国"的。

洛克菲勒的这种严谨认真的工作作风是在年轻时养成的。他 16 岁时初涉商海，在一家商行当簿记员。他说："我从 16 岁参加工作后就记收入支出账，记了一辈子账。记账是一种能让自己知道怎样用钱的唯一方法，也是一种能事先计划怎样用钱的有效途径。如果不这样做，钱就会从你的指缝中溜走。"

【各抒己见】

（1）由一个小组选定一位成员讲述该案例。

（2）洛克菲勒对成本的控制十分严格，要经营好公司，从老板到普通员工都应具备敬业精神，谈谈你对敬业精神的理解。

（3）洛克菲勒严谨认真的工作作风是在年轻时养成的，作为未来的职业人，你在学生时代应从哪些方面入手培养自己严谨认真的工作作风？

扬长避短

【案例 9-8】 把职业当事业

【案例描述】

年轻的新任总裁上任伊始，便向助手提出了一个问题："你是公司的元老了，那么你能否告诉我，谁是我们公司里最优秀的员工？"

助手胸有成竹地回答："最优秀的员工，应该是南方区销售总监艾奇先生。"

"哦？"总裁似信非信地看着助手，问道："他有什么优秀之处？"

助手说："虽然他只是一位资质一般的员工，但是进入公司不久，他就表现出了一种工作上的激情。他不仅对公司忠诚，而且非常敬业，当然更重要的是，他是一位把职业当事业的员工。"

"把职业当事业？"总裁重复了一句，脸上充满了兴趣，"快给我说说，他是如何把职业当事业的？"

助手笑了笑，说："总裁，我想与其由我来向您讲述他的故事，倒不如安排一个时间，让他亲自来给您讲一讲他的故事。难道您不想见一见这样的员工吗？"

总裁点了点头，说："你说得对，请你安排一下，让这位叫艾奇的员工明天到我这里来。哦，不，还是我去看望这位把职业当事业的员工吧。"

一周之后的一个上午，年轻的总裁和助手乘坐飞机来到了南方的一座大城市，找到了艾奇。总裁说："艾奇，我听说你把自己的职业当作事业，对这个我很感兴趣，想听你说说你是怎么想的。"

艾奇说："这没什么，既然我选择了这个职业，那么它就是我一生的事业，就是这样。"

总裁点点头，说："这是一个很不错的理由。那么，你是如何让自己把职业当事业的？"

艾奇说："我是受了一位老师傅的影响。说实话，当初进入公司的时候，我也像其他人一样，把这份工作当作自己生活的一份保障，认为只要在工作中不出什么差错，能对得起拿的这点工资就可以了。"

总裁点点头："我想，我们公司里的许多员工都抱着这样的想法。"

艾奇继续说："有一天，一位老师傅对我说，'你的工作就是你的职业，当你把你的职业当成自己的事业去做的时候，你就会明白自己应该如何去做了。'后来，我认真地咀嚼了老师傅的话，并且照着他的话试着做了，这时我才发现，原来我的工作是那么值得热爱，它几乎是我生命中的必需。所以，从此我便改变了对工作的态度，并且把这份职业当作我自己一生的事业来对待，这让我在工作中获得了很多乐趣。"

【思考讨论】

（1）案例中的艾奇是一位把职业当事业的员工，谈谈你在未来的职场中应如何做好本职工作。

（2）如果你所从事的工作并非你感兴趣的工作或专业不对口，你会怎样对待你所从事的工作？

【案例9-9】 三位面试者

【案例描述】

知名的沃尔玛商场要招聘一位收银员，几经筛选，最后只剩三位女孩有幸参加复试。

复试由老板亲自主持。第一位女孩刚走进老板的办公室，老板便丢了一张百元钞票给她，并命令她到楼下买一包烟。这位女孩心想，自己还未被正式录用，老板就颐指气使地命令她做事，因而感到相当不满，更认为老板故意伤害她的自尊心。因此，老板丢出来的钱，她连看都不看，便怒气冲冲地掉头离开。她一边走，一边还气呼呼地咒骂："哼，他凭什么支使我，这份工作不要也罢！"

第二位女孩一进来，也遇到相同的情况，只见她笑眯眯地接了钱，但是她没有用它去买烟，因为钞票是假的。由于失业许久，她急需一份工作，只好无奈地掏出自己的一百元真钞，为老板买了一包烟，还把找回来的钱全交给了老板。不过，如此尽职卖力的第二位面试者，却没有被老板录用，因为老板录用了第三位面试的女孩。原来，第三位女孩一接到钱时，就发现钱是假的，她微笑着把假钞还给老板，并请老板重新换一张。老板开心地接过假钞，并立即与她签订合约，放心地将收银工作交给她。

【思考讨论】

三位面试者有三种截然不同的处事方式。第一位面试者是只会用情绪来处理事情的人，任谁也不敢将工作托付给她。第二位面试者的处事方式，则是最不专业的表现。虽然委曲求全的人比较有敬业精神，但万一真的遇到重大问题，老板需要的不是员工委屈与退缩的态度，而是冷静与理性的处理能力。因此，第三位面试者成功了，因为在这件小事上，她充分表现出了责任感和专业能力。

（1）请分析案例中三位面试者处事方式的优劣。

（2）在工作中，当你的处事方式或所持观点与上司不一致时，你会怎么做？

【案例 9-10】 勇于负责，恪尽职守

【案例描述】

在一家计算机销售公司里，老板吩咐三位员工去做同一件事：到供货商那里调查一下计算机的数量、价格和品质。

第一个员工 5 分钟后就回来了，他并没有亲自去调查，而是向同事打听了一下供货商的情况，就回来汇报。30 分钟后，第二个员工回来汇报，他亲自到供货商那里了解了一下计算机的数量、价格和品质。第三个员工 90 分钟后才回来汇报。原来，他不但亲自到供货商那里了解了计算机的数量、价格和品质，而且根据公司的采购需求，将供货商那里最有价值的商品进行了详细的记录，并和供货商的销售经理取得了联系。另外，在返回途中，他还去了另外两家供货商那里了解了一些相关信息，并将三家供货商的情况做了详细的比较，制订出了最佳购买方案。

结果，第二天公司开会，第一个员工被老板当着大家的面训斥了一顿，并得到警告，如果下次再出现类似情况，公司将开除他。第三个员工，因为勇于负责、恪尽职守，在会议上受到老板的大力赞扬，并当场得到了奖励。

【思考讨论】

（1）案例中提到的三位员工完成同样的任务，采用了不同的工作态度和处事方式，请分析其优劣。

（2）假设你也接到同样的任务，你会怎么做？

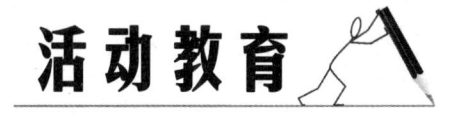

活动教育

互动交流

【话题 9-1】 如何培养责任感

培养自己的责任感，可以从以下几个方面着手。
（1）认真履行各种义务。
（2）提高自我控制能力。
（3）养成守信用的习惯。
反思和讨论有没有履行自己的义务、是否经常犯同样的错误、是否有失信于人的行为。

【话题 9-2】 让敬业成为你的工作态度

请从坚守自己的岗位、把工作做到最细等方面谈谈如何让敬业成为你的工作态度。

【话题 9-3】 自我检讨是否具有责任感

就以下问题进行检讨并改进。

（1）当上司因为你没有完成工作而批评你的时候，你是否会说："这不是我负责的。"

（2）当上司让你牺牲个人利益而换取集体利益的时候，你是否会说："人首先是为自己而活的。"

（3）当同事在事后提醒你某件事情做得不对的时候，你是否会说："你为什么不早提醒我？"

（4）当上司批评你没有按照你的承诺完成工作的时候，你是否会说："我没有想到这项工作这么难。"

（5）当上司批评你连续两次犯同样的错误的时候，你是否会说："这都是小事，我以后一定会注意。"

【话题 9-4】 如何提高责任意识

从责任教育、培养勇于担责的精神等方面谈谈如何提高自己的责任意识。

团队活动 ▶

【活动 9-1】 寻找身边的敬业榜样

也许他是你尊敬的老师，也许他是你身边默默无闻的同学，也许他是晨曦中的环卫工人，也许他是公交车上的售票员，也许他是执勤的交警，也许他只是一个在你生命中擦肩而过的陌生人……生活中不是缺少敬业榜样，而是缺少发现。请进行一场敬业榜样大搜索活动，寻找你身边的敬业榜样。

要求：每位同学提名一位敬业榜样并说明理由。最后，由全班同学投票选出公认的 10 位敬业榜样并总结这些榜样的敬业品质。

【活动 9-2】 做，或者不做

【活动目的】 帮助学生树立敢于接受挑战的意识。

【活动用具】 标牌、卡片、笔。

【活动场地】 教室。

【活动过程】

（1）提前写好三张标牌，要足够大，上面分别写"是的，保证完成任务""我试试看""抱歉，我做不到"。

（2）每个小组随机抽取一位同学，请他就这三个回答分别发表意见。

（3）请几位同学进行现场表演。一位扮演上司，负责发出命令，其他同学分别扮演接受任务者、犹豫不决者、坚定拒绝者。务求惟妙惟肖、生动有趣。

（4）谈谈活动的心得体会，聊聊在未来的职场中，打算怎样做一个敢于接受挑战的人。

【活动 9-3】 "我错了"

【活动目的】 培养学生勇于担责的意识。

【活动场地】 教室。

【活动过程】

学生相隔一臂站成几排（视人数而定），选定一位同学进行指挥。约定喊"1"时，向右转；喊"2"时，向左转；喊"3"时，向后转；喊"4"时，向前跨一步；喊"5"时，不动。指挥喊1、2、3、4、5的顺序随机，其他同学根据口令做出相应的动作。

当有人做错时，做错的人要走出队列，站到大家面前先鞠一躬，举起右手高声说："对不起，我错了！"进行多个回合，每位同学默记自己出错的次数。

【活动总结】

在面对错误时，有时没人承认自己犯了错；有人认为自己错了，但没有勇气承认，因为很难克服心理障碍；有人却会站出来承认自己错了。

在工作中，一个勇于担责，主动为自己设定工作目标，并不断改进方式和方法，犯了错也能够勇于承认的员工，看似一时受到了批评，但是他不仅不会引起上司的反感，反而会得到更多的信任。在需要你担责的时候，勇敢地去承担它，你才有望抓住机会。因为只有那些勇于担责的人，才能够出色地完成任务，赢得欣赏和重用。

活动中你感触最深的是什么？说出你认为自己最负责的一件事。先讨论，然后每个小组派出成员上台谈心得体会。

【活动 9-4】 赶制宣传手册

第二天上午 9 点就要召开新产品发布会了，王经理突然发现还没有制作新产品宣传手册，送给客户的纪念品也没有准备。于是，他立即找来小张，对他说明了情况，小张犹豫了半天，就是不肯答应。王经理又找来小李，小李听王经理说完情况，点了点头，立即出去。第二天早上，他抱着一摞宣传手册和纪念品找到了王经理，王经理喜出望外，表扬小李敢于接受挑战。

小李接到任务时已是下午 5 点，第二天上午 9 点就要召开新产品发布会，小李是如何在这么短的时间内完成两项工作的呢？试帮助小李设计最佳方案。

【参考方案】

下午 5 点，给经常合作的印刷店打电话，告诉其工作人员晚上 10 点前需要赶印出一批宣传手册。

花 3 小时编写好宣传手册。晚上 8 点 50 分，小李来到印刷店，1 小时后，印刷完毕，把宣传手册带回家。

回家的路上，给礼品店打电话，告诉其工作人员第二天上午 8 点要去购买一批纪念品，请他备好货。

第二天提前出门，带着宣传手册来到礼品店，拿到纪念品后直接去公司。

【活动 9-5】 在工作中如何做到敬业

【活动目的】 提高学生的敬业意识，促使学生反思如何做到敬业。

【活动过程】

（1）预设员工不够敬业的场景：上班打电话、聊天；工作不仔细、出错；在工作中推卸责任；工作缺乏激情；工作拖拉懒散等。

（2）扮演不敬业的角色。

（3）表演结束后，指出其中不敬业的地方，并将其一一列在黑板上。

（4）展开讨论：如何在工作中做到敬业。

总结评价

改进评价

1. 敬业、责任、主动自我评价

请扫描二维码，浏览并熟知表 W9-1 所示的"敬业、责任、主动自我评价"。

根据自己的日常表现和性格特点，针对敬业、责任、主动方面进行自我评价。

2. 敬业程度自我评价

根据你在公司见习或实习的表现及个人观点，对每项评价项目从"非常同意""比较同意""一般""不太同意""非常不同意"5 项中做出选择，并在表 9-7 对应列中标识"√"。

表 9-7 敬业程度自我评价

评 价 项 目	非常同意	比较同意	一般	不太同意	非常不同意
我知道公司对我的工作要求					
我有做好我的工作所需要的材料和设备					
在工作中，我每天都有机会做我最擅长做的事					
我能因工作出色而在 7 天内受到表扬					
我觉得我的主管或同事关心我的个人情况					
工作单位中有人鼓励我的发展					
在工作中，我觉得我的意见受到重视					
公司的使命/目标使我觉得我的工作很重要					
我致力于完成高质量的工作					
我的主管对我的绩效评价客观公正					
在过去的 6 个月内，公司里有人和我谈及我的进步					
在过去一年里，我在工作中有机会学习和成长					

自我总结

经过本单元的学习与训练，针对敬业担责方面，在思想观念、理论知识、行为表现方面，你认为自己哪些方面得以改进与提升，将这些成效填入表 9-8 中。

表 9-8 敬业担责方面的改进与提升成效

评价维度	改进与提升成效
思想观念	
理论知识	
行为表现	

单元 10

善于沟通、营造和谐

沟通是一种交流、表达的过程,是一种相互认识、相互理解的过程,也是一种消除误会、化解矛盾的重要途径。在生活中,也许一次微不足道的主动沟通,就可能给我们带来成功的机会,甚至改写我们的命运。

善于沟通是优秀员工的重要职业品质。沟通是协调团队成员的杠杆,沟通是化解矛盾和冲突的良药,沟通是获取有用信息的捷径。沟通技巧并不是与生俱来的,而是需要靠学习和实践来获得的。

在一切人际交往过程中,人们越来越认识到交流与沟通的重要性。我们每个人在生存与发展过程中必备的智慧和能力,除专业知识和职业技能外,最主要的就是人际交流和沟通的能力。有效的沟通不仅可以使我们学习进步、事业有成,还可以使我们更充分地享受生活。

课程思政

本单元为了实现"知识传授、技能训练、能力培养与价值塑造有机结合"的教学目标,从教学目标、教学过程、教学策略、教学组织、教学活动、考核评价等方面有意、有机、有效地融入沟通能力、表达能力、交往能力 3 项思政元素,实现了课程教学全过程让学生在思想上有正向震撼、在行为上有良好改变,真正实现育人"真、善、美"的统一、"传道、授业、解惑"的统一。

自我诊断

自我测试 ▶

【测试 10-1】沟通能力测试之一

请扫描二维码,浏览并完成"沟通能力测试之一"。
【计分标准】
各题回答"是"得 1 分,回答"否"不得分。
【测评结果】
(1)得分为 11~15 分:说明你是一个善于沟通的人。
(2)得分为 7~10 分:说明你的沟通能力比较好,但是有待改进。
(3)得分为 6 分及以下:说明你的沟通能力有些差,你与团队之间的关系有些危险。

在线测试

【测试 10-2】 沟通能力测试之二

请扫描二维码，浏览并完成"沟通能力测试之二"。

【计分标准】

各题选择 A 得 2 分，选择 B 得 1 分，选择 C 得 0 分。

【测评结果】

（1）得分为 0～12 分：说明你的沟通能力较差，必须加强这方面的练习。

（2）得分为 13～16 分：说明你的沟通能力一般，仍需继续学习和锻炼，不断提高自己。

（3）得分为 17 分及以上：说明你的沟通能力很强。

这个评价并不是对你的沟通能力的准确衡量，而是一种定性的评估。你的得分表明你目前的沟通能力，而不表明你潜在的沟通能力。只要不断学习，积极实践，就一定能够提高自己的沟通能力。

【测试 10-3】 沟通能力测试之三

请扫描二维码，浏览并完成"沟通能力测试之三"。

【计分标准】

各题选 A 得 4 分，选 B 得 3 分，选 C 得 2 分，选 D 得 1 分。

【测评结果】

（1）得分为 24～32 分：祝贺你，你很稳重，有较高的沟通能力和人际交往能力。

（2）得分为 17～23 分：说明你已经懂得一定的社交礼仪，并且尊重他人。如果你还能继续努力，你会收获更多惊喜。

（3）得分为 8～16 分：说明你平时不能很好地表达自己的想法，同时你也经常不被了解。请你学会控制好自己的情绪，改掉一些不良的习惯，相信你能获得他人更多的理解和支持。

分析思考

1. 分析沟通能力的现状

首先，认真回答以下各题。

（1）能否简要地表达一个概念？（　　）

A. 不能　　　　　　B. 可以　　　　　　C. 很擅长

（2）想到要与人沟通，你会（　　）。

A. 不喜欢　　　　　B. 很自然　　　　　C. 乐于沟通

（3）与陌生的对象沟通，你会（　　）。

A. 不适应　　　　　B. 很自然　　　　　C. 特别高兴

（4）沟通时，话越多越好吗？（　　）

A. 是　　　　　　　B. 看状况　　　　　C. 精简最好

（5）你每天花在沟通上的时间（　　）。

A. 少于 30 分钟　　 B. 2 小时　　　　　C. 1 小时

(6) 沟通中你说的话比对方多吗？（   ）

　　A. 多　　　　　　　B. 平均　　　　　　　C. 少

(7) 你认为倾听很重要吗？（   ）

　　A. 不重要　　　　　B. 还好　　　　　　　C. 很重要

(8) 沟通前你会查找相关资料，先做准备吗？（   ）

　　A. 不会　　　　　　B. 偶尔会　　　　　　C. 每次都会

(9) 你会急于把自己的话抢先讲完吗？（   ）

　　A. 会　　　　　　　B. 看情形　　　　　　C. 不会

(10) 你能一边倾听一边简化对方的重点吗？（   ）

　　A. 不能　　　　　　B. 还好　　　　　　　C. 能

(11) 听到对方不合理的讲话，你会（   ）。

　　A. 愤怒　　　　　　B. 无所谓　　　　　　C. 纠正他

(12) 你会一边沟通一边打电话吗？（   ）

　　A. 经常会　　　　　B. 偶尔会　　　　　　C. 不会

(13) 沟通中你会想压制对方的意见吗？（   ）

　　A. 会　　　　　　　B. 偶尔会　　　　　　C. 不会

(14) 沟通中你认为需不需要赞美对方？（   ）

　　A. 不需要　　　　　B. 偶尔需要　　　　　C. 经常需要

(15) 沟通中你会急于说服对方吗？（   ）

　　A. 经常会　　　　　B. 偶尔会　　　　　　C. 不会

(16) 沟通时你的表情通常是（   ）。

　　A. 严肃　　　　　　B. 自然　　　　　　　C. 面带微笑

(17) 意见不合时，你会（   ）。

　　A. 结束沟通　　　　B. 暂时停止　　　　　C. 寻找妥协点

(18) 要你让步，你会觉得（   ）。

　　A. 没面子　　　　　B. 不甘愿　　　　　　C. 该让就让

(19) 沟通遇障碍，你会觉得（   ）。

　　A. 压力好大　　　　B. 泰然处之　　　　　C. 设法解套

(20) 一句话讲过两遍，对方仍听不清楚，你会（   ）。

　　A. 觉得好烦　　　　B. 再讲第三遍　　　　C. 改变一种讲法

(21) 对方有些情绪化时，你会（   ）。

　　A. 跟着对方情绪化

　　B. 不理会

　　C. 设法冷却对方

(22) 对方做出语言攻击时，你会（   ）。

　　A. 不服输，立即反击

　　B. 无所谓，当作耳边风

　　C. 约束他不可如此

(23) 表达 5W 要素，你的顺序是（   ）。

　　A. 人—物—地—事—时

B．人—事—地—物—时

C．人—时—地—事—物

（24）认知标准不同时，你会（　　　）。

A．放弃沟通　　　　　B．改期沟通　　　　　C．即时整合认知差异

（25）你喜欢在哪种环境下沟通？（　　　）

A．人多　　　　　　　B．都可以　　　　　　C．安静处

（26）与人沟通时，电话一直进来，你会（　　　）。

A．一边沟通一边打电话

B．请秘书过滤电话，重要的才接进来

C．沟通期间暂停接听电话

（27）平时你与人沟通的话题（　　　）。

A．只喜欢谈熟悉的固定话题

B．可以随着对方的话题发展

C．自己就有非常广泛的话题

然后，根据答题情况，对个人沟通能力现状进行客观评价，分析你的情况与表10-1"沟通能力表现描述"列中哪条特点最接近，在对应的"自我评价"列中标识"√"。

表10-1　个人沟通能力现状评价

沟通能力表现描述	自 我 评 价
沟通能力很强，能有效进行相关的信息交流，有效传达自己的意愿，并全面把握他人的观点，能预期他人的反应，引导对方达到目的，对工作有着很好的促进作用	
沟通能力较强，能根据需要选择合适的形式表达观点，交谈中注意倾听，并能很快把握他人的观点	
沟通能力尚可，能用简洁、易懂的语言或举例表达观点，能较好地了解他人的意图，基本能满足工作需要	
沟通能力较差，基本能表达自己的意图，但表达不够通顺、简洁、清晰，较难了解他人的叙述要点，有时影响工作中的交流	
沟通能力差，经常词不达意，意图表达不清，经常影响工作中的交流	

2．分析口头沟通、倾听、书面沟通的现状

根据自己在日常学习、生活、工作中的沟通表达现状，针对口头沟通、倾听、书面沟通情况进行自我评价，在表10-2"你的选择"列中标识"√"。

表10-2　口头沟通、倾听、书面沟通情况的自我评价

评 价 指 标	指 标 描 述	你 的 选 择
口头沟通	含糊其词，意图不明	
	语言欠清晰，但尚能表达意图，有时须反复解释	
	抓住要点，表达意图，陈述意见，不太需要重复说明	
	具备出色的说话技巧，简明扼要、易于理解	
倾听	不注意倾听，常常不知对方所云	
	能够倾听，有时一知半解	
	能够注意倾听，力求明白	
	能够很好地倾听别人的意见，很快明白倾诉人的想法和要求	

续表

评 价 指 标	指 标 描 述	你 的 选 择
书面沟通	文理不通、意图不清，须做大修改	
	文章不够通顺，但尚能表达清楚主要意图	
	几乎不需要修改补充，比较准确地表达意见	
	表达清晰、简洁，易于理解，无可挑剔	

自主学习

熟知标准

沟通能力是指针对一定的受众对象，通过倾听、清晰表达自己的意见，公开进行反馈，与他人进行信息传递，理解其感受、需要和观点，并能做出适当反应的能力。其关键点是有与他人沟通的愿望，善于倾听，理解他人的观点，并能向他人清楚表达自己的观点。

1. 沟通能力的评价要素

沟通能力的评价要素如表 10-3 所示。

表 10-3　沟通能力的评价要素

评 价 要 素	要 点 描 述
积极沟通	① 有沟通的愿望，能够回应他人发出的沟通信号 ② 重视且乐于沟通，愿意与人建立联系 ③ 在遇到沟通障碍时，能够以积极的心态和不懈的努力对待冲突与矛盾，而不是回避
准确表达	① 能够耐心倾听他人的观点，基本把握他人谈话的主旨 ② 能够比较完整地表达自己的意见和想法，使对方能够理解
高效沟通	① 在与他人交流时能够准确理解他人的观点，积极地给予反馈 ② 表达言简意赅，具有较强的逻辑性，观点清晰明确
注重技巧	① 通过一些语言技巧（如使用比喻、排比等）清晰地表达较为深奥且复杂的观点 ② 在表达时有意识地使用一些肢体语言作为辅助，增强语言表达的感染力
运用策略	① 预见到他人的需要和关注点，根据不同的对象采取相应的沟通策略 ② 对不同对象和情境所要求的沟通方式有系统及深入的认识，并能自如地运用和进行灵活调整
换位思考	能够打破以自我为中心的思维模式，尝试从对方的角度和立场考虑问题，体察对方的感受，促进相互理解
及时反馈	重视信息的分享，用心倾听各方的意见，并根据实际情况及时做出调整和回应

2. 沟通能力的评价标准

沟通能力的评价标准如表 10-4 所示。

表 10-4　沟通能力的评价标准

等　级	行　为　描　述
1 级	① 在谈话中,不善于抓住谈话的中心议题 ② 表达自己的思想与观点不够简洁、清晰 ③ 以自我为中心,在谈话中缺乏对他人应有的尊重
2 级	① 能较清晰地接收和传递信息 ② 知道交流的重点,并能表达自己的主要观点 ③ 尊重他人,能倾听他人的意见、观点
3 级	① 能用清楚的理由和事实支持自己的主要观点 ② 身体力行,通过自己的行为与言谈的一致来沟通相关信息 ③ 善于倾听,适当提问以获得对信息的准确理解,并适时地给予反馈
4 级	① 保持沟通清晰、简洁、客观,且切中要害 ② 针对不同的听众,采用不同的语言和表达方式以取得一致性结论 ③ 能发展并保持广泛的人际网络

明确目标

在学习、实习、工作中不断提高自己的沟通能力,努力实现以下目标。
(1) 能以开放、真诚的方式接收和传递信息。
(2) 能通过书面或口头的形式、用清楚的理由和事实表达自己的主要观点。
(3) 尊重他人,能在倾听别人的意见、观点的同时给予适时的反馈。
(4) 善于说服他人,有效化解冲突与矛盾。
(5) 在沟通中,能理解、使用相关的专业词汇。

榜样激励

【案例 10-1】 赞美是最好的推销方法

【案例描述】

比恩·崔西是美国的一位图书推销高手,他曾经说:"我能让任何人买我的图书。"他推销图书的秘诀只有一条:赞美顾客。

某次,他出去推销图书,遇到了一位非常有气质的女士。那时候,比恩·崔西刚开始运用赞美这个法宝。当那位女士听到比恩·崔西是推销员时,脸一下子阴了下来:"我知道你们这些推销员很会奉承人,专挑好听的说,不过,我是不会听你的鬼话的。你还是节省点时间吧。"

比恩·崔西微笑着说:"是的,您说得很对,推销员是专挑那些好听的词来讲,说得别人昏头昏脑。像您这样的顾客我还是很少遇到,特别有自己的主见,从来不会受到别人的支配。"

这时,细心的比恩·崔西发现,女士的脸已由阴转晴了。她问了比恩·崔西很多问题,比恩·崔西都一一做了回答。最后,比恩·崔西开始高声赞美道:"您的形象给了您很高贵的个性,您的语言反映了您有敏锐的头脑,而您的冷静又衬出了您的气质。"

女士听后开心地笑出声来，很爽快地买了他的一套图书。而且，后来她又在比恩·崔西那里购买了上百套图书。

随着推销图书的经验日渐丰富，比恩·崔西总结了一条人性定律：没有人不爱被赞美，只有不会赞美别人的人。

【思考讨论】

真正的赞美如同春风拂面，使人愉悦，给人温暖。赞美别人的同时，也是对自己的一种赞美，赞美自己有一双发现"美"的眼睛。在职场中，善于赞美，就是一种自信。

如果说倾听是有效沟通的前奏，吹出了美妙的音符，那么赞美就如同有效沟通中的点睛之笔——说者唇齿留香，闻者心花怒放。

（1）本案例中为什么比恩·崔西能获得那位女士的认可？

（2）比恩·崔西的话有什么特别之处？比恩·崔西的哪些说话技巧值得我们学习和效仿？

知识学习

1. 沟通

沟通是人与人之间、人与群体之间思想与感情的传递和反馈过程，以求思想达成一致和感情的通畅。沟通是为了一个设定的目标，把思想和感情在个人或群体间传递，并且达成共同协议的过程。

沟通包括语言沟通和非语言沟通，语言沟通又包括口头沟通和书面沟通。口头沟通指的是用口头表达的形式进行信息的传递和交流，这种沟通常见于会议、会谈、对话、演说、报告、电话联系、市场调查等。书面沟通指的是用书面的形式进行信息的传递和交流，如信函、简报、文件、调查报告和书面通知等。

非语言沟通包括声音语气（如音乐）、肢体动作（如手势、舞蹈）、表情、眼神等。最有效的沟通是语言沟通和非语言沟通的结合。

2. 沟通能力

沟通能力是人们通过语言、行为与他人进行联系、交往，以便赢得他人支持并与之建立良好关系的能力。沟通能力包含表达能力、争辩能力、倾听能力和设计能力（形象设计、动作设计、环境设计）。沟通能力看起来是外在的东西，而实际上是个人素质的重要体现，它关系着一个人的知识、能力和品德。沟通过程的要素包括沟通主体、沟通客体、沟通媒介、沟通环境和沟通渠道。

管理学家研究发现，在人与人之间的沟通过程中，文字的影响力仅占7%，语气和语调的影响力占38%，而肢体语言的影响力占55%。

从表面上看，沟通能力似乎就是一种能说会道的能力，实际上它包含从穿衣打扮到言谈举止等一切行为的能力。一个具有良好沟通能力的人，可以将自己所拥有的专业知识及专业能力进行充分的发挥，并能给对方留下"我最棒""我能行"的深刻印象。

3. 经典的沟通原则

以下是一些经典的沟通原则。

（1）讲出自己内心的感受，哪怕是痛苦和无奈。
（2）不批评、不抱怨，批评和抱怨是沟通的"刽子手"，只会使事情恶化。
（3）尊重他人，即使对方不尊重你，也要适当地给予对方尊重。
（4）有情绪的时候不要沟通，尤其是不能做决定。
（5）适时说声"对不起"，这是沟通的"软化剂"。
（6）当事情陷入僵局时，要耐心等待转机。

4. 沟通的 6C 原则

为了更有效地进行沟通，在沟通过程中要遵循 6C 原则。

（1）清晰（Clear）：是指表达的信息结构完整、顺序有效，能够被信息接收者所理解。

（2）简明（Concise）：是指表达同样多的信息要尽可能占用较少的信息载体容量。

（3）准确（Correct）：是衡量信息质量和决定沟通结果的重要指标。首先是信息发出者头脑中的信息要准确，其次是信息的表达方式要准确，特别是不能出现重大的歧义。

（4）完整（Complete）：是对信息质量和沟通结果有重要影响的一个因素。表达的信息描述要完整、没有遗漏，否则会出现"盲人摸象"的现象，即因片面的信息导致判断错误和沟通错误。

（5）有建设性（Constructive）：是对沟通的目的性的强调。沟通中不仅要考虑所表达的信息应清晰、简明、准确、完整，还要考虑信息接收者的态度和接受程度，力求通过沟通使对方的态度有所改变。

（6）礼貌（Courteous）：礼貌及得体的语言、姿态和表情能够在沟通中给予对方良好的第一印象，甚至可产生移情作用，有利于沟通目标的实现。

5. 与人交谈时应注意的问题

在人际交往中，当你与别人谈话时，必须始终能意识到双方同时兼有说话者和听话者的双重角色，意识到言语交往的双向性。换言之，要意识到自己的责任不仅是把自己的思想表达清楚，还应考虑怎样谈才能使对方产生兴趣，易于理解，并根据对方的各种反馈信息来调整自己的讲话内容和方式。为此，要注意以下 4 个方面的问题。

（1）选择话题。
（2）讲究对话。
（3）转移话题。
（4）注意小事。

请扫描二维码，浏览并理解"与人交谈时应注意的问题"。

6. 语言表达技巧

语言表达在人际交往中有着重要的作用。"良言一句三冬暖，恶语伤人六月寒""好人长在嘴上，好马长在腿上"。要注意以下几点语言表达技巧。

（1）发音准确，讲普通话。
（2）表达要生动。
（3）要有节奏感。
（4）语态表情要妥当。

（5）讲究说话的艺术。
（6）注意语言表达方式。
（7）交谈的禁忌。

请扫描二维码，浏览并理解"语言表达技巧"。

7. 高效倾听的技巧

沟通是双向的，学会沟通的第一步就是学会倾听。倾听是了解别人的重要途径，倾听是一种技巧，倾听需要专心，每个人都可以通过耐心的练习来提升这项能力。

在人际沟通的过程中，我们首先要学会倾听和了解别人。因为只有懂得倾听，我们才能赢得对方的信赖和好感，使沟通顺利进行。

（1）鼓励对方先开口。
（2）营造轻松、舒畅的氛围。
（3）控制好自己的情绪。
（4）懂得与对方共鸣。
（5）善于引导对方。
（6）与对方保持视线接触。
（7）给予对方真诚的赞美。
（8）适时提出疑问。
（9）恰当地运用肢体语言。
（10）回顾、整理出重点，并提出自己的结论。

请扫描二维码，浏览并理解"高效倾听的技巧"。

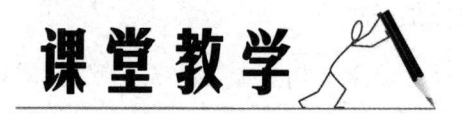

课堂教学

观点剖析

1. 能言善辩是一种资本

（1）口头传达的是一种信息，更是一种力量。

不论你处于什么地位，都需要良好的语言表达能力，让他人明白你的意图，让领导看到你的成果，和周围的人进行良好的沟通，以提高工作效率。

一个会说话的人，总可以流利地表达出自己的意图，也能够把道理说得清楚、动听，使别人乐于接受。有时候还可以立刻从问答中猜测出对方言语的意图，并从对方的谈话中得到启示，增加自己对于对方的了解，跟对方建立良好的友谊。一个不会说话的人，不能完全地表达出自己的意图，往往会使对方费神去听，而又不能使他完全接受。

（2）语言表达能力是感染能力和沟通能力的具体体现。

语言的魅力在于同一个意思，有不同的表达，同一个道理，有多种说法。缺乏个性的语言没有生命力，其实际效果也会大打折扣。只有在共性中突出个性，在一般中体现特殊，才能使其思想和意图更加鲜明，更加具有感染能力和沟通能力。

（3）语言表达能力是学习能力和实践能力的有机结合。

语言表达能力不是与生俱来的，需要通过后天的不断学习和实践锻炼得到，它是一个人理论素养、专业知识、社会阅历等综合素质的集中反映和灵活运用。

2. 口才是一种综合能力的体现

一个善于表达的人，必是一个拥有敏锐观察力、能深刻认识事物的人。只有这样，他说出来的话才能既生动又准确地反映事物的本质。此外，他还必须具有严密的思维能力，懂得分析、判断和推理，使自己说出来的话有条理。一个有口才的人，一定具有流畅的语言表达能力、丰富的词汇、渊博的知识等。

3. 沟通得法铸成功

比尔·盖茨认为，交流本身就是人类必不可少的精神需要，通过彼此之间的沟通，可以增进人与人之间的亲密感，而工作中的有效沟通，更是树立团队精神的必备条件。沟通是一个把自己的理念和信息传递给别人的过程，是一个互相交换和理解的过程，是一个团队发展的重要环节，这个环节贯穿于团队实现战略目标的始终。

（1）学会理解。

站在别人的立场理解别人，而不是站在自己的立场要求别人理解自己。如果缺少理解，沟通就无从谈起。

（2）学会尊重。

同学或同事间的关系是一种平等的工作关系，即便存在上下级关系，大家在人格上也是平等的。所以，在沟通中，必须表现出对对方的足够尊重，大家平等地交换意见。如果缺乏尊重的态度，就不可能顺畅沟通，甚至会造成人际关系紧张。

（3）学会宽容。

宽容是一种爱，是我们自己的一幅健康的心电图，是这个世界的一张美好的通行证！如果在团队中能以宽容的态度对待同学或同事、对待对手，就能建立和谐友好的人际关系，就能赢得他人更多的支持和依赖。

（4）学会讲话。

讲话是一门艺术，不同人讲的话，乃至不同人讲的同样的话，其效果都大不相同。会讲话者令人心情舒畅、受益匪浅；不会讲话者令人憋气窝火、情绪郁闷。

所谓会讲话，是指一个人说话坦诚、有分寸、有智慧、有价值并令人易于接受。概括起来就是 4 个字：诚、当、慧、值。"诚"就是诚恳、诚实。沟通中要以诚恳的态度，如实地表达自己的意思，即"实话实说"。这并不表示你要说出内心的全部，但你可以做到说出来的一定是真实的。"当"就是沟通得当。沟通中要做到对象得当、时间得当、场合得当、分寸得当。"慧"就是智慧，沟通需要智慧。讲话是一种智慧，智慧可以化干戈为玉帛，令沧海变桑田。"值"就是有价值，能使沟通对象有启发、有改变。沟通并不在于讲话多少，一句令人茅塞顿开的话，胜过毫无价值的千言万语。

4. 良好的谈话态度

说话、做事一定要讲究方法，对的并不一定能让人轻易接受。只有做得恰到好处，才能很快地达到预期的效果。与人谈话态度如何，在一定程度上决定你是否受人欢迎。一个与人和颜悦色交谈的人总能打动对方的心。那么，怎样才是良好的谈话态度呢？归纳起来有5点。

（1）表现出兴趣。

在别人讲话时，要注意倾听，如果你望天望地望别处，或者玩弄小物件、翻弄报纸书籍等，别人就会以为你对他的话没有兴趣，会很扫兴。

在人多的时候，你还不能只对其中的一两个你熟悉的人表现出兴趣，你要把注意力分配到所有人身上；对于那些话说得很少，或者神情不太自在的人，你更要特别留神，找机会特别关照一下他。你的注意、你的关心，对他是一种尊重和安慰，正好把他从冷落中挽救出来。

（2）表示友善。

如果你对别人表现出刻薄的神情，或者你对别人所谈的话表示冷淡或鄙视，那么对方谈话的兴趣也就消失了。哪怕你不喜欢听他的话，或者你不同意他的意见，但你对他本人还是应该表示友善，不要因为他说了一句不得体、不适当的话就否定了他的人格。你尊重他，并不妨碍你与他有不同的意见。没有经验的人，一听到不喜欢的话，立刻就表现出不快和不满来，把彼此的关系弄坏、搞僵，从而失去了继续交谈、深入了解的机会。

（3）轻松、快乐、幽默。

真诚的、温暖的微笑，是打开人心灵的钥匙。人的心灵好像对温度有强烈的感知，遇见抑郁的、冰冷的表情就凝结了、变硬了，但遇见欢乐的、温暖的笑容就柔软了、融化了、活泼了。所以，真诚的、温暖的微笑，快乐的、生动的目光，舒畅的、悦耳的声调，就像明媚的阳光一样，使一切欣欣向荣，使谈话进行得更生动顺畅，使大家谈笑风生、心旷神怡。

（4）适应别人。

跟别人谈话要多关心别人，重视别人的口味，善于适应别人。有的人喜欢讲大道理，有的人喜欢高谈阔论，有的人喜欢娓娓而谈，有的人喜欢深思，有的人拙于应对，你要能调节自己迁就一下别人的兴趣与习惯。有满腹经纶的，让他尽情地宣泄；有守口如瓶的，由他吞吞吐吐；有失意的，多给予他一些安慰与同情；有软弱的，多给予他一点鼓舞和激励。假如对方对某个问题产生特别强烈的兴趣，就让他在这方面继续挖掘，畅所欲言；假如对方某个问题不想多谈，就及时转换话题，把谈话引到另一个方向，免得引起不快。

（5）谦虚有礼。

谦虚有礼绝不是说一些不着边际的客气话，谦虚有礼是一方面真诚地尊重对方、关心对方的需要，尽量避免伤害对方，另一方面严格要求自己，对自己的意见与看法带着一种"可能有错"的保留态度，虚心地听取别人的意见，关心别人的感受和反应。

5. 如何培养沟通能力

沟通的目的是让对方了解、理解、接受你的意见和看法。所以，在沟通的过程中，不仅要注意说话的内容，还要注意说话的方式，要考虑对方的接受能力和感受。否则，话不投机，自然难达预期。

一般来说，培养自己的沟通能力应从两个方面努力：一是提高理解别人的能力；二是提高语言表达能力。具体来说，就是要做到以下几点。

（1）要仔细想想自己最有可能在什么场合，与哪些人沟通。

（2）需要客观地评价自己是否具有良好的沟通能力。

（3）你要问问自己，我的沟通方式是否合适。

（4）恰当地运用肢体语言。

请扫描二维码，浏览并剖析"如何培养沟通能力"。

6. 如何提高沟通技巧

（1）选择合适的沟通方式。
（2）把握一切沟通的机会。
（3）沟通语言言简意赅。
（4）善于用眼神来交流。
（5）巧用肢体语言来交流。
（6）学会用倾听来交流。

请扫描二维码，浏览并剖析"如何提高沟通技巧"。

感悟反思

【案例10-2】 当大船遭遇暴风雨时

【案例描述】

以前，有3个人搭乘一艘渔船渡江做生意，船至江心时，遇到暴风雨，摇摆不停。在这危急时刻，船家利用多年的水上经验，主动站出来指挥船上的人。他以不容反驳的口气命令一位年轻的小伙子骑在船中的横木上，以保持平衡，又指挥其他两人摇橹。可是水势过于险恶，而且船上装的大多是布匹和农作物，很容易吸水增加重量。为了保住船身不下沉，必须把船上多余的东西扔掉。船家想都没想就把小伙子的两袋玉米扔入江中，同时把正在摇橹的两人带来的布匹和农作物也扔了下去，只留下了自己带来的一个沉重的木箱。

两个摇橹的人很生气，趁船家没有防备的时候合伙将那个沉重的木箱扔进了江中。木箱一离船，船随即像纸一样飘起来，失去控制，撞到了石头上，所有人都被甩到了急流中。那两个摇橹的人万万没想到，被他俩扔入江中的木箱里装的是用来稳住船的沙石，没有了这箱沙石船就会翻。

【感悟反思】

本来3个人与船家齐心合力就可以渡过难关，没想到船还是翻了。究其原因，主要是船家没有很好地和其他人交流。试想，如果船家告诉船上的人，木箱里装的是用来稳住船的沙石，其他人是绝不可能将木箱扔入江中的。可见，从某种意义上说，沟通得好，可使船渡过难关；沟通得不好，可使船倾覆。

行船如此，个人职场的发展亦然。一个懂得沟通技巧的员工，就犹如一个出色的船长一样，能够及时清楚地告诉团队其他人木箱里装的是什么，使整个团队都能借助这艘"船"的力量顺利上岸。

（1）本案例中造成翻船的主要原因是什么？这给了你哪些启示？
（2）你是否曾有过因沟通不畅而产生误解的经历？下次若遇到同样的事，你将如何处理？

【案例10-3】 不善于沟通的乔治

【案例描述】

一家大型公司需要招聘一位设计总监,人力资源部最终经过综合面试,录用了工作经验丰富,且拥有精湛的专业技能的乔治。乔治上任后,工作热情非常高,经过一个多月的工作,已经完全熟悉了工作内容,且总能想到非常好的设计创意。但碍于情面,他从来不当面向老板提出自己的建设性意见。老板从乔治的表现里逐渐看出了端倪,专门拿出一个方案和他探讨,委婉地让他提出自己的意见。

这时的乔治支支吾吾地说:"老板,您的创意非常好,简直就是完美。"老板沉下脸来,毫不客气地说:"乔治,我请你来是做高参的,不是做'好好先生'的。公司是一个集体,作为其中的一员必须充分发挥你的才华,融入团队,只有这样才能促进公司的发展。以你目前的工作思路怎么能把工作做好呢?"

可是,乔治并没有因此改进,他纵有才华,却一直未能得到老板的提拔。

【感悟反思】

我们都知道"6+6=12""6×6=36",这是一目了然的算式,但在人际交往中,却有非比寻常的意义。两个人的能力都是6,如果他们不深入交流,合作起来的能力最多也就是12;但是如果两个人相互沟通,重新组合,就能发挥出高于原来的效力,至少能达到36。团队成员之间只有团结起来,才能形成强大的团队合力。

(1)你认为乔治应如何改进他的不足之处,使其才华得以充分发挥?

(2)如果一个团队中两个人的能力都是6,如何做才能使两个人组合的能力达到36?

各抒己见 ▶

【案例10-4】 永恒的半分钟

【案例描述】

这是发生在吉林市的一个真实的故事。一辆8路公交车在行驶途中,一位中年男子突然大喊:"司机师傅,我的钱丢了!"女司机连忙问他是什么时候丢的,中年男子说他是在上一站上的车,刚刚发现口袋里的钱不见了。他焦急地解释这钱是给老人治病用的,老人病得很重,急等钱做手术。

丢钱的男子和一些乘客建议:"从上一站到现在中途没有停车,显然小偷仍然在车上,干脆把车直接开到公安局去。"女司机想了想,把车停在路边,并锁上了车门。然后,她对车内的乘客说:"乘客朋友们,谁家都有老人,谁挣钱也不容易,请捡到钱的乘客换位想想,如果丢救命钱的是你,你此刻的心情会怎样?捡钱的乘客,我作为本车的司机发自内心地请你把钱还给失主。如果你确实有困难,迫使你这样做,相信所有的乘客都会原谅你,但你今天一定要把钱还给失主。"见车内静了下来,女司机接着说:"只要你把钱还给失主,大家是不会令你难堪的。"这时,车内静得掉一根针都听得清。女司机接着对乘客说:"请大家协助一下,我数1、2、3,大家闭上眼睛半分钟。捡钱的乘客不要把钱包扔在自己的脚下,"

半分钟后，大家睁开眼睛，奇迹出现了，钱包真的出现在车厢地板上。女司机激动地提议："乘客朋友们，让我们为'捡钱'的乘客'拾金不昧'的精神，为失主的钱失而复得的好运，鼓鼓掌，同时祝生病的老人早日康复！"顿时，车内响起了经久不息的掌声。

虽然无从身临其境，但相信每个听到这个故事的人都能感受到那掌声中有美好和温馨在回荡。那是在女司机那颗仁厚、善良的心的感召下，一颗颗心灵相互撞击发出的声音。其中也有那个"捡钱"的乘客的心，也许他只有"半分钟"的心热、"半分钟"的心动，但就在那短短的"半分钟"里，他接受了一次也许是前所未有的心灵洗礼，不管他是否愿意，那种"心热""心动"的感觉都不会忘记。"半分钟"，平平常常的"半分钟"，因为有一群人用闭上眼睛这种特殊的方式为一个人敞开一扇通向新生活的门而注定永恒！

【各抒己见】

（1）由一个小组选定一位成员讲述该案例。

（2）本案例中的女司机在处理丢钱的事情上，处事方式和说话技巧十分高明，总结一下哪些方面是值得我们学习和借鉴的。

【案例 10-5】 理发师的说话技巧

【案例描述】

理发师带了个徒弟，徒弟学艺几个月后正式上岗。

徒弟给第一位顾客理完发，顾客照照镜子说："头发留得太长。"徒弟不语。

师傅在一旁笑着解释："头发长，使您显得含蓄，这叫深藏不露，很符合您的身份。"顾客听罢，高兴而去。

徒弟给第二位顾客理完发，顾客照照镜子说："头发剪得太短。"徒弟无言。

师傅在一旁笑着解释："头发短，使您显得精神、朴实、厚道，让人感到亲切。"顾客听了，欣喜而去。

徒弟给第三位顾客理完发，顾客一边付款一边笑着说："花的时间还挺长。"徒弟不知该怎么接话，站在一旁绞着衣角。

师傅笑道："为'首脑'多花点时间很有必要，您没听说过'进门苍头秀士，出门白面书生'？"顾客听罢，大笑而去。

徒弟给第四位顾客理完发，顾客一边付款一边笑着说："动作挺利索，15分钟就解决问题了。"徒弟沉默不语。

师傅笑着说："如今，时间就是金钱，顶上功夫速战速决，为您赢得了宝贵的时间和金钱，您何乐而不为？"顾客听了，满意告辞。

晚上打烊，徒弟怯怯地问师傅："师傅，您为什么处处替我说话？反过来，我没有一次做对了。"

师傅宽厚地笑道："不错，每件事都包含两面，有对有错，有利有弊。我之所以在顾客面前鼓励你，作用有两个。对顾客来说，是讨人家喜欢，因为谁都爱听吉利的话；对你而言，既是鼓励又是鞭策，因为万事开头难，我希望你以后把活做得更加漂亮。"

徒弟深受感动。从此，他越发刻苦学艺。日复一日，徒弟的手艺更加精湛了。

【各抒己见】

在沟通中，说话的方法、技巧对成就事业的影响非常大。与人沟通时，说话要坦诚、有分寸、有智慧、有价值并令人易于接受。坦诚是沟通的桥梁，是解决问题最好的办法。

无疑，每个人都希望自己具有从容自如说话的信心，期望自己能展示超凡脱俗的说话魅力。但是，我们须知，说话的信心和魅力如何，与说话的水平和技巧是休戚相关的。敢于说话而不善于说话不行，善于说话而不敢于说话也不行。只有既敢于说话又善于说话，才能如虎添翼、锦上添花，产生良好的交际效果。

人，在鼓励中扬起生活的风帆，在鼓励中享受成功的喜悦，在鼓励中创造奇迹。鼓励他人既是处事的艺术又是做人的美德。被鼓励的人心怀感激，恰是对鼓励者最好的回报。

（1）由一个小组选定一位成员讲述该案例。

（2）本案例中的理发师对不同的顾客表达不同的赞美之词，既鼓励了徒弟，也让顾客高兴，这给了你哪些启示？

（3）假设你是故事中的理发师，针对故事中不同的顾客，你会如何表达赞美之词？

【案例10-6】 敢于说话是成功的第一步

【案例描述】

美国费城有一位青年，为谋求职业，成天徘徊在费城的大街上，总幻想有一位"阔佬"能发现他的存在。然而，不管他做什么引人注目的举动，都无法引起人家的注意。有一天，他突然想起欧·亨利的一句话："在'存在'这个无味的面团中加入一些'谈话'的葡萄干吧。"于是，他突然闯进该城巨富鲍尔·吉勃斯先生的办公室中，请求鲍尔·吉勃斯先生哪怕腾出一分钟来见见他，并容许他讲一两句话。鲍尔·吉勃斯先生看到这位衣衫褴褛的青年神采奕奕，也许出于怜悯，破例满足了他的要求。起初，鲍尔·吉勃斯先生只想应付一两句，想不到两人越谈越投机，一直谈了一小时。结果，鲍尔·吉勃斯先生很快替这个穷困潦倒的青年找到了一份工作。

【各抒己见】

（1）由一个小组选定一位成员讲述该案例。

（2）结合实际，谈谈语言在求职应聘、商业谈判中的重要性。

（3）俗话说"话不投机半句多"，可见在交谈过程中选择双方都感兴趣的话题很重要。你认为在交谈过程中应如何选择话题？

扬长避短 ▶

【案例10-7】 美国"汽车推销之王"乔·吉拉德：认真聆听才能成功

【案例描述】

美国"汽车推销之王"乔·吉拉德曾有过一次印象深刻的体验。一次，某位名人找他买车，他推荐了一种最好的车型给对方。那人对车很满意，并掏出 10 000 美元现钞，眼看就要成交了，对方却突然变卦。

乔·吉拉德为此事懊恼了一下午，百思不得其解。到了晚上 11 点，他忍不住打电话给那人："您好！我是乔·吉拉德，今天下午我曾经向您介绍一部新车，眼看您就要买下，却突然走了。"

"喂，你知道现在是什么时候吗？"对方不耐烦地说。

"非常抱歉，我知道现在已经是晚上 11 点了，但是我检讨了一下午，实在想不出自己错在哪里了，因此特地打电话向您讨教。"乔·吉拉德说。

"真的吗？"对方问。

"肺腑之言。"乔·吉拉德诚恳地说。

"很好！你用心在听我说话吗？"对方又问。

"非常用心。"乔·吉拉德回答。

"可是今天下午你根本没有用心听我说话。就在签字之前，我提到儿子吉米即将进入密歇根大学念医科，我还提到儿子的学科成绩、运动能力及将来的抱负，我以他为荣，但是你听了毫无反应。我不愿意从一个不尊重我的人手里买东西！"对方显然有些生气了。

乔·吉拉德不记得对方曾说过这些事，因为他当时根本没有注意。乔·吉拉德认为已经谈妥那笔生意了，于是无心听对方说什么，而是在听办公室内另一位推销员讲笑话。

这就是乔·吉拉德失败的原因：那人除了买车，更需要得到别人对于其优秀儿子的称赞。

乔·吉拉德恰恰没有"站在对方立场思考与行动"，他只是想当然地以为"已经成交了"。他从此引以为戒，外出推销时不仅要带上自己的"嘴巴"，更要带上自己的"耳朵"，带上感情和爱心。

【思考讨论】

认真聆听、善于聆听，是对他人的一种尊重，一种职业化的表现和自我素质的体现，也是一种礼仪、一门学问。做一个忍耐的听者，是谈话艺术中一项重要的条件。因为能静坐聆听别人意见的人会是一个富有思想，具有谦虚、柔和性格的人。这种人在人群当中，最先也许不大受人注意，但最后则是最得人尊敬的。因为他虚心，所以为众人所喜欢；因为他善于思考，所以为众人所敬仰。

（1）乔·吉拉德在与顾客交流时犯了哪些禁忌？他没能推销成功的原因是什么？

（2）请重新设计一下情景，如果你是乔·吉拉德，你会怎么做？

【案例 10-8】 杰克和约翰买报

【案例描述】

杰克和约翰是多年的同事、好朋友，他们都有看报的习惯。有一次，他们一同去曼哈顿出差。第二天早上，当他们在旅店点完菜之后，约翰说："我出去买一份报纸，一会儿就回来。"

过了 5 分钟，约翰空着手就回来了，嘴里嘟嘟囔囔地发泄着怨气。

"怎么啦？"杰克问道。

约翰答道："我到马路对面的报亭，拿了一份报纸，递给那个家伙一张 10 美元的钞票，让他给我找钱。他不但不给我找钱，反而从我的腋下抽走了报纸，还没好气地教训我。他说我是借买报纸之机破零钱的人。"

两人一边吃饭，一边议论这一插曲。约翰认为，这里的小贩傲慢无礼，不近人情，素质太差，很可能都是一些"品质恶劣的家伙"。

杰克笑笑说："真是那样吗？我去试试。"于是，杰克走到马路对面，面带微笑、十分温和地对报亭的主人说："先生，对不起，能不能帮个忙。我是外地人，很想买一份《纽约时报》看看。可是我手头没有零钱，只好用这张 10 美元的钞票。在您正忙的时候，真是给您添麻烦。"

卖报纸的人一边忙着一边毫不犹豫地把一份报纸递给杰克，说："嗨，拿去吧，方便的时候再给我零钱！"

当约翰看到杰克拿着"胜利品"凯旋的时候，疑惑不解地问："杰克，你说你没有零钱，那个家伙怎么把报纸给你了？"

杰克真诚地说："我的体会是，如果先理解别人，那么自己就容易被别人理解；如果用理解来表示需要，那么自己的需要就容易得到满足。"

【思考讨论】

（1）本案例中的杰克和约翰同样拿着一张 10 美元的钞票去买报纸，可是结果却不一样，分析其成功或失败的原因是什么。

（2）在生活中，像约翰这样的人并不少见，他们总是习惯站在自己的立场，要求别人理解他们，却不愿意尝试理解别人。谈谈在沟通时如何站在别人的立场理解别人。

（3）你也尝试一下拿着一张 100 元的钞票去买 1 份 1 元钱的报纸，思考应该如何沟通。

活动教育

互动交流

【话题 10-1】导游的说话技巧

有一个导游，带着许多游客在瀑布前，众游客兴致很高，议论纷纷，根本听不清导游的安全提醒，导游该怎么办呢？

（1）用手中的扩音器大声说。

（2）挥舞手中的旗，示意大家安静下来，自己有话要说。

（3）如果诸位能安静一会儿，那么我们将听到瀑布更加宏伟的声音。

用心体验一下这 3 种沟通方式各会带来怎样的效果。

【话题 10-2】恰当的说话方式

在沟通的过程中，以下说法是否妥当？你觉得怎样表达会更好一些？请把你的答案写下来，并用清晰、缓慢的语调反复朗读几遍，仔细体会它们的差别。

（1）在这件事上你大错特错了……

（2）你为什么不早告诉我这件事的真相呢？

（3）不要再说了，我快点把它做完就是了！
（4）我很想帮你这个忙，但是我现在实在太忙了，恐怕暂时还做不到。
（5）你这套西服真是太有型了，但是袖口这里如果能再讲究一点就更好了。
（6）我很赞成你的这个提法，但我不同意你的最后一句话。
（7）你的工作热情大家有目共睹，但是我觉得你应该更细致一点。

【话题 10-3】 你认真听了吗

首先老师告诉同学们要进行一个心算小游戏，看谁算得快。接着开始讲述如下内容。
有一辆公共汽车，车上有 28 人。
到下一站上了 18 人，下了 3 人。
到下一站上了 5 人，下了 20 人。
到下一站上了 16 人，下了 2 人。
到下一站上了 4 人，下了 18 人。
到下一站上了 7 人，下了 4 人。
到下一站上了 2 人，下了 5 人。
这时老师停下来，不说话，望着学生，看看学生有什么反应。
然后老师大声说："我的问题是'这辆车停了多少站'，有人算出答案了吗？"
为什么我们认真听了，努力算了，答案却是错的？为什么断定别人一定会问这个问题呢？为什么没有耐心听完老师的问题再说出答案呢？

【话题 10-4】 借项链

阿美是一位空姐，她聪明、友善，深受同事和乘客的喜爱。她与两位同事住在一套公寓里。她有一条精美的项链，是她哥哥送给她的贵重礼物，对她有非常特殊的意义。一个周末，室友阿兰向她求助，想借她的项链戴出去会男友。阿美内心纠结，难以决断。
阿美应如何回复阿兰？请说说你的回复方式，并说明其优劣。

【小贴士】
这里提供 3 种方式供你选择。
（1）不自信的。
尽管阿美觉得这条项链有特殊的私人意义，不适合外借，但她掩藏起怕项链丢失或被弄坏的担忧，为了朋友的面子，说："当然可以！"结果，她委屈自己，满足了阿兰的要求，整个晚上却一直在提心吊胆……
（2）有攻击性的。
阿美对朋友的请求十分生气，告诉她"绝对不行"，并且严厉地指责她竟然提出"这样的无理要求"。阿美这样做既羞辱了阿兰，也嘲弄了自己。过后，阿美感到非常内疚，尽管一再解释，依然没有得到阿兰的谅解，两人的关系也不如从前融洽了。
（3）自信的。
阿美向阿兰说明了项链的特殊意义，礼貌但坚定地说："这个首饰是一件极为特殊的私人物品，你这样的请求让我十分为难！"阿兰感到有点失望，但表示理解。阿美为自己的诚实且自信感到满意，在原则和面子之间做出了明智的选择。此后，两人的关系依然友好。

团队活动 ▶

【活动 10-1】 按照我说的做

【活动过程】
（1）指定做示范动作的学生。
（2）全体学生起立，老师说："同学们，请大家按照我说的做！"
（3）老师说："伸出双臂，与地面保持水平，请用你的大拇指和食指围成一个圈。"观察学生做得是否正确。
（4）然后说："请将上臂举起，做成直角，并用掌心托住你的下巴"。观察学生做得是否正确。

【活动总结】
（1）只有通过语言才能沟通吗？如果不是，还有哪些沟通方式？
（2）你认为在沟通的过程中语言沟通和非语言沟通哪个更重要？
（3）你认为阻碍有效沟通的因素有哪些？

【活动 10-2】 有趣的传话游戏

【活动目的】
通过传话游戏，展示沟通过程中必然存在的信息丢失现象。

【活动过程】
（1）以小组为单位实施，每组学生从前向后纵向排列。
（2）每组的第一个学生从老师处抽一张纸条，记住纸条上的话（例如，妈妈赶马，马慢，妈妈骂马），然后回到自己的位子上。
（3）第一个学生把纸条上的话传给第二个学生，就这样依次向后面的学生传话。
（4）每组最后一个学生走上讲台，将自己听到的那句话在全体学生面前复述。
（5）最先传完的小组的最后一个学生公布答案，如果答案正确，该组就是优胜小组。

【活动 10-3】 幸运搭档

【活动目的】
让参与者深刻感受沟通的形成过程，同时促进对沟通原则的理解。

【活动过程】
（1）每组派两位学生：一位表达（正对屏幕），一位猜词（背对屏幕）。
（2）表达的学生不准说出与屏幕上词语同音的字。
（3）在 3 分钟内，猜出最多词语的小组获胜。

【活动总结】
（1）你观察到沟通中出现哪些现象？
（2）谈谈你了解哪些沟通技巧。

【活动 10-4】 青蛙跳水

【活动目的】 培养倾听的习惯，体会倾听的重要性。
【活动过程】
（1）每组围圈而坐。
（2）每个人说一个字，说出"×只青蛙跳下水，咚……"。
（3）每个人只能说一个字，第一个人说"一"，第二个人说"只"，第三个人说"青"，依次类推，直到第八个人响亮地说出"咚"。
（4）然后，从第九个人开始，依次说"两只青蛙跳下水，咚，咚"。
（5）随着青蛙的数量不断增加，"咚"的次数不断增加。

【活动 10-5】 校园人物访谈

设定一个合适的主题，在校园内寻找一位符合主题的人物进行访谈。访谈的人物可以是优秀老师、技能竞赛获奖的学生、社团积极分子等。访谈的主题可以围绕专业发展、就业前景、获奖心得等。

访谈结束后可以使用口头复述、文字描述、情景模拟、视频再现等形式与师生分享访谈过程，通过学生、老师与被访者三方评价的方式对其进行评价。

在访谈的过程中，能发现自己在沟通表达方面的优点和不足，克服倾听的障碍，消除倾听的误区，从而有效地完成倾听，为进一步提高沟通能力奠定基础。

【活动 10-6】 提升倾听能力训练

请在 30 秒内答完以下问题，不要因为追求速度而忽视了质量。
（1）请在纸的右上方写下你的姓名。
（2）请在纸的左上方写下今天的日期（格式为：××××年××月××日）。
（3）请在左上方日期下面写下"你现在的住址"。
（4）请将你的名字圈起来。
（5）请在纸的左下方画 3 个正方形。
（6）请在每个正方形里画上加号。
（7）请在每个正方形旁边画 3 个等边三角形。
（8）请将每个等边三角形圈起来。
（9）请用你的年龄乘以 24，再加 100，结果乘以 365，请在纸的右下方写下你计算的最终结果。
（10）请在纸的背面写下你最喜欢的一首诗。
（11）请在纸的右下方你计算的数字上面写下背面你写的诗的作者。
（12）请在作者后面写下作者所属的朝代。
（13）请在纸的最上方写下你最近正在看的一本书。
（14）请在纸的右侧，竖排写下你最喜欢的电视剧的名称。
（15）请在纸的左侧，竖排写下你最喜欢的电影的名称。
（16）请与你左右位置的同学握手。

（17）请认真阅读以上内容，如已阅读完毕请只做前 4 道题。

（18）请将自第（17）题以上部分对折放好，答题完毕。

【小贴士】

读完要求，就认认真真地开始做了，但做到第（9）题时感觉时间根本不够用，30 秒不可能答完，直到读完第（17）题才恍然大悟。

（1）如果你能从头到尾"听"完问题，你就可以在 30 秒内将第（1）～（4）题答完。

（2）如果你能真正倾听问题，就可以写下正确的日期：××××年××月××日，而不是××××年××月×日。

（3）如果你能真正明白问题所表达的意思，就可以写下正确的"你现在的住址"6 个字，而不是写下你的具体地址。

其实，这是一个稍有陷阱的训练，在一定程度上说明了在与对方沟通或交流时的一些潜意识会误导你的判断。仔细想想，你在交流时能否等对方把话说完，又能否真正明白对方的意思。例如，在与人交流时，你是否会在别人话说到一半时就迫不及待地打断对方，表示自己明白对方接下来要表达的是什么意思，但当别人说完时却发现完全不同；是否当对方完全说完时，你的理解却仍与对方的表达有出入等。如果大家在学习中能认真倾听老师讲课，就会学得更快、更多；如果在工作中能认真倾听同事讲话，使对方有种被尊重和重视的感觉，就会拉近与对方之间的距离，提升自己的人际交往能力。

【活动 10-7】 交流表达训练

【活动目的】 锻炼说话的胆量和技巧，提高交流表达能力。

【活动过程】

（1）面带微笑，放松情绪，充满自信地走到同学面前或走向讲台。

（2）从以下内容中选择一项自己的强项完成，时间为 3 分钟。

① 大声朗诵诗歌或名人名言。

② 大声朗诵一段散文。

③ 讲一个有趣的故事。

④ 讲述一个新名词术语。

⑤ 简要介绍一下自己近期的学习或工作情况。

【运用技巧】

（1）讲话前，深吸一口气，平静心情，面带微笑，眼神交流一遍后，开始讲话。

（2）勇敢地讲出第一句话，声音大一点，速度慢一点，说短句，语句中间不打岔。

（3）当发现紧张卡壳时，停下来有意识地深吸口气，再随着吐气讲出来。

（4）如果表现不好，自我安慰"刚才怎么又紧张了？没关系，继续平稳地讲"，同时，用感觉和行动上的自信战胜恐惧。

（5）在紧张时，可以做放松练习，深呼吸，或者用力握紧拳头，又迅速放松，连续 10 次。

【活动 10-8】 说话技巧训练

针对以下场景，分别使用祈使句、请求式肯定句、请求式疑问句告诉听者，并注意语音、语调、节奏和表情等，亲身感受不同的表达方式的效果。

场景 1：有人在候车室抽烟。
场景 2：有人在办公室大声喧哗。
场景 3：有人在旅游景点随手丢垃圾。
场景 4：有人在公交车内大声打电话。
场景 5：有人在电梯内贴小广告。
场景 6：有人在教室打闹。

【参考样例】

当你正忙时，有人急急忙忙走进来，请你办事，此时你可以用以下方式告诉对方。

第一种方式：使用祈使句"等一下"，听者容易被触怒——我为什么要等？
第二种方式：使用请求式肯定句"请您等一等"，听者能接受。
第三种方式：使用请求式疑问句"请您稍等，好吗"，以商谈的口吻要求别人做事，听者容易接受。

总结评价

改进评价

经过本单元的学习与训练，在沟通能力方面有了较大提升。从口头沟通、倾听、书面沟通方面对沟通能力进行自我评价，根据自身的表现与改进程度，在表10-5"自我评价"列中对应处填写"优秀""良好""一般""较差""很差"，再根据评价结果进行进一步的改进。

表10-5 沟通能力提升的自我评价

评价指标	优秀（96~100分）	良好（81~95分）	一般（66~80分）	较差（46~65分）	很差（45分及以下）	自我评价
口头沟通	具备出色的说话技巧，简明扼要，易于理解	口头沟通能够表达意图，重点突出，较易于理解	口头沟通基本能够表达意图，重点比较突出，偶尔需要重复说明	口头沟通语言欠清晰，但尚能表达意图，有时需要反复解释	口头沟通含糊其词，表达不清	
倾听	能够很好地倾听别人的意见，很快明白其想法和要求	能够注意倾听，明白对方的想法和要求	能够倾听，基本能领会对方的想法	能够倾听，有时不能领会对方的想法	不注意倾听，常常不知对方所云	
书面沟通	书面表达清晰、简洁，易于理解，能自如地应对不同工作的要求，灵活采用不同的书面表达方式	书面表达几乎不用修改补充，能够比较准确地表达自己的意图	书面表达基本通顺，基本能表达清楚其主要意图	书面表达不够通顺，但尚能表达清楚其主要意图	书面表达文理不通、意图不清，须做较大修改	

自我总结 ▶

经过本单元的学习与训练,针对沟通方面,在思想观念、理论知识、行为表现方面,你认为自己哪些方面得以改进与提升,将这些成效填入表 10-6 中。

表 10-6 沟通方面的改进与提升成效

评价维度	改进与提升成效
思想观念	
理论知识	
行为表现	

单元 11

好学勤思、增长才干

竞争力源于创造力，创造力源于学习力。现代社会科学技术迅猛发展，知识更新越来越快，"保鲜期"越来越短。人才学上的"蓄电池理论"告诉我们，一块高能电池的蓄电量是有限的。只有不断地进行周期性充电，才能可持续地释放能量。那种一次性"充电"即可受用终身的时代已成为历史，只有终身持续不断地学习，不断更新自己的知识，才能与时俱进，胜任本职工作。

学习虽无法改变人生的长度，却能增加人生的厚度；学习虽无法改变人的出身，却能改变人的命运。抓紧学习就是抓住了未来。学习是一种受益终身的习惯，学习是自我的使命。对学习负责就是对自己负责，以学习为责任，以成长为动力，你也可以成长为卓越的人。

在知识经济时代，竞争归根结底是人才的竞争。优秀的人才必然具备两种能力：学习能力和创新能力。唯有学习才有创新，唯有创新方可进步。学习不仅是一种手段，更是一种态度。生命不息，学习不止，这是人生的应有之义。

未来的世界是给有学习能力的人准备的，只有不断学习的人才能具备更大的竞争力。学习能力是职业化的核心能力，只有精益学习，快学一步、多学一点才能使你获得竞争优势。向书本学、向他人学，把工作变成最好的学习场所，为事业的成功构建充实的知识储备。知识的价值不在于拥有，而在于应用，活学活用，要将知识转化为现实的职业能力。

课程思政

本单元为了实现"知识传授、技能训练、能力培养与价值塑造有机结合"的教学目标，从教学目标、教学过程、教学策略、教学组织、教学活动、考核评价等方面有意、有机、有效地融入学习能力、自主学习、创新学习、终身学习4项思政元素，实现了课程教学全过程让学生在思想上有正向震撼、在行为上有良好改变，真正实现育人"真、善、美"的统一、"传道、授业、解惑"的统一。

自我诊断

自我测试

【测试 11-1】 学习能力测试

请扫描二维码，浏览并完成学习能力测试题。总共有 25 道题，每道题都有相同的 5 个备选答案，分别为：A. 很符合自己的情况；B. 比较符合自己的情

在线测试

况；C. 很难回答；D. 不太符合自己的情况；E. 很不符合自己的情况。请你根据自己的实际情况，每道题选择一个答案。

【计分标准】

选 A 得 5 分，选 B 得 4 分，选 C 得 3 分，选 D 得 2 分，选 E 得 1 分。

【测评结果】

101 分及以上：学习能力优秀；86～100 分：学习能力较好；66～85 分：学习能力一般；51～65 分：学习能力较差；50 分及以下：学习能力很差。

【测试 11-2】 学习类型测试

所谓学习类型，是指学生在变化不定的环境中从事学习活动，通过其知觉、记忆、思维等心理过程，在外显行为上表现出带有认知、情绪、意志、生理几种性质的习惯性特征。

请扫描二维码，浏览并完成学习类型测试题，对各题请进行"是"与"否"的回答。

在线测试

【计分标准】

第 2、3、4、7、12、13、14、15、16 题选"是"记 0 分，选"否"记 2 分；其他题目选"是"记 1 分，选"否"记 0 分。

【测评结果】

将题号为奇数的题目得分相加，再将题号为偶数的题目得分相加。其中，奇数题测的是认知型学习方式的类型，偶数题测的是记忆型学习方式的类型。

（1）你的奇数题得分。

① 得分为 0～3 分：表明你的认知型学习方式为思考型，即解决学习中的问题倾向于深思熟虑，不草率行事。

② 得分为 4～8 分：表明你的认知型学习方式为中间型，即介于思考型与冲动型之间。

③ 得分为 9～12 分：表明你的认知型学习方式为冲动型，即反应敏捷、迅速，但往往考虑不周、错误较多。

（2）你的偶数题得分。

① 得分为 0～4 分：表明你的记忆型学习方式为听觉型，即你的听觉记忆占优势，听过的东西比看过的东西更容易记住。

② 得分为 5～8 分：表明你的记忆型学习方式为中间型，即介于听觉型与视觉型之间。

③ 得分为 9～13 分：表明你的记忆型学习方式为视觉型，即你的视觉记忆较听觉记忆好，看过的东西比听过的东西更容易记住。

【测试 11-3】 学习主动性测试

请扫描二维码，浏览并完成学习主动性测试题。请不加思考回答，与你情况相符的回答"是"，不相符的回答"否"。

在线测试

【计分标准】

前 15 小题选"是"记 0 分，选"否"记 1 分；后 15 小题选"是"记 1 分，选"否"

记 0 分。

【测评结果】

(1) 得分为 25～30 分：说明你的学习主动性很强，请继续保持。

(2) 得分为 16～24 分：说明你学习有主动性，还需要进一步加强。

(3) 得分为 15 分及以下：说明你学习缺乏主动性，请赶快对照题目的内容，向好的方向努力吧。

分析思考 ▶

回答以下各题，对学习能力的现状进行分析。

(1) 你周一到周五每天课外自学时间一般为（　　）。
　A．小于 2 小时　　　　　　　　B．2～4 小时（含）
　C．4～6 小时　　　　　　　　　D．大于 6 小时

(2) 你周六和周日每天课外自学时间一般为（　　）。
　A．小于 2 小时　　　　　　　　B．2～4 小时（含）
　C．4～6 小时　　　　　　　　　D．大于 6 小时

(3) 你平时自学的内容多是关于（　　）方面的。
　A．专业课书籍　　　　　　　　B．英语或其他语言
　C．励志传记类　　　　　　　　D．其他自己喜欢或想从事职业的相关书籍

(4) 你专业课学习的原动力来自（　　）。
　A．自己的爱好　　　　　　　　B．学校、家长的要求
　C．社会需求（如就业等）　　　D．其他方面

(5) 你认为自己现在学习是为了（　　）。
　A．考试通过就行　　　　　　　B．有更好的未来
　C．被迫不得不学　　　　　　　D．爱好所在

(6) 你觉得你的学习能力在哪些方面有待提高？（　　）（不定项）
　A．独立思考和注意力　　　　　B．听、说、读、记的方法
　C．理解和分析问题的能力　　　D．运用知识和技能解决实际问题的能力

(7) 你平时通过哪种渠道查找资料？（　　）（不定项）
　A．百度　　　　　　　　　　　B．中国知网等查询系统
　C．图书馆　　　　　　　　　　D．其他渠道

(8) 你遇到疑问经常自己查资料解决吗？（　　）
　A．经常　　　　　　　　　　　B．偶尔
　C．通常问老师、同学等　　　　D．不在乎

(9) 你经常预习功课吗？（　　）
　A．全部认真预习　　　　　　　B．基本上预习
　C．有时预习　　　　　　　　　D．没时间预习

(10) 你的学习主动性如何？（　　）
　A．主动完成学习任务　　　　　B．能够完成学习任务
　C．不得不完成学习任务　　　　D．说不清楚

(11) 你经常在哪儿学习？（   ）

　　A．图书馆　　　　　　　　　B．教室

　　C．食堂　　　　　　　　　　D．宿舍

　　E．其他场所

(12) 你认为哪方面最容易影响自己自习？（   ）

　　A．同学的学习氛围　　　　　B．学校的硬件设施

　　C．自己不愿学习　　　　　　D．自制力

(13) 你经常抄袭作业吗？（   ）

　　A．一般不抄　　　　　　　　B．偶尔

　　C．经常　　　　　　　　　　D．能抄就抄

(14) 自入学以来自己的学习能力发展趋势如何？（   ）

　　A．逐渐提高　　　　　　　　B．逐渐降低

　　C．先高后低　　　　　　　　D．先低后高

(15) 你在课外自学时经常制订学习计划吗？（   ）

　　A．一般不制订　　　　　　　B．偶尔

　　C．经常　　　　　　　　　　D．多数情况下都制订

(16) 哪方面占用你的课外时间最多？（   ）

　　A．学习（包括网上学习、上辅导班）　B．社团、兼职

　　C．玩游戏、上网冲浪、看电影等　　　D．其他方面

(17) 你对学习的态度是（   ）。

　　A．非常认真　　　　　　　　B．能学多少是多少

　　C．打发时间　　　　　　　　D．其他方面

(18) 以下哪句话最能引起你的共鸣？（   ）

　　A．现在学习成绩不太重要，综合能力要强

　　B．应该广泛涉猎才能增长才干

　　C．在某一领域做到精通就可以

　　D．50%以上的课外时间在实践中学习更好

　　E．学校的学习氛围太差，自己打不起精神学习

　　F．学习是生活的一部分

　　G．以上各项有4项及以上我十分赞同

　　H．以上都不赞同

自主学习

熟知标准 ▶

　　学习能力是指丰富自己的专业知识或提高自己的职业技能，与他人分享专业经验的能力与动机。个人通过有计划的学习和实践，增长学识、提高技能，并将其应用到日常工作中，

以提高个人和组织绩效。其关键点是能够积极利用多种途径和多种资源为自己创造学习机会，善于总结经验。

1. 学习能力的评价要素

学习能力的评价要素如表 11-1 所示。

表 11-1　学习能力的评价要素

评 价 要 素	要 点 描 述
学习积累	对别人身上的闪光点或好的做法，即使目前不适用，也要记录和积累下来。多向有经验的人学习好的想法和好的做法
直接运用	将别人明确表述的经验和做法应用到工作中
举一反三	对别人明确表述的经验和做法加以调整或修改，用于解决不同的问题
融会贯通	将各方面知识的精髓融为一体，得到处理不同问题的通则或经验、方法，并将之变成自己的东西，用它来分析现实中的工作问题，提出有效的解决办法
提炼升华	从经历的偶发体验或事件中，亲自总结出解决问题的方法并加以运用

2. 学习能力的评价标准

学习能力的评价标准如表 11-2 所示。

表 11-2　学习能力的评价标准

等　级	行　为　描　述
1 级	① 能够在本专业领域展示基本知识，并能将这些知识有效地应用于实践中 ② 能够积极主动地了解本专业领域的最新发展情况，并与专业知识保持同步发展 ③ 能够运用专业知识和经验解决问题、帮助他人，有时能够促进项目进展或改善当前局面
2 级	① 能够主动展示非专业领域的知识，并能利用非专业领域的知识提升业务 ② 能够利用自己的知识和技术促进其他部门工作或项目的进展，以提高其他部门的工作效率 ③ 能够吸收与利用他人的经验和做法，用于解决自己所遇到的问题
3 级	① 能够不断寻找新的学习机会，掌握新的专业知识和技能，从而提高自己的综合能力 ② 能够在专业期刊上发表论文或作品，展示自己的专业能力 ③ 能够从突发或偶发事件中总结经验并为我所用 ④ 能够在组织内充当新技术、新知识的倡导者与传播者的角色

明确目标 ▶

在学习、生活、工作中不断提高自己的学习能力，努力实现以下目标。

（1）明确学习目标。

将个人学习目标与职业生涯规划相结合，并制订相应的学习计划。

（2）增强学习意识。

不断提高对新知识、新技能的学习热情，积极利用多种途径为自己创造学习机会，在发展中不断学习，在学习中不断发展；经常性地总结经验、增长学识、提高技能，为获得未来有利的发展打下基础。

（3）端正学习态度。

主动学习岗位所需的专业知识，积极参加培训，以学习为乐，不耻下问，不断改进学习方法并尝试新的学习方法。

（4）认真查找差距。

善于分析自身知识和工作要求的差距，并快速采取行动弥补自己缺乏的知识与技术。

（5）善于总结经验。

善于总结成功的经验，善于吸取失败的教训，不断寻找提高自己能力的途径。

榜样激励 ▶

【案例 11-1】 比尔·盖茨的好学

【案例描述】

比尔·盖茨出生在美国华盛顿州的西雅图市，父亲是当地著名的律师，母亲是华盛顿大学董事与银行系统董事。比尔·盖茨从小就喜欢阅读，父亲的藏书总是令他爱不释手。无论是人物传记还是地理经济读物，他都有所涉猎，在丰富知识的同时，也塑造了他良好的品格，为日后成就事业打下了坚实的基础。

中学的时候他就已经开始学习编写程序，考入哈佛大学后又开发了 BASIC 程序。从哈佛大学辍学后，他在美国新墨西哥州找到了一份编写程序的工作。比尔·盖茨在高中时就常常偷偷学习计算机编程技术。据统计，他每天花 8 小时学习计算机编程技术。事业有成之后，他依然热爱读书，在他的别墅里，有一间藏书 14 万余册的大图书馆。

比尔·盖茨说："即使在科技领域，学习新东西也会带来无穷的乐趣，当我想找出我们在不同时期的转变模式到底会把我们导向何方时，我就会召集专家为我讲解有关信息。我花两个星期来做'学习周'，在那期间，我阅读专家们提供给我的材料，然后用最快的速度把它们组织在一起。"人生成长的每个阶段，他都与书相伴，不断提升和充实自己，使自己的事业不断迈上新台阶。终身学习的习惯让比尔·盖茨能够始终紧跟科技和时代的发展，从而保证了微软公司能够在激烈的市场竞争中始终保持领先地位。

【思考讨论】

（1）比尔·盖茨终身学习的习惯给了你哪些启示？

（2）比尔·盖茨都如此好学，而我们更应该持续不断地学习，方能适应新时代。谈谈你近期的学习打算。

【案例 11-2】 李嘉诚成功的奥秘在于学习

【案例描述】

李嘉诚拥有一个巨大的"商业王国"，是世界富豪之一。有位记者曾问李嘉诚："今天你拥有如此巨大的'商业王国'，靠的是什么？"李嘉诚回答说："依靠知识。"有位外商也曾问过李嘉诚："李先生，您的成功靠什么？"李嘉诚毫不犹豫地回答："靠学习，不断地学习。"

不断地学习，是李嘉诚成功的奥秘！李嘉诚勤于学习的习惯为商界所共识和尊崇。

李嘉诚勤于学习，在任何情况下都不忘记读书。青年时打工期间，他坚持"抢学"，创业期间依然坚持"抢学"，经营自己的"商业王国"期间，仍孜孜不倦地学习。晚上睡前是他铁定的看书时间，他喜欢看人物传记，无论在医疗、政治、教育、福利哪个方面，只要是对全人类有所帮助的人他都很佩服，都心存景仰。李嘉诚一天工作十多个小时，仍然坚持学英语。他早年专门聘请一位私人老师每天早晨 7 点 30 分上课，上完课再去上班，天天如此。他早在办塑料厂时就订阅了英文塑料杂志，既学英语，又了解世界最新的塑料行业动态。苦读英文使李嘉诚与其他早期从内地到香港发展的企业家有所区别。当年，懂英文的商人在香港社会很稀缺。懂得英文，使李嘉诚可以直接飞往英、美各国，参加各种展销会，谈生意可直接与外籍投资顾问、银行的高层打交道。如今，李嘉诚已年逾九十，仍爱书如命，坚持不懈地读书学习。

李嘉诚曾说："在知识经济的时代，如果你有资金，但缺乏知识，没有最新的信息，无论何种行业，你越拼搏，失败的可能性越大；但是你有知识，没有资金的话，小小的付出就能够有回报，并且很有可能达到成功。现在跟数十年前相比，知识和资金在通往成功的道路上所起的作用完全不同。"

【思考讨论】

学习帮助我们了解了世界的奥秘，满足了对世界万物的好奇心，开阔了眼界，发掘了自己的潜能，而且还能不断提高精神境界，使我们不断超越自己。学习是丰富知识、增长才干的主要途径，能让我们适应社会发展的要求。

（1）李嘉诚成功的奥秘是什么？

（2）李嘉诚虽已年逾九十，但仍爱书如命，坚持不懈地读书学习，而我们作为正处于求学阶段的学生更应如此。今后你有什么学习计划？

知识学习 ▶

1. 学习

学习的概念很广，它包括：学习一门新的技能，学习别人的长处，学习适应环境，学习成长等。总之，它是一种状态，处于学习状态的人永远不会觉得满足，总是倾向从外界吸取对于自己有益的东西。

常言道："书山有路勤为径，学海无涯苦作舟。"无止境地学习，是每个智者所必需的。一个人要想跟上时代的潮流，就得不断地学习，这也是我们经常说的"活到老，学到老"。学习是人类认识自然和社会、不断完善和发展自我的必由之路。无论是一个人、一个团体，还是一个民族、一个社会，只有不断学习，才能获得新知、增长才干、跟上时代。

我们不仅要为适应目前的工作需要而学习，还要为实现未来的职业目标而学习。职场中没有永远的"红人"，只有不断地学习新知识、具备新技能才能适应环境的变化，才能在工作中成长。学习是一个不断进行知识更新、知识创新的过程。每个人必须有能力在工作和生活中利用各种机会去更新、深化和进一步获得知识，使自己适应快速发展的社会。每个人必须具备自我发展、自我完善的能力，不断地提高自我素质，不断地接受新知识和新技术，不断地更新自己的观念、专业知识和能力结构，使自己的观念、知识体系跟上时代的变化。

2. 学习力

学习力是学习动力、学习能力、学习持久力和学习创新力的总和，是人们获取知识、分享知识、使用知识和创造知识的能力，是衡量一个人或一个组织综合素质和竞争力的重要标准。现代企业之间的竞争，从本质上说是学习力的竞争。企业要想保持持久的竞争优势，关键在于时刻比竞争对手具备更强的学习和创新能力。建设学习型组织的目的在于使员工通过不断学习、反思、改进、创新，为企业增强竞争实力、不断成长壮大提供持久的动力。

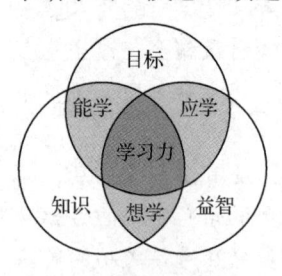

我们要努力提高自己的学习力：

一要培养学习的热情。真正把学习当成急需的事、自己的事、有益的事。

二要养成学习的习惯。让学习成为习惯并不困难，难在长久坚持。

三要追求学习的乐趣。钻研自己的专业，抓住自己的专长，发展自己的爱好。

3. 学习能力

学习能力是指理解各类信息的内涵和外延，并通过提炼和记忆转化为自身知识、技能，用来解决实际工作问题的能力。学习能力是对知识充满好奇心，能积极主动地、有计划地学习和实践，调整知识结构、丰富知识存量、提升专业技能，并将所学知识和技能灵活运用到工作实践中，创造良好业绩的能力。

马化腾曾说："我不盲目创新，微软、谷歌做的都是别人做过的东西。最聪明的方法肯定是学习最佳案例，然后超越。""提高学习能力，善于学习，持续学习"是腾讯一贯强调的企业文化之一。

学习能力的强弱是现代企业衡量员工职业能力高低的一个重要标准。学习能力强的员工通常会有以下优良的表现。

（1）对新知识、新方法、新技术抱有强烈的好奇心和学习欲，并勇于尝试。

（2）善于抓住和利用各种学习的机会与资源充实自己。

（3）设有明确的学习目标，并付诸行动，愿意付出更多的时间和精力。

（4）善于分析、总结成功的经验，善于吸取失败的教训。

（5）尽量保持自己的专业水平处于行业或企业内部的领先地位。

（6）以积极的心态，乐于接受他人的批评、意见和建议。

4. 学习方法

学习本身也是一门学问，需要有科学的方法，需要有遵循的规律。虽说"书山有路勤为径"，但更要注重"学海无涯'巧'作舟"。掌握高效的学习方法，学习效率就高，学得就轻松，思维也就灵活、流畅，你就能很好地驾驭知识，真正成为知识的主人。

学习方法是通过学习实践总结出的快速掌握知识的方法。因其与学习并掌握知识的效率有关，所以越来越受到人们的重视。本书吸收各种学习理论的基本观点，总结了优秀的学习经验，推荐下列学习方法，作为学法体系的支柱。

（1）目标学习法。

（2）问题学习法。

（3）矛盾学习法。

（4）联系学习法。
（5）归纳学习法。
（6）缩记学习法。
（7）思考学习法。
（8）合作学习法。
（9）循序渐进法。
（10）持续发展法。
请扫描二维码，浏览并理解"学习方法"。

5. 自主学习

自主学习是一种能动的学习，是指个体在学习过程中一种自觉、主动的学习行为。自主学习要求有明确的学习目的和学习动机，自觉适应专业要求和社会需要，积极主动地掌握相关知识、技能和方法，使自己真正成为学习的主人。自主学习要求合理制定学习目标，科学安排学习时间，掌握正确的学习方法，全面提高自主学习能力。

在自主学习状态下，学习的压力产生于内在需求的驱动，即自我价值实现和社会责任感的驱动，而不是外在的压力或急功近利的行为。自主学习的过程是从"想学"到"会学"的过程。

6. 主动学习

主动学习，即把学习当作一项发自内心的、反映个体需要的活动。它的对立面是被动学习，即把学习当作一项外来的、不得不接受的活动。

主动学习的习惯，本质上是视学习为自己的迫切需要和愿望，坚持不懈地进行自主学习、自我评价、自我监督，必要的时候进行适当的自我调节，使学习效率更高、效果更好。

7. 全面学习

学习不仅是学习知识，更为重要的是掌握科学的方法，培养探索求知的热情，学会分析和解决理论与实际问题。学习不仅要认真学好专业知识，还要学好有利于提高自身综合素质的各方面知识，完善知识结构。学习不仅是掌握书本知识，还要向实践学习、向生活学习，努力提高动手能力和实践能力。

8. 创新学习

创新学习是一种以求真务实为基础，采取创造性方法，积极追求创造性成果的学习。树立创新学习的理念，就是要脚踏实地，打下扎实的专业根基；同时，要善于思考，勇于开拓，不断激发自己的创新意识，敢于突破陈旧的思维定式，努力培养创新精神。在学习的过程中，不仅要善于组合、加工、消化已有知识，而且要力求有所发现、有所创新。

9. 终身学习

当今世界，科技发展日新月异，知识、信息的更新和增长空前快速，新情况、新问题层出不穷。人们要适应不断发展变化的客观世界，就必须把学习从单纯的求知变为生活的方式，努力做到"活到老，学到老"。我们已经进入终身学习的时代，要树立终身求知、终身学习的理念。

终身教育是一种知识更新、知识创新的教育，终身教育的主导思想是要求每个人必须有能力在自己的一生中利用各种机会，去更新、深化和进一步充实最初获得的知识，使自己适应快速发展的社会。

终身学习是指社会每个成员为适应社会发展和实现个体发展的需要，贯穿于人的一生的、持续的学习过程，即我们常说的"活到老，学到老"或"学无止境"。在特殊的社会、教育和生活背景下，终身学习理念得以产生，具有终身性、全民性、广泛性等特点。自提出终身教育和终身学习理念后，各国普遍重视并积极实践。终身学习启示我们树立终身教育思想，使学生学会学习，更重要的是培养学生养成主动的、不断探索的、自我更新的、学以致用和优化知识的良好习惯。

终身学习能使我们克服工作中的困难，解决工作中的问题；能满足我们生存和发展的需要；能使我们得到更大的发展空间，更好地实现自我价值；能充实我们的精神生活，不断提高生活品质。

10. 学习型社会

我们正在步入学习型社会，学习型社会的学习特征与传统社会截然不同。今天的学习实质、目的和重心都与以往有所不同。学习型社会的学习特征主要表现在如下方面。

（1）学习是终身的，无法分为教育阶段与工作阶段。

（2）学习在各种环境与机构中进行，学校只是学习的场所之一。

（3）各种形态的学习与学校教育相互促进，学习是形成经验、满足需要的过程。

（4）每一阶段的学习成败只具有相对意义，不能作为区分社会组成分子的指标。

（5）强调人的全面发展与创意，重视个人的自由发展与社会成员的不同思维方式。

（6）强调以终身教育的方式，协助个人接受现代思潮，建立科学态度与相对意识。

今天，在全球范围内，学习和教育的变革，正在引导和促进全体社会成员向学习型社会方向发展，为适应学习型社会培育必备的学习理念和学习能力。

学习型社会的发展要求我们采取几乎全新的学习方式。未来学习的成功者绝不是单纯看掌握知识的质和量的多少。当代学习的实质性问题是：是否知道学习什么、获取什么知识，是否知道从哪里学，能否运用所学知识来解决问题，是否具有构建知识结构、更新知识和创新的能力与本领。

11. 学习型组织

学习型组织是一个为完成共同目标而共享信息和其他资源，并按一定的规则和程序通过充分的沟通与协商开展工作的群体。

学习型组织理论是由美国麻省理工学院教授彼得·圣吉首先提出来的，目前很多组织都提出要做学习型组织。随着社会化大生产时代的到来，企业分工越来越细，只有全员学习、团队学习，才能保证企业的每个部门都能达到一致的目标，最终成就一个了不起的企业。

企业要想在发展过程中不断创新、提高竞争力，应激发企业员工的个人追求和不断学习的热情，从而使之形成学习型组织。一旦员工真正地开始学习，企业定会形成良好的文化氛围，整个团队会快速地成长起来，企业的竞争力便会不断增强。事实证明，学习型组织能够使团队成员构筑共同的愿景，相互信任，缔结牢不可破的心灵伙伴关系，竭力合作，形成强大的合力，促使整个团队提高战斗力。在国外，苹果、谷歌、IBM等公司的成功与其各自独特的学习文化是分不开的。在国内，海尔可谓以学习型文化取胜的成功典范。用张瑞敏的话说："有生于无，无形的财富可以变成有形的财富。"学习虽是无形的东西，但在整个企业发展过程中十分重要，它对于企业的成长并不是直接的因素，却是最持久的决定因素。一个乐于学习、勤于学习的企业能够广纳时代发展的精华，从而不断有所创新、不断发展。

在学习型组织中，每个人都要参与学习和解决问题，使团队不断地尝试，改善和提高团队成员的能力。学习的基本价值在于解决问题及提高团队成员本身的素质。学习型组织倡导工作学习化，即把工作的过程看成学习的过程，工作跟学习同步进行；学习工作化，即上班不只是工作，而是把生产、工作、学习和研究这4件事情有机地联系起来。

学习可促进团队成员相互协作和配合，学习型组织永远不满足于现状。企业学习必须坚持全员参与，形成广泛的共识，把"学会学习"的意识变成普通的意识，把学习的成果应用到实践中，把学识变成共识。只有这样，企业才会充满凝聚力，才能在竞争中越战越强。

12. 遗忘曲线

所谓遗忘，是指我们对于曾经记忆过的东西不能再认起来，也不能回忆起来。错误的再认和错误的回忆，这些也是遗忘。

遗忘曲线由德国心理学家艾宾浩斯（H.Ebbinghaus）研究发现，描述了人类大脑对新事物遗忘的规律，是人类大脑对新事物遗忘的循序渐进的直观描述。人们可以从遗忘曲线中掌握遗忘规律并加以利用，从而提升自我记忆能力。该曲线对人类记忆认知研究产生了重大影响。

艾宾浩斯研究发现，遗忘在学习之后立即开始，而且遗忘的进程并不是均匀的。最初遗忘速度很快，以后逐渐放缓。他认为"保持和遗忘是时间的函数"，他用无意义音节作为记忆材料，用节省法计算保持和遗忘的数量，并根据实验结果绘成描述遗忘进程的曲线，即著名的艾宾浩斯遗忘曲线。

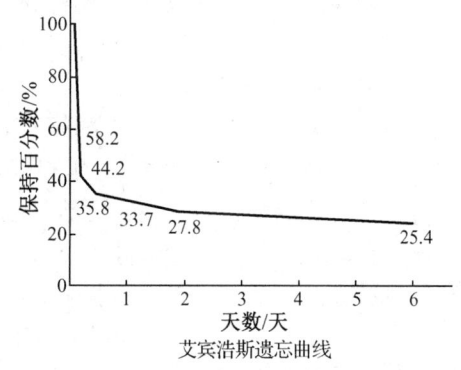

这条曲线告诉人们，学习中的遗忘是有规律的，遗忘的进程很快，并且先快后慢。观察曲线你会发现，学得的知识在一天后，如不抓紧复习，就只剩下原来的33.7%。随着时间的推移，遗忘的速度减慢，遗忘的数量也就减少。

如果你能让记忆信息在即将遗忘但还没有遗忘时能再次刺激大脑，则记忆可迅速恢复到一开始的水平。经过这样的多次反复，记忆痕迹将越来越深，直到最后成为永久记忆。

13. 学习革命

知识的更新速度实在是太快了，为应付这种变化，我们需要学会学习。学习是现代人的第一需要。今天的学习在诸多方面发生了变化，我们已经不能用以往的学习眼光来看待现在的学习了，明智的态度就是积极主动地投身于学习革命。

时代的变化给学习带来了革命性的变化。唯有把握和投身于今天的学习革命，学习才能真正对我们有益。

（1）学习方式的革命。
（2）学习时空的革命。
（3）学习内容的革命。
（4）学会学习。
（5）学习的个别化。
（6）工作即学习。
请扫描二维码，浏览并理解"学习革命"。

课堂教学

观点剖析

1. 学习是生存和发展的根本

学习是员工进步的阶梯，创新是企业发展的灵魂。在充满机遇的新经济时代，只有善于学习、善于创新的员工和企业才能带来核心竞争力的"升级"，铸就企业新辉煌。"博观而约取，厚积而薄发。"时代要求我们树立主动学习、超前学习、终身学习理念，养成自觉学习、终身学习的习惯，真正把学习作为一种精神追求、一种生活态度、一种工作责任，通过学习提升自身素质、提高人生境界。

在当今竞争社会中，只有坚持不懈、不断学习，积极思考、不断超越，提高自己、养成习惯，完善自我、提升素质，才能更好地适应社会发展和工作生活的需要，干好自己的本职工作，在自己的岗位上发光、发热，取得更优异的成绩。

一个现代社会的新型人才，应该具备诸多方面的素质，如高尚的品德、超凡的气质、敬业的精神、专注的性格等，这些都是通过不断学习逐渐获得的。

只有不断学习，我们才能有乐观的生活态度，以微笑的目光、平静的心态看待一切，建立健康、丰富的生活方式；只有不断学习，我们才能形成多元思维方式，在面对同一种境况时，有多种考虑和选择途径；只有不断学习，我们才能不断地充实自己，把环境的变化看成迎接挑战和再学习的机会，而不会在瞬息万变的事物面前惊慌失措、愁眉不展。

2. 学习是开启成功之门的金钥匙

学习首先是一种态度，生活中处处有学问，要抱着学习的态度去生活，抱着学习的态度去工作。因为学习带来的知识和阅历将是人生中最大的财富。

善于学习是绝大多数成功者必备的素质。成功者与平庸者或失败者的最大区别是他们用心、努力在机会出现前做好充足的知识、技能和经验准备，当机会出现时才不会让它与自己擦肩而过。而有些人虽然肯吃苦、肯卖力，但因知识、技能和经验的准备不足而错失成功的良机，无法品尝成功的喜悦和快乐。

学习是成长的阶梯，是成功的发动机。要想在激烈的职场竞争中胜出，就必须不断充实自己，以强势的知识、技能和经验赢得成功。要想实现自己的梦想，成就辉煌的事业，第一要诀是学习、学习、再学习。勤于学习的人，就是选择了进步，也就是选择了希望。

李嘉诚能够成为成功的商业领袖，绝不是偶然的，他传奇的一生是"学习改变命运"最好的诠释。

3. 精益学习的员工将日益成为企业的宝贵财富

在知识经济时代，知识的创造、拥有和转化越来越成为企业存亡的核心因素，企业的竞争归根结底是员工素质的竞争，而员工素质的竞争，核心是员工学习力的较量。因此，精益学习的员工将日益成为企业的宝贵财富。他们善于学习、乐于学习、勤于学习，能够跟上时代的步伐和企业的需要，为企业创造最大化的价值，同时也在财富的创造中不断地提升自身的附加值，使自己成为企业不可或缺的人才，实现自我价值。而没有知识的员工、不善于学习的员工在企业的生存空间将越来越狭小，获得职业成功的概率微乎其微，被淘汰出局将是不可避免的结局。

知识是有时限的，是可以复制的。今天拥有实力和优势并不表示永远具有优势，任何人如不精益学习，不断更新自己的知识，增加知识的存量和增量，即便已经拼搏出属于自己的一席之地，也有被他人占领的危险，这并非危言耸听。职业化的员工必须树立危机意识、终身学习的意识，要抛弃"一次学习、终身受用"的传统观念，将学习贯穿于职业生涯的始终，贯穿于生命的全过程。学习是没有终点的旅行，学习是没有穷尽的探索。人们常讲：少而好学，如日出之阳；中而好学，如日中之光；老而好学，如秉烛之明。如果你长期不学习，就会如逆水行舟，不进则退，你原有的知识、技能就会老化、退化，难以适应工作的需要，你在企业的价值就会降低，进而遭遇被淘汰的命运。

有人说自己有文凭、有高学历，这只是你进入职场的"通行证"，而非职业能力的"保险单"。它代表的是你的过去，不是你的现在，更不是你的未来。

古人说学无止境。尤其在今日知识爆炸的年代，知识更新周期越来越短，更见证了先贤的远见卓识。我们周围那些工作多年却止步不前的人，仔细分析，关键的原因在于他们在工作中忽视、放松学习或学习力较弱，难以适应企业转型、发展的需要。如果你想成为企业不可或缺的人才，就要努力培育、提升自己的学习力。只有精益学习的人才能在竞争中立于不败之地。

4. 学习型社会是信息化社会

在学习型社会中，与学会学习相关的能力有很多，但尤为重要的是信息加工能力，即信息素养（Information Literacy）。学习型社会是信息化社会，信息来自四面八方，其中信息量最大、最全面，传播速度最快，覆盖面最广的信息载体当属"信息高速公路"，信息化社会的学习或者说教育的重心有着显著的转移。如要熟练地从网络的各种载体中获得信息并有效地使用信息，需要掌握相关的科技知识。

行业人士认为，为了给人们提供最佳的学习和发展机会，使其成为出色的终身学习者与未来从业者，就必须使其成为一个有信息素养的人，即能熟练运用计算机获取、传递和处理信息。这种素养已日渐成为未来从业者必备的素质。美国图书馆协会认为，为了适应日益变化的环境，人们不仅需要掌握多种知识，更需要掌握探究知识的能力，并能把不同的知识融会贯通、实际运用。培养学生的信息素养已成为教育的首要课题，教学必须以"信息素养"为新的立足点。同样，信息素养是职业人生存和发展的必备素质。

信息素养的核心是信息加工能力，它是新时代学习能力中至关重要的能力。信息加工能力主要指：寻找、选择、整理和储存各种有用的信息；言简意赅地将所获得的信息由一种表述形式转变为另一种表述形式，即从了解到理解；针对问题，选择、重组、应用已有信息，独立地解决该问题；正确地评价信息，比较几种说法和方法的优缺点，看出它们各自的特点、适用的场合及局限性；利用信息做出新的预测或假设；能够从信息中看出变化的趋势、变化的模式并提出表示变化的规律。获取信息是手段，不是目的。处理信息的目的在于利用各种信息，在分析与处理各种相关信息的基础上，围绕某一问题的解决，创造新的信息。

学习型社会是信息化社会，信息化社会要求学习信息化和教育信息化。从一定程度上说，学习和教育的革新是与信息化社会的发展赛跑，一旦滞后，我们将与信息化社会格格不入。反之，学习和教育的信息化将促进信息化社会的发展。

5. 学习力就是竞争力

学习力是把知识资源转化为知识资本的能力。学习力能够使企业运用新知识、采用新方法、激发新智慧，实现自我提升和超越，从而在竞争中取胜。

学习力是企业竞争力之源。当今世界谁学得快、学得多，谁就能获得竞争优势，谁就能胜利。谁善于学习，谁就更容易获得主动权。

学习力是企业最根本的竞争力。未来的职场竞争将不仅是知识和技能的竞争，更是学习力的竞争。因此，保持学习的状态、不断提升自我，将是我们走向成功、追求卓越的必由之路，也是保存实力、继续生存的唯一选择。

正如科学家钱伟长所说："学习是终身的职业。在学习的道路上，谁想停下来，谁就要落伍。"企业一旦满足于自己已获得的成就，便失去了继续前进的动力，不能再追求更高的目标。

6. 学习力就是战斗力

通用电气前总裁韦尔奇曾说："企业领导者应该同时作为教练、启蒙者及问题解决者来为企业增加价值，应该带领组织持续学习。授人以鱼不如授人以渔。企业的战斗力取决于企业成员个人的能力。而学习是提升企业成员个人能力的最好途径。一个优秀的员工至少可以抵得上两个平庸的员工。谁抓住了学习，谁就抓住了战争中的主动权。"

美国兰德公司曾花费 20 年时间跟踪调查了 500 家大型企业，发现百年不衰的企业都有一个共同的特点，就是它们始终坚持通过学习营造良好的企业学习文化。是什么造就了世界 500 强企业中的西门子、惠普、雀巢、IBM 等品牌？既不是资本、规模和技术，也不是特定的优秀员工，而是看不见的企业学习文化。

企业团队的学习力直接决定企业的发展能力，一个学习力差的团队在市场竞争中无法立于不败之地，最终会被社会淘汰。

不管我们是否愿意，我们每时每刻都在接受各种新信息、新知识的冲击，每时每刻都面临新的变化。在当今这样一个知识信息对社会的发展起决定性作用的时代，唯一不变的就是懂得学习，未来学习主体所具有的唯一持久的发展优势就是有能力学习得更快、更好。学习不是一朝一夕的事，只有养成终身学习的习惯，才能跟上时代飞转的车轮，跟上时代的发展。

7. 学习力就是执行力

学习力为提高执行力提供方法、策略和智慧。管理学大师德鲁克曾说："一个不善于学习的人等于自我放弃成长的机会，一个善于学习的人能够准确领悟上层意图、协助同事和应变问题。善于学习能够使人获得新思维，创新方法，从而始终使自己保持强大的执行力。"

没有学习力就没有执行力，如果一个人不能很好地学习，就不能很好地完成企业交给自己的任务。选择学习就是选择进步，提高学习力就是增强执行力。不管在什么行业，从事什么工作，拥有怎样的成就，都不能放弃学习。多读书、多学习是提高自己的唯一途径。只有将学习所获努力应用到工作中，做到学以致用，才能在工作上取得更大的进步，做出更好的成绩。

一个团队或一个员工，要高效地完成工作，就必须具有强有力的执行力。执行能否到位与能力高低是分不开的，能力越强，执行才能越到位。而能力的提高又必须通过学习得以实现。

我们每个人都要努力养成不懈追求新知识、不断研究新情况、努力探索和解决新问题的好习惯，形成人人学习、自觉学习、团队学习、终身学习、学以致用的好风气。通过学习，提高执行力，超越平庸，接近完美；通过学习，全方位改变自己，提高自己的执行力，实现个人在企业中的价值。

8. 在解决问题中提高学习力

在当今竞争激烈的环境下，不学习就会落后。学习的目的是将学到的知识应用于生活和工作中，在生活和工作中能够不断地解决新的问题则是学习力强的表现。

那么，究竟应该如何不断提高自己的学习力呢？很重要的一点就是要及时发现问题，紧紧围绕问题去学习。工作中会不断出现各种问题，它们就像一只只"拦路虎"，如何对付这些"拦路虎"，没有人可以请教，而自己以前所具备的知识可能无法解决。那该怎么办？唯一的办法就是想方设法，一步一步解决，边学习边解决。工作的过程就是解决一个个问题的过程。在不断解决问题的过程中，自己的能力也会得到提高。

在工作中主动想办法解决问题的人往往学得最好，也最容易脱颖而出。当有人认为工作只需要按部就班地做下去的时候，偏偏有一些人会主动思考和学习，寻找更好、更有效的方法，将问题解决得更好。正是因为他们善于主动地寻找方法，所以他们常常最容易得到认可，最容易获得成功。

只有在解决问题中确立学习重点，在重点学习中不断提高自己解决问题的能力，才能在今后出现问题时解决得游刃有余。解决问题不是一朝一夕就能完成的事情，"台上一分钟，台下十年功"，只有在平日里多学习，才能在问题出现时以最简单的步骤解决。积极地寻找解决问题的方法，用创新思维去思考问题，那些看似难以逾越的困难便可以迎刃而解，那些看似难以完成的工作也能得以顺利完成，自己的学习力也会因此得到提高。

每天从早到晚，问题总是与我们"朝夕相处，相依为伴"。然而，悲观者只看见机会后面的问题，乐观者却看见问题后面的机会。人是制造问题的专家，也是解决问题的能手。只要能迅速、娴熟地解决各种问题，抓住各种机会，我们就会离成功更近一步。谁的学习力更强，谁解决问题的能力更强，谁就是"职场明星"。

9. 学以致用，化知识为能力

知识是一种无形的资产，是我们发现问题、分析问题、解决问题的工具。但只有经过分类、加工、整理、吸收、消化了的知识才具有力量，而这个过程就是将知识转化为能力的过程。学习知识不是目的，学以致用方为学习的核心价值所在。

请扫描二维码，浏览并剖析"学以致用，化知识为能力"。

10. 工作是最好的学习场所

很多人走上工作岗位以后，只满足于职责范围内的工作，那些从事简单工作的人甚至会发出无聊、没劲的感叹，总觉得在工作中没什么可学的。事实真的像他们所说的那样吗？绝对不是。他们之所以觉得在工作中没什么可学的，是因为他们缺少对工作的倾心关注，缺乏对工作中存在的问题的深入探究，缺乏在工作中对学习机会的发现和把握。正如海尔的创始人张瑞敏所说："什么叫不简单？能够把简单的事，千百遍做对就是不简单。什么叫不容易？能够把容易的事认真做好，就是不容易。"

人的成长过程大部分是在职场中度过的，因此我们必须学会在工作中学习，在工作中成长。在工作中不是没有什么可学的，只要你用心观察，仔细思考，学习的机会无处不在。如果你不是本专业出身，那么本岗位的专业知识、专业技能和实践经验都是需要你努力学习的。即便你是本专业出身，知识的运用、转化也并非简单之事，实践经验的获得更需要你用心地观察和体会。满足标准只能算是合格，用心才能做到优秀。

11. 向他人学习使你步入快车道

由于每个人的生命和精力有限，实践的深度和广度也十分有限，不可能事事都亲自实践，因此大量的知识要通过向他人学习来获得。直接学习他人的有效经验能够使自己从一个比较高的起点开始继续努力学习，从而避免走弯路。

向他人学什么？学知识、学方法、学经验。向他人学习的原则是什么？有益、有用。向谁学习？请拜"四师"。

（1）能者为师。
（2）先者为师。
（3）快者为师。
（4）败者为师。

总之，向他人学习的机会很多，关键在于你是否愿意用心观察、虚心求教。

请扫描二维码，浏览并剖析"向他人学习使你步入快车道"。

12. 学习方法因人而异

对于学习方法，并没有统一的规定，因个人条件不同、时代不同、环境不同，选取的方法也不同。其中，有人专门总结了特殊定向的学习方法，如速记、笔记等方法，可对其他学习者产生启发效果和借鉴作用。

每个人都会有许多学习方法，这些方法构成了自己的一个学法体系。因此，只要优化了自己的学法体系，必定能大大提高学习效果，使学习真正快速有效。

（1）学习有法。

学习有法的"法"指的是客观规律。学习者要有方法意识，要结合理论和实践认识规律，探求高效率、低耗时的学习方法。学习方法有很多，如目标学习法、问题学习法、矛盾学习法、联系学习法、归纳学习法、缩记学习法、思考学习法、合作学习法、循序渐进法、持续发展法、快速诵读法、理解记忆法等，我们要根据自己的学习习惯和适应能力形成自己的有效方法。

（2）学无定法。

学无定法的"法"指的是学习过程中采用的具体手段和途径。学习方法不是固定的、一成不变的。针对不同的学习对象，应该采用不同的学习方法，必须着眼于其特点，因人而异、因课而异、因师而异，因学习阶段、教学环节、学习环境而异。

（3）我用我法。

每个人所用的学习方法要适合自己的具体情况，要为自己所掌握，为自己所使用。适合自己的方法才是最好的学习方法。因此，对别人的学习方法要善于借鉴，更重要的是通过不断学习、不断实践进行不断总结，形成一套行之有效的自己的学习方法。借鉴百家，以我为主，养成习惯，内化在心，方可终身受用。

（4）贵在得法。

方法得当，事半功倍；方法不当，事倍功半，甚至劳而无获。检验学习是否得法的唯一标准就是学习效果好坏。方法有常法、妙法、笨法之分，效果也有理解深度、牢固程度、效率高低的不同。科学的学习方法，是既高效又省时的。

感悟反思 ▶

【案例 11-3】 沃森家族及 IBM 的座右铭：学无止境

【案例描述】

IBM 又称"蓝色巨人"，是世界上公认经营最好、管理最成功的公司之一，多年来一直在《幸福》杂志评选出的美国前 500 家公司中名列前茅，被誉为典型的"超优企业""日不落公司"。

作为世界上最大的计算机信息处理机械的系列生产公司之一，IBM 是由老托马斯·沃森在 1911 年创办的。它之所以能成为世界首屈一指的大公司，其秘诀在于重视产品的更新及智力资源等，每年都要拿出数亿美元用于员工的教育和培训。IBM 从最高管理者开始重视员工的教育培训。创始人老托马斯·沃森认为，高级管理部门应该把 40%～50%的时间用在教育和鼓励员工方面。在实践中，经过小托马斯·沃森的忠实继承，这一信念坚持至今。在纽约市恩迪科特 IBM 教育中心入口处的石碑上，刻着"There is no limit to knowledge"（学无止境），这一沃森家族及 IBM 的座右铭。

IBM 的培训覆盖全员，课程密度大，常常压得人喘不过气来，但很少有人抱怨，几乎每个人都能很好地完成学业。因为他们知道，不学习、不会学习、不终身学习、不快他人一步学习，就有被淘汰的危险。因此，除了学习，他们别无选择。

【感悟反思】

（1）IBM 强调终身学习，作为即将走上职场的学生，思考应如何做到善于学习、乐于学习、勤于学习。

（2）你是否曾有过厌学的情绪？你是否想过在未来的职场中，缺乏学习能力将很可能导致你不成功？

【案例 11-4】 永远不要认为自己学满了

【案例描述】

从前，有一个小和尚跟着一位高僧学道。两年后，小和尚觉得自己学得差不多了，于是跟师傅说："我已经学满了，应该下山了。"师傅不置可否，只是让小和尚拿来一个瓶子并装满小石子。师傅问道："满了吗？"小和尚答道："满了。"师傅又让小和尚往瓶子里装沙子。师傅问道："满了吗？"小和尚答道："满了。"师傅又让小和尚往瓶子里灌水。师傅问道："满了吗？"小和尚答道："我懂了。"

永远不要认为自己学满了，知识是永远学不完的。

【感悟反思】

（1）你是否也有过案例中小和尚的想法，认为自己的专业知识和专业技能已掌握得差不多，无须再学了？

（2）读完这个故事后，你对"学无止境"是否有了新的认识？

【小贴士】

在一个人的职业生涯中，学习是力量的源泉。比别人学习得更快、更好，就会使你屹立不倒。学会学习，并且在学习中不断创新，人生的路才会越走越宽广。

各抒己见 ▶

【案例 11-5】 爱读书的犹太人

【案例描述】

犹太文化传统历来重视教育，爱护书籍，看重学识，推崇智慧。

在每个犹太家庭里，孩子出生后不久，母亲就会读《圣经》给他听。当孩子稍微大一点时，母亲就会取出《圣经》，滴一点蜂蜜在上面，然后叫孩子去舔《圣经》上的蜂蜜。这些举动的用意不言而喻：让孩子理解"书甜如蜜"。

犹太家庭的孩子几乎都要回答这样一个问题："假如有一天家里着火了，你将带什么东西逃跑呢？"要是孩子回答不出来，家长就会告诉他："你要带走的不是金钱，也不是财物，而是智慧！因为智慧是任何人也抢不走的，只要你活着，智慧就永远跟着你。"而智慧的培养又岂能离开教育和读书？

据联合国教科文组织1988年的一次调查，在以犹太人为主的以色列，14岁以上的人平均每月读一本书，平均每人的读书量高居世界各国之首。以色列各村镇大多建有环境高雅、布置到位、藏书丰富的图书馆或阅览室。在这个仅有400多万人口的国家中，有各类杂志900多种。热爱学习、崇尚读书的气氛，在犹太民族中蔚然成风。

犹太人有一个世代相传的传统，那就是书橱一定要放在床头，要是放在床尾，会被认为是对书的不敬，会遭到人们的鄙视。犹太人爱书但从不焚书，即使是攻击犹太人的书，可以不看，但不许毁坏。而且，书损坏了一定要修补。古代犹太人将书看得不能再看了，就挖个坑庄重地将书埋葬，这时候他们的孩子总要参与其中。他们对孩子说："书是有生命的东西。"

犹太人在重视学习知识的同时，也十分注重实际才能的培养。他们把仅有知识而缺乏才能的人比喻为"背着很多书本的驴子"。在他们看来，一般的学习只是一种模仿，要创新就必须以思考为基础，而创新则由提出怀疑和寻求答案来完成。

犹太人有一以贯之的重视教育之传统，使该民族在长期的颠沛流离中能够不断涌现出优秀的思想家、科学家、艺术家和一流的经营者。社会学家马克思、物理学家爱因斯坦、心理学家弗洛伊德、"原子弹之父"奥本海默、分形理论的创始人芒德勃罗、大音乐家贝多芬、大画家毕加索、大诗人海涅、世界语的创造者柴门霍夫，以及经济界的索罗斯、格林斯潘等就是其中杰出的代表。诺贝尔奖得主中的犹太人，历年来比例惊人。

【各抒己见】

（1）由一个小组选定一位成员讲述该案例。
（2）如今我们正努力建立学习型社会，犹太民族的哪些成功经验值得我们学习和借鉴？
（3）一个国家、一个社会要形成热爱学习、崇尚读书的氛围，应从哪些方面入手？

【案例 11-6】 洛克菲勒与儿女谈学习

【案例描述】

一天，美国"钢铁大王"洛克菲勒得知他的女儿伊丽莎白和儿子西恩新办了一个经营学讲座的听课手续，打算利用业余时间继续深造。洛克菲勒很高兴，因为姐弟俩认识到了学习的必要性。

"伊丽莎白，你对这次课程设置的感觉如何？"在他们上了两个多礼拜的课之后，洛克菲勒问他们。

"还不错啊，时效性很强，也很有意义。由于这是针对经理人员的一次培训，所以有许多在学校学不到的东西。"伊丽莎白说。

"那就好，对你们的继续深造我高兴的理由有几个，最重要的一点是，你们的好学精神是可贵的。你们的许多朋友从学校毕业后，认为学到现在这种程度，对于确保将来的生活有饭吃就已经足够了，以后可以安稳度日了。其实这样想就完全错了。我认为，不管是在生活方面还是在事业方面，人生教育的价值是不可估量的。在人们发泄不满，说'很难成功啦''人生是地狱''太无聊啦'，早上连床都不想起的时候，他们在许多情况下都忽视了这一事实。为了成功，必须不断地学习，这是企业界的第一原则。积累的知识越多，成功的希望就越大。"洛克菲勒语调激昂地说。

"我们倒没想那么多，只是在工作中有力不从心之感，所以想学习。"伊丽莎白说。

洛克菲勒点点头，说："一般来说，人要随着不断积累经验而登上成功的阶梯。作为晋升的条件，提到企业管理岗位都要看经验。然而，在企业界出人头地的，是一些有经验，积极地制订提高自己的计划的人，是一些除了上午9点到下午5点的日常工作，还要学习现代技术或提高销售成绩的革新技术的人。除了正常的上班时间，每周还有112小时，如果能够利用其中的一部分时间——哪怕是两三个小时，学习技术和专业知识的话，一定会和那些不去努力的竞争对手拉开距离。"

"爸爸,我看我的许多同事把大部分休息时间都花在娱乐方面,有时候我都差点被他们拉进去!"西恩对父亲说。

洛克菲勒略一沉思,说:"虽然没有经调查证实,但是依我看,除了正常的上班时间,利用一部分时间去学习一些与自己工作有关的知识的人是不太多的。因此,如果切实地制订周密的、建设性的学习计划,很容易就可以把大部分与你竞争桂冠的人甩下来。"

洛克菲勒接着说:"我希望你们重视制订周密的、建设性的学习计划,而且要努力执行这个计划,即使说不上一辈子,但必须是长期的。现在我已度过了人生的大半时光,不仅是为了和竞争对手拉开距离,而且既然已经艰难地登上了'成功的阶梯',就要在这个阶梯上站稳脚跟,从而必须继续学习。"

【各抒己见】

(1) 由一个小组选定一位成员讲述该案例。
(2) 本案例中洛克菲勒有哪些观点值得职场人士借鉴?
(3) 要想在激烈的职场竞争中胜出,就必须不断地充实自己。谈谈在工作中制订周密的、建设性的学习计划和利用业余时间学习技术与专业知识的重要性。

扬长避短 ▶

【案例 11-7】 学习与业绩

【案例描述】

通用电气公司(GE)首席教育官、GE 发展管理学院院长鲍勃·科卡伦曾就"学习如何转化为业绩"这一问题有过精辟的阐述:"当我们讲到在公司的表现和发展时,有一个简单的概念,就是学习曲线。学习曲线与两方面有关,其纵轴是业绩或发展,横轴是时间。学习要花时间,尤其在学习的开始阶段,要花上很多时间,所得却可能不多。所以,在开始阶段,学习比较艰苦。你花很多时间收集信息和数据,但你不知道意义何在,觉得一切都是乱糟糟的。有一天,在你投入足够的时间、得到足够的信息和数据后,会突然开窍,你会说'我明白了,我懂了'。这是因为你所收集的信息和数据突然之间转化成知识,转化为技能,转化为能够做事的能力了。因此,在学习的第二阶段,你投入相同的时间,但是会得到大量的知识,获得飞速进步,非常之激动人心。在第二阶段,学习和增长都充满乐趣,你每天都能学到新东西,并将其付诸实践。但是,如果干一项工作时间太久了,没有多少可学的东西了,一切按部就班,人们就会感觉平淡,因为工作不再富有挑战性。这非常简单。我们应告诉员工这一点,告诉他们关于学习和时间的概念。相比学习,更重要的是业绩。业绩曲线与学习曲线是一回事。刚开始你不了解自己所做的事情,不可能把它做好。我们教育员工,向他们传达的信息是,业绩在我们的文化中是非常重要的。"

鲍勃·科卡伦对学习和业绩的阐述是这样的:"在 GE 内部,一旦你进入公司,无论是来自哈佛大学,还是来自一个不起眼儿的小学校并不重要。因为一旦你进入公司,你现在的表现比你过去的经历更重要。如果你从事一项新工作,做得不是太好,没关系,我们知道你在学习,你能追上来。我们希望人们的表现高于一般期望值,也就是工作得很出色。不过期望值不是一成不变的,期望值会随时间而变化。如果你停止学习,一段时间内一直表现平平,而期望值因为竞争的关系、因为客户需求、因为技术进步而上升,你却不再学习,你就可能被淘汰。要知道在公司内部,期望值年年上升。如果你停止学习,从个人的角度来看这个问题,就像水在涨,而你站在那里,不会游泳,就被淹死了。这对你个人和事业来说都是一件坏事。从公司的角度来看,这是另外一回事。我们看到的不是期望值的上升,而是某些人的表现突然下降,低于期望值很多。告诉人们,要正确看待成长。有很多人把成长看作跟升迁有关,想得到提升,就得学习,不断成长,但是如果我对现状很满足,就不需要学习,不需要成长。这是不对的。你从大学毕业之后,不意味着你就可以停止学习,你应该终身进行学习。如果你想有所作为,就要完全发挥自己的潜能;如果你要进步,就要比人们的期望值提升得更快;如果你想成为一家中国大公司的 CEO,或者一家跨国大公司的 CEO,你就要比别人成长得快,要学习如何更快地表现出业绩。"

【思考讨论】

(1)学习是每时每刻的,不能总是等到需要学习的时候才学习。怎么理解"业绩曲线与学习曲线是一回事"?

(2)在职场中如果对现状很满足,是否就不需要学习、不需要成长了?谈谈你的观点。

【案例 11-8】 奥康的"学习银行卡"

【案例描述】

浙江奥康鞋业股份有限公司的员工在年底都会收到一份特殊的"红包"——学习银行卡。凡是奥康的员工每参加一次公司组织的培训活动,就可以往自己的银行卡里存进一定数额的积分,而这个积分就会作为公司年底考核员工的依据之一,积分越高,得到的奖金将越多。"学习银行卡"由奥康人力资源中心负责制作、管理,面向所有奥康员工发放。员工持印有自己部门、姓名等信息的"学习银行卡"参加培训活动,结束时加盖专用章,作为参加培训活动的证明。参加一次课程积 1 分,月度个人学习积分合格为 2 分,年度个人学习积分合格为 24 分。月度个人学习积分超过 3 分者,可以参加"月度学习之星"评选;年度个人学习积分超过 30 分者,可以参加"年度学习之星"评选。荣获月度或年度"学习之星"的员工,给予通报表扬及现金奖励。

奥康公司的董事长王振滔说:"基于奥康快速发展的管理要求,学习力成为考验公司应对市场挑战、捕捉发展机遇的重要能力。公司唯一持久的优势就是比竞争对手学习得更快。"他表示,公司的竞争是人才的竞争,人才的竞争是学习力的竞争。给员工充电,就是给公司充电;员工的综合素质提升越快,公司的发展也就越快。

奥康每年花在培训上的费用超过千万元,为了满足员工的不同需求,还不断创新课堂形式和授课内容。此外,奥康还成立了"知识银行",规定员工只要存进一定的学习积分,公司就会给予相应的奖励,这是除年终奖金外给员工的另一份福利。奥康的目的就是充分发挥员工的创造性思维能力,并在此基础上建立一种有机的、符合人性的、能持续发展的组织。

【思考讨论】

适时奖励和惩罚员工，与他们学习、共享，这是成功的开始。学习是一种艰苦复杂的劳动，如果没有积极的推动及惩戒的促进，学习就难以取得良好的效果。

尽管金钱激励是必不可少的，但是只知道用金钱激励员工的领导是无能的领导。可以将学习放到员工的考核指标中，并根据学习效果实施相应的激励措施。只有这样，大家才更有学习的积极性，才能将学习变成一种文化。

（1）你认为奥康的"学习银行卡"在促进员工自觉参与学习和培训方面是否有用？其他公司是否可以借鉴这一做法？

（2）你是否赞成"培训是公司给员工最好的福利"这种说法？假如公司有两项奖励供你选择：提供一次培训机会和发放等额的奖金。你会更接受哪种奖励？说出你的理由。

（3）公司在促进员工自主学习和参加培训方面，制定相应的政策和激励措施是否会更有效一些？

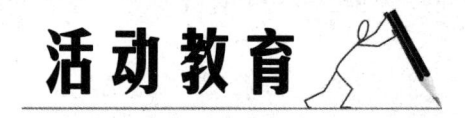

活动教育

互动交流

【话题 11-1】 畅想新技术在未来的应用

先上网搜索相关资料，畅想以下新技术在未来的应用，然后以小组为单位制作 PPT，由一位同学代表小组进行汇报。

（1）大数据分析；（2）3D 打印；（3）物联网；（4）机器人；（5）云计算；（6）量子计算机；（7）人工智能；（8）自动驾驶；（9）无人机。

【话题 11-2】 介绍在线学习平台

当前，很多大学或企业提供多种在线的 MOOC（大型开放式网络课程）和 SPOC（小规模限制性在线课程）供大家学习。上网搜索相关资料，请推荐几门优秀的 MOOC 和 SPOC，也介绍一下在线学习方式的特点。

【话题 11-3】 结合你的经验，分享提高学习效率的方法

请扫描二维码，浏览并思考"结合你的经验，分享提高学习效率的方法"的参考资料。

小组内先进行充分的讨论，然后以小组为单位制作 PPT，由一位同学代表小组分享提高学习效率的方法。

> 团队活动 ▶

【活动 11-1】制订一份卓越的学习计划

（1）每天花费点时间，反思一下：在学习上自己有哪些不足，打算采取什么方法克服这些不足？

（2）下定决心学习要比过去更努力，抱着这种态度对待每天的学习和生活，并写下你的决心。

（3）树立学无止境的理念，在学习和工作中养成这种习惯。你打算采取什么措施养成这种习惯？

（4）选定一个竞争对手，研究并想法超越他（她），要超越他（她）有何计划？

（5）为自己的学习制订年计划、月计划和日计划，并努力实现它。

【活动 11-2】制订一份长期的学习计划

下面了解一下兰特制订的长期学习计划。

在兰特中学毕业时，他的父亲就发现他具有特殊的商业天赋：机敏果敢，敢于创新。但他缺乏社会阅历，尤其是缺乏知识。父亲与他长谈了一次，并和他一起制订了一个能帮助他成为商界精英的长期学习计划。这个计划将兰特的学习生涯分为 4 个阶段。

第一阶段：攻读理工科学士。

通过在哈佛大学攻读最基础、最普通的机械制造专业，兰特具备了做商贸必备的专业知识，了解了产品性能、生产制造情况，培养了知识和技能，建立了一套严谨的逻辑思维体系，还形成了脚踏实地的工作态度。

在这 4 年中，兰特还广泛选修了其他专业课程，如化学、建筑、电子等。这些知识为他后来的商业活动带来了难以估量的价值。

第二阶段：攻读经济学硕士。

通过在哈佛大学 3 年经济学专业的学习，他了解了影响商业活动的众多因素，懂得了商业的社会地位和作用，掌握了经济学的基本知识。在这 3 年中，他还认真学习了经济法，并将主要精力放在管理知识的学习上。

第三阶段：积累社会阅历。

离开哈佛大学后，兰特并没有急着去经商，而是先做了 5 年的政府公务员。5 年的时间，使兰特从一个稚嫩的青年成长为一个深谙世故的公务员。在环境的压迫下，他树立起强烈的自我保护意识，并广泛结交各界人士，建立起一套关系网络。他非常善于利用这些网络来获得丰富的信息和便利的条件。

第四阶段：掌握商情，熟悉业务。

之后，兰特辞去公务员的工作，应聘到了一家国际性的大公司。通过在这里两年的锻炼，在掌握了丰富的商情与商务技巧之后，他谢绝了公司的高薪挽留，自己开办了一家商贸公司，开始了梦寐以求的经商生涯。

兰特的这 4 个学习阶段共用了 14 年的时间，每个阶段目标明确、任务具体。由于他在制订计划之前，对自己将来的发展目标定位准确，每个阶段的学习都以总的目标所需要具备的素质为出发点，科学规划、合理安排，因此当计划完成后，兰特已经具备了成功商人所应具备的所有条件。他的公司经营得非常出色。现在，他又根据自己的情况制订了新的学习计划。在这个新计划完成之后，一定会取得比现在更高的成就。

从兰特的长期学习计划中我们可以了解到，制订了长期的学习计划，自己每年、每月甚至每天都有可以遵循的行动轨道，这条轨道会激励自己更加主动地去学习。

接下来，为自己制订一份未来5年或10年的学习计划，并有明确的目标和具体的任务，督促自己分步实施。

【活动11-3】 学会学习

一个人一生只拥有3天：昨天、今天和明天。对我们每个人来说，昨天已经过去，无法返回，明天是个未知数，唯一能抓住的就是今天。虚度今天就是糟蹋了昨天，丢失了明天。让我们抓紧今天，为更好的明天奋斗。

请以小组为单位开展以下活动。

【想一想】
（1）我为谁学习？
（2）我要学什么？
（3）我学会了什么？
（4）我该怎样学？

【听一听】
优秀学生学习经验和学习方法介绍。

【说一说】
（1）在学习上总结一些合适的学习方法。
（2）在学习上自己有哪些方面还需要改进？
（3）对自己的学习方法进行总结。

【活动11-4】 养成高效率的学习习惯

尝试改变自己过去的一些不良学习习惯，参考以下做法使自己逐步养成高效率的学习习惯。

（1）以学为先。学习是我们的第一要事，理应先于娱乐，我们应一心向学、心无旁骛、全力以赴。

（2）随处学习。善用零碎时间，每天在晨跑、吃饭、课间、课前、休息前等零碎时间里记忆词语，背诵公式，破解疑难，调整情绪。保证学习时间，学会见缝插针，利用好空余时间，经过日积月累，效果会很可观。

（3）讲究条理。将重要的学习用品和资料用书分类存放好，避免用时东翻西找。每天有天计划，每周有周计划，按计划有条不紊地做事，不一曝十寒。

（4）学会阅读。学会速读和精读，提高单位阅读量。学会读一本书或一个单元的目录、图解和插图，提前了解内容，获取更有效的信息。做积极的阅读者，不断地提问，直到弄懂字里行间的全部信息为止，特别要弄懂知识的起点和终点，梳理好知识要点。

（5）合理安排。该做什么时就做什么，在合理的时候做合理的事，不背道而驰。例如，抓课堂效率，当堂听、当堂记、当堂理解，不理解的话课下或当天找时间主动向老师请教，做到堂堂清。

（6）善做笔记。一边听课一边记重点，不是事无巨细、全盘记录。及时整理笔记，对老师强调的重要知识点格外注意，特别注意让知识系统化，积极思考能解决什么问题。

（7）作业规范。认真对待每次作业，做到书写工整、步骤齐全、术语规范、表述严谨。规范不仅训练仔细认真的品质，更能养成细心用心的习惯，从而激发学习潜能。

（8）勤思善思。学习时应做到勤于思考和善于思考，力争达到举一反三、触类旁通的效果。

（9）学习互助。与同学开心相处，遇事不斤斤计较，宽容豁达；珍视同学间的友谊，在学习中相互支持和帮助，经常讨论学习中的问题，使用不同的解题方法并交流心得。只有在这种和谐的同学关系下，才能全身心地投入学习中，从而保持较高的学习效率。

（10）自我调整。不回避问题，遇到问题能通过找老师、同学或自我反思的方式进行自我调节，摒弃外界和自身的压力，自觉地放下思想包袱，化压力为动力，不管课业是繁重还是轻松，都要保持一颗平常心。不断地对自己进行积极的心理暗示，在这样的心理暗示下，信心值就会不断上升，从一点信心都没有到逐渐有了坚定的不可动摇的信心，通过努力，去想了、去做了。

【活动 11-5】 合理利用自己的大脑

大脑是聪明才智的基地，也是心理健康的基础。科学用脑对我们来说，有着特别重要的意义。那到底应该如何利用自己的大脑呢？参考以下方法改善自己的生活习惯，科学用脑、避免恶习、健康用脑。

（1）合理学习，调整节律。要科学地安排用脑，有张有弛，使大脑的工作有规律。常用的方法有文理交替学习、定时学习等。

（2）保证睡眠，劳逸结合。充足的睡眠是保证大脑工作的重要因素。由于长时间学习，大脑皮层的神经细胞会感到疲劳。充足的睡眠会消除这种疲劳，恢复脑力。要保证自己每天至少 8 小时的睡眠。

（3）参加运动，锻炼身体。积极地参加体育锻炼和文娱活动，对大脑来说是一种积极的休息，能调节大脑，使其继续有效地工作。另外，保持良好的情绪对大脑的健康有很大意义。所以，健康的身体与良好的情绪是科学用脑的主要方面。

（4）注意饮食，保证营养。合理地食用蛋白质和蔬菜，可以增加大脑的能量。记得一定多吃蔬菜和水果！

（5）不用脑过度。连续用脑时间不要太长，一般学习一小时左右就要休息，不要等到"脑袋发木"才停止学习。当大脑因长时间工作而感到疲劳时，如果得不到应有的休息，疲劳就会积累，产生保护性抑制，这个时候一般会感觉"脑袋大"，所以要适度用脑。

（6）有节律地用脑。"动静相宜"就是这个道理。学习、休息要交替进行，使脑机能得到调节，消除疲劳。要自己主动休息，不要等到感觉疲劳了还在坚持学习。

（7）避免恶习。日常生活中有些行为可能损伤大脑，应该避免。例如，少言寡语、蒙头睡觉、睡眠不足、过分节食、吃太多糖、长期吸烟等。

总结评价

改进评价 ▶

经过本单元的学习与训练，在学习能力方面有了较大提升。根据自身的表现与改进程度对学习能力进行自我评价，在表 11-3 "自我评价"列中对应处标识"√"，再根据评价结果进行进一步的改进。

表 11-3 学习能力提升的自我评价

等级	描述	自我评价
优秀	学习能力极强，能不断吸收各类知识与技能，并能在工作中灵活运用	
良好	学习能力较强，在工作中比较注意吸收新的知识与技能，能将一些学习成果运用到工作中	
一般	学习能力一般，掌握知识与技能较慢，但基本能胜任岗位的要求	
较差	学习能力较差，理解较慢，较难掌握新的知识与技能，知识更新跟不上岗位的要求	
很差	学习能力很差，很难学习新的知识与技能，经常影响工作	

自我总结 ▶

经过本单元的学习与训练，针对学习方面，在思想观念、理论知识、行为表现方面，你认为自己哪些方面得以改进与提升，将这些成效填入表 11-4 中。

表 11-4 学习方面的改进与提升成效

评价维度	改进与提升成效
思想观念	
理论知识	
行为表现	

单元 12

勇于创新、激发活力

充满好奇，让思维绽放出璀璨夺目的光芒。
自由想象，快乐遨游在奇思妙想的海洋中。
敢于质疑，大胆挑战一成不变的传统陈规。
深入思考，灵活转动丰富的"万向"思维。
激发灵感，努力寻获助推成功的新鲜源泉。

创新是什么？创新就是从无到有，就是前无古人，就是标新立异，就是实现零的突破。创新是知识经济时代企业生存最重要的法则，也是员工体现自身价值、获得事业成功必备的职业能力。只有打破惯性思维，善于寻找方法，不走常规路，用创新求变之法解决工作中存在的问题，才会大有前途，获得更大的发展空间，顺利打开通向成功的大门。创新是一个民族的灵魂，是一个国家兴旺发达的不竭动力。如果没有创新意识与创新能力，一个人、一家企业乃至一个国家就不可能赢得未来的竞争，就不得不处处受制于人。

创新是一种具有高度自主性的创造性活动，依赖于员工的积极参与和真诚投入。我们只有热爱学习和工作，在学习和工作中善于思考，从创新的立场去思考问题，才能激发出思维的火花，提高我们的创新能力，拓展我们的发展空间。

课程思政

本单元为了实现"知识传授、技能训练、能力培养与价值塑造有机结合"的教学目标，从教学目标、教学过程、教学策略、教学组织、教学活动、考核评价等方面有意、有机、有效地融入创新意识、创新能力、创新思维、创新技法4项思政元素，实现了课程教学全过程让学生在思想上有正向震撼、在行为上有良好改变，真正实现育人"真、善、美"的统一、"传道、授业、解惑"的统一。

自我诊断

自我测试

【测试 12-1】 创新能力测试

请扫描二维码，浏览并完成创新能力测试题。

在线测试

【测评结果】

如果有 17～20 道题回答"是",则说明你的创新能力很强;如果有 14～16 道题回答"是",则说明你的创新能力良好;如果有 10～13 道题回答"是",则说明你的创新能力一般;如果少于 10 道题回答"是",则说明你的创新能力较差。

【测试 12-2】 工作创新测试

请扫描二维码,浏览并完成工作创新测试题。

【计分标准】

前 4 道题肯定回答得 0 分,否定回答得 1 分;后 6 道题肯定回答得 1 分,否定回答得 0 分。

在线测试

【测评结果】

得分为 10 分,说明你的工作创新能力强;得分为 7～9 分,说明你的工作创新能力较强;得分为 5 分或 6 分,说明你的工作创新能力不尽如人意;得分低于 5 分,说明你的工作创新能力较差。

分析思考 ▶

对个人创新能力现状进行客观评价,如果你具备表 12-1 "创新能力表现描述"列中的特点,则在对应的"自我评价"列中标识"√"。

表 12-1　个人创新能力现状评价

创新能力表现描述	自 我 评 价
善于观察,并能用类比、推理的方法表达	
敢于对权威性的观点提出疑问	
凡事喜欢寻根究底,弄清事情的来龙去脉	
能耐心听取别人的见解并从中发现问题或受到启发	
能发现事物与现象之间的逻辑联系	
对新鲜事物充满好奇心	
凡遇到问题总是喜欢在解决方法上另辟蹊径	
具有敏锐的观察能力和提出问题的能力	
总能从失败中得到成功的启示	
具有危机意识,对潜在的危机较敏感	
经常能从多角度考虑问题,找到解决问题的新途径,并通过运用新方法、新技术来改善工作	
关注身边的新方法、新技术和新事物,挑战传统的工作方式,推陈出新,在服务、技术、产品和管理等方面追求卓越,进行突破性创新	
在工作中能创意不断,经常使用创新的方法、形式,显著提高工作效率与工作质量	

自主学习

熟知标准 ▶

创新能力是指不受陈规和以往经验的束缚，能够不断改进工作与学习方法，以适应新观念、新形势发展的要求的能力。其关键点是提出实用的新思路并运用到工作中，敢于尝试、创造新概念，挑战原有的假设或做法。

1. 创新能力的评价要素

创新能力的评价要素如表12-2所示。

表12-2　创新能力的评价要素

评价要素	要点描述
经验推断	当面对新挑战时，通常利用以往经验，或者参照现有观点进行推断
创新思考	① 主动关注身边的新事物，与现有事物进行比较，发现其中的差异 ② 思考新技术或新问题对自己工作可能产生的影响
挑战现状	① 不断对现有事物提出问题，挑战传统的工作方法和思维方式 ② 对本职工作的改善有自己的见解，不断引入其他领域的观念和方法来指导工作
推陈出新	① 尝试新事物，并且通过自己的判断进行合理使用，以降低风险 ② 改进现有方案，找到更好、更有效的工作方法或产品
发明创造	① 形成和运用新概念，创造出全新的工作方法或产品 ② 拥有市场上的新发明，或者能够建立获得社会认可的理论体系，可以指导工作并提高绩效 ③ 敢于为制定新政策、采取新措施或尝试新方法承担风险

2. 创新能力的评价标准

创新能力的评价标准如表12-3所示。

表12-3　创新能力的评价标准

等级	行为描述
1级	① 因循守旧，对任何新事物都抱着敌视的态度 ② 教条、死板地执行上级布置的各项工作 ③ 遇到问题，习惯用经验来解决 ④ 反对创新
2级	① 对新事物抱有无所谓的态度 ② 解决问题时愿意尝试新方法 ③ 对于上级布置的各项工作，会从自己的角度出发，能灵活变通地完成上级布置的各项工作 ④ 支持创新
3级	① 对新事物具有良好的接受性 ② 能够作为企业创新精神的倡导者，能够创造性地完成上级布置的各项工作 ③ 能够鼓励下属从多角度思考，提出各种解决思路 ④ 在做决策时，稳健而不保守，敢于创新但不冒失 ⑤ 提倡创新

续表

等　级	行　为　描　述
4 级	① 行业内创新的先驱，热衷于创造性地解决问题 ② 对新事物有强烈的偏好，对旧事物非常反感，积极倡导新思维，在做决策时比较大胆激进

明确目标 ▶

在学习、生活、工作中不断提高自己的创新能力，努力实现以下目标。
（1）开放心态：对信息持开放的心态，密切关注业内外的新动态和新发展。
（2）挑战传统：敢于质疑传统和常识，能够提出与众不同的观点、见解和方法。
（3）敢于冒险：敢于承担风险去采取新措施和尝试新方法。
（4）直面危机：努力通过自身不断革新和发展，积极应对未来的挑战。
（5）勇于创新：积极营造创新氛围，对新观点、新方法的提出表示欢迎和赞同。

榜样激励 ▶

【案例 12-1】 苹果公司与众不同的创新哲学

【案例描述】

2007 年，苹果被《商业周刊》评为"全球最具创新能力的公司"，超越了谷歌、微软、诺基亚等巨头公司。随后，苹果连续 3 年赢得"全球最具创新能力的公司"称号。究竟什么才是创新的关键？苹果凭什么成为技术行业最富有创造力的公司？在创新上，乔布斯能教我们什么？

乔布斯认为，真正的创新与投资没有关系，而是与人才、与公司的企业文化、与产品设计及营销关系巨大。创新不一定要花费昂贵，不是说在研发上投入了大量的资金，钱花出去了，创新就来了，重要的是创造出消费者喜爱的伟大产品、服务或体验。曾经让苹果一败涂地的戴尔，虽然在技术和产品外观设计上没有什么创新之举，但是在直销经营、节省成本上有很高明的创新。但是，当后来互联网的推广让其他计算机制造商也可以进行直销，而戴尔却没有什么可以继续创新的商业模式时，戴尔就面临更多的竞争对手，不复有从前的优势。此时，苹果已转型为消费性电子产品公司，在商业模式及产品应用上不断地创新。所谓应用创新，就是找准市场上一种现有的技术或产品，在其设计和功能上加以改进，提供让消费者难忘的体验。当产品真正符合消费者的需求，引起消费者的共鸣时，这比任何技术创新都更有力量。这正是乔布斯擅长的创新之道。乔布斯热衷于相对廉价与实用的应用创新。他从未把技术看作公司唯一可长期延续的财富和优势。技术再新再好，如果没有符合消费者需求的产品，没有配套的商业模式，或者很多技术太超前或配套不合适，那么结果还是会失败。

苹果总是致力于把复杂的技术转化为简单好用的产品。让复杂的技术变得为普通大众所理解，让产品的操作更简单，让产品的设计更有品位，一切都以满足消费者的需求为出发点，这成了苹果创新的源泉。正是苹果将那些复杂的技术带离了实验室，带进了普通人的生活中。

在技术争霸的年代，乔布斯也十分重视技术创新。不过，时代改变了，技术争霸不再是重点，相反用户体验才是竞争的关键。聪明的乔布斯顺势而为，在苹果的创新体系上，始终强调消费者需求这一点。从 iMac、iPod、iPhone 到 iPad，如果从技术创新的角度来讲，它们的含金量都不高。但这些产品以"创意"为卖点，十分贴近消费者的需求，让消费者爱不释手。

在技术上战胜对手并不能让产品在激烈的市场竞争中脱颖而出。现在，技术只是基础之一。最高明的手段是，根据消费者的需求决定技术创新，而不是迫使消费者适应新技术。乔布斯的应用创新模式是建立在完美的用户体验这一基础上的。为消费者提供最好的体验，产品自然会得到消费者的青睐。

乔布斯在 1996 年接受《连线》杂志采访时说：创新不是与生俱来的天赋，而是一整套可以通过锻炼培养起来的技能，创新家可以从质疑现状中获得启发。当所有人对计算机里装有风扇习以为常时，乔布斯却提出了不同的看法。当时，所有的计算机里都安装了风扇，噪声很大。乔布斯却在想如果计算机里没有风扇会发生什么。然后，他坚定地认为 Apple Ⅱ 的电源散热不应该使用风扇了，因为风扇产生的噪声会破坏计算机本身典雅的感觉。他对未来的设想，促使他打破常规，富有创意地设计了计算机的供电系统，从而极大地缩小了 Apple Ⅱ 的体积，同时使计算机不再需要风扇。那些最激动人心的突破，往往来自我们对司空见惯的现象提出"为什么"和"如果我们不这样做会发生什么"。如果乔布斯没有提出这样的问题："为什么在笔记本电脑和智能手机之间，不能有一个中间类型的设备呢？如果我们来造一个怎么样？"那么，iPod 也许根本不会诞生。想要提出好的问题，就必须保持一种开放的心态，摒弃先入之见。乔布斯酷爱禅宗，时常通过打坐来专注地思考一件事。禅宗里有一个非常重要的名词——初心。就是说要像孩子一样看待和观察周围的事物，对世界充满好奇心。一旦以这样的心态观察事物，你就可以跳出固有印象带给你的禁锢，并且打开思维，产生许多新鲜的想法。每次，当乔布斯看到一件新出炉的产品时，不管设计师在他面前怎样夸耀自己的成果，乔布斯总会像一个充满好奇心的孩子一样，带着许多疑问观察这件产品，问出许多"为什么"。不要人云亦云，亦步亦趋，这正是创新的关键。

换一种思考方式就是换一种方式去感知事物，用新方法思考老问题。苹果专卖店的诞生就是乔布斯换一种思考方式所取得的成果。当初，苹果决定涉足零售市场完全是出于自身迫切的需要。2000 年前后，无论是苹果还是其他品牌，都依靠电器零售商去推销它们的产品。然而，这些电器卖场的员工对苹果产品的特点知之甚少。苹果当时在美国计算机市场中仅占 3% 的份额。乔布斯意识到要抢占市场份额，就必须采取措施改善零售体验。尽管乔布斯并不熟悉零售领域，但是他下定决心："我们必须换一种思考方式，得创造出新模式。"当时，业界的普遍看法是，零售商就是卖货的。然而，乔布斯跳出了传统思维的限制，当他在头脑中想象着苹果专卖店的模式时，他希望苹果专卖店能够像苹果产品一样，为人们的生活带来便利，让人们的生活更加丰富多彩。于是，乔布斯将苹果专卖店的理念定位为"让生活丰富多彩"，打破了传统零售业店铺在设计、选址和管理上的旧模式，建立了能够为消费者提供解决方案的精品店铺。对于传统的零售业来说，苹果专卖店的模式是一个新颖的想法。当大家都不愿意对一家店面投入时间、金钱或技术手段时，乔布斯却在苹果专卖店上花了不少心思。苹果并非为了开店而开店，它创造了一种全新的用户体验模式。在苹果专卖店中没有收款员、售货员，只有提供服务的咨询师和专家人员。苹果的第一家专卖店在不到 5 年的时间里，达到了 10 亿美元的营业额。这个神奇的数字是历史上其他任何零售商都望尘莫及的。通过走与众不同的路线，苹果成为十分赚钱的零售商。苹果在零售领域实现了成功的创新，因为乔布斯跳出了本行业传统的规范去寻找新的灵感。传统的思考方式只能产生传统的想法，如果乔布斯选择跟随零售业传统的做法，就不可能创造出苹果专卖店这样新奇的零售体验，也不可能创造销售历史上的奇迹。乔布斯眼中看到的世界与我们看到的并没有不同，但他对事物的理解和感知却与我们大不一样。换一种方式思考绝非易事，只有强迫自己跳出肉体和精神上的舒适区，从过往的经验桎梏中解放出来，并强迫大脑做出全新的判断，令人赞叹的创意才会源源不断地涌现。

【思考讨论】

世界上有4个苹果，一个给了夏娃，一个给了牛顿，一个给了乔布斯，还有一个，在你的手中。

（1）苹果在创新方面有哪些与众不同的做法？
（2）在创新方面，乔布斯的哪些方面值得当代大学生学习和借鉴？

【案例12-2】邬口关博的奇思异想

【案例描述】

她叫邬口关博，她的偶像是她最崇拜的科学家爱迪生。在她看来，科学就像电灯一样，让人们的生活明亮起来。

当别的孩子疯玩时，她却干出了一连串让人啼笑皆非的事：研究在牛奶中加糖、醋、盐，调制怪味牛奶。她那双明亮的眸子始终投射在生活中的难题上，专注于每个细节。小学时，为使校徽不刺伤人，她从文件夹中得到启示，发明了一种安全校徽，将针夹牢牢锁住。初中时，她发现热水器时冷时热，而燃烧器排出的废气温度又很高，于是在废气上设计了水管，让自来水先在此水管中预热后再进入燃烧器，这样就容易保证水温了。高一时，她从铺位上滚下来扭伤脚，于是从汽车安全带中获得启示，设计了一种不影响睡觉的"防滚带"。她的奇思异想，让她在科学的世界里美丽飞翔。

上海的媒体连续报道了几起交通事故，而其中的"致命杀手"都是司机在急刹车时误踩油门。看着电视上哭天喊地的画面，她的心被一种强烈的悲怆撕裂：血不能少流些吗？她便想为此做些什么，通过思考她有了想法："为什么不发明一种装置来杜绝此类事件再次发生呢？"

当她确定要解决刹车问题时，她连在乘车时都要问司机正常地踩油门和刹车有何不同。问了十几次之后，她发现，一般踩油门用时1.5秒左右，而踩刹车仅用时0.5秒甚至更短。在对国内几乎所有型号的汽车进行测试后，她肯定了这个数据的正确性。于是，经过反复实验和一个多月的实践，一种以CMOS芯片为主的自动判断装置诞生了：如果判断司机属正常操作，则中央控制器不干涉，汽车如同没有装该装置一样；一旦发现司机误踩油门，该装置会进行提醒，能自动发出指令，打开气压刹车系统，刹住车轮，同时断开汽车发动机的点火线路。在科技部和通用汽车公司共同举办的"中国智能交通系统设计大赛"上，邬口关博和全国的汽车设计专家发表了关于汽车、交通等相关问题的研究成果，而她是唯一被破格允许参赛的中学生。据市场调研，当时我国约有2000多万辆汽车，即使只有20%配备了她的发明，其市场价值也有60亿元。她因此荣获教育部颁发的"明天小小科学家"一等奖。对此，她很平静地说："我不知道60亿元是多大一笔钱，但我能感受到一个生命有多重。"当人们向她请教如何创新时，她说，创新并不神秘，就是见人之所未见，思人之所未思，只要大胆想象，就可以得到意想不到的收获。

【思考讨论】

心理学研究表明，意识到问题的存在是思维的起点，没有问题的思维是肤浅的思维、被动的思维。有了问题，思维才有方向，才有动力；有了问题，才有主动探究的愿望。如果观察到某种事实但并不提出问题，那么无论这类事实被观察过多少次，它仍然是平凡的事实。

如果学生有问题意识，就会产生解决问题的需要和强烈的内驱力，他们的思维就会为解决某一具体的、局部的实际问题而启动，不同层次和水平的学生就会采用查找资料、请教师长等手段，在有意或无意之中大大扩充了知识量。所以，培养学生的问题意识，有利于发挥学生的主体作用，有利于激发学生学习的动力。学生只有在不断地试图提出问题、克服一切困难、努力解决问题的过程中，才会具有科学的探索精神和创造品质。

问题意识在思维过程和科学创新活动中占有非常重要的地位，对创新教育教学活动来说，问题意识是培养学生创新精神的切入点。在弘扬创新精神的今天，培养学生的问题意识比任何时候都显得尤为重要，它对于使学生掌握较好的学习方法、发挥学生的主体作用、激发学生探究社会现象的本质、培养学生的创新意识具有重要的意义。

（1）邬口关博的奇思异想对你有哪些启示？
（2）你认为培养学生的问题意识对培养学生的创新精神有何积极作用？
（3）大学生应如何培养创新思维、进行创新实践？
（4）从培养创新思维、提高创新能力的角度，你希望学校开设哪些课程或组建哪些社团？

知识学习

1. 创新

创新是人们为了发展的需要，运用已知的信息，不断突破常规，发现或产生某种新颖、独特的有社会价值或个人价值的新事物、新思想的活动。创新的本质是突破，即突破旧的思维定式、旧的常规戒律。创新活动的核心是"新"，它或者是产品的结构、性能和外部特征的变革，或者是造型设计、内容的表现形式和手段的创造，或者是内容的丰富和完善。

创新是以利用现有的思维模式提出有别于常规或常人思路的见解为导向，利用现有的知识和物质，在特定的环境中，本着理想化需要或为满足社会需要，而改进或创造新的事物、方法、元素、路径、环境，并能获得一定有益效果的行为。

2. 创新意识

创新意识是人们对创新与创新的价值性、重要性的一种认识水平、认识程度及由此形成的对待创新的态度，并以这种态度来规范和调整自己的活动方向的一种稳定的精神态势。创新意识总是代表着一定社会主体奋斗的明确目标和价值指向性，成为一定社会主体产生稳定及持久创新需要、价值追求、思维定式和理性自觉的推动力量，成为唤醒、激励和发挥人所蕴含的潜在本质力量的重要精神力量。

3. 创新能力

创新能力是技术和各种实践活动领域中不断提供具有经济价值、社会价值、生态价值的新思想、新理论、新方法和新发明的能力，是突破思维定式，以独到见解，灵活运用新方法、新理论、新知识，以提高工作效率和工作质量的能力。

当今社会的竞争，与其说是人才的竞争，不如说是人的创新能力的竞争。创新能力就是打破常规与惯例，不断改进工作方法，提出具有社会价值和经济价值的新观点、新思路、新方法、新技术、新措施，创造新产品、新成果的能力。

对于创新能力的最好诠释，应该是一位著名学者的话："既要异想天开，又要脚踏实地。"是的，创新能力指的不仅是良好的发散思维的能力，还是对事物持之以恒的忍耐力，当然更重要的是将这两者有机结合起来的综合能力。

在工作中，我们要培养自己的创新意识，敢于突破思维定式，提高创新能力。创新能力的表现主要有：发现问题的敏锐观察能力，分析问题的思维能力，远见卓识、预见未来的能力，拓展思路、求索答案的能力，借鉴经验、开拓新路的能力等。

创新能力提高的前提是要培养创新思维，而创新思维的形成需要 3 个条件。

（1）独立思考：不经过独立思考或人云亦云，就不可能产生新的创意。

（2）善于发现：细心观察，创意就会无处不在。

（3）敢于行动：敢于将创意付诸行动，不做空想者。

4. 创新思维

创新思维就是人们在全方位、多角度观察问题后，跳出现实的制约，摆脱传统观念的束缚，寻找新方式、运用新方法分析问题的一个思维过程。引发创新性设想的思维形式，主要是指非逻辑思维。

5. 创新意识的作用

（1）创新意识是决定一个国家、民族创新能力最直接的精神力量。在今天，创新能力是一个国家和民族解决自身生存、发展问题的能力的最客观与最重要的标志。

（2）创新意识促成社会多种因素的变化，推动社会的全面进步。创新意识根源于社会生产方式，它的形成和发展必然进一步推动社会生产方式的进步，从而带动经济的飞速发展。创新意识进一步推动人的思想解放，有利于人们形成开拓意识、领先意识等先进观念。

（3）创新意识能促成人才素质结构的变化，提升人的本质力量。创新实质上确定了一种新的人才标准，它代表着人才素质变化的性质和方向，它输出着一种重要的信息：社会需要充满生机和活力的人、有开拓精神的人、有新思想道德素质和现代科学文化素质的人。它客观上引导人们朝这个目标提高自己的素质，使人的本质力量在更高的层次上得以确认。它激发人的主体性、能动性、创造性得以进一步发挥，从而使人自身的内涵获得极大的丰富和扩展。

6. **创新技法**

（1）智力激励法。
（2）奥斯本检核表法。
（3）特性列举法。
（4）缺点列举法。
（5）希望点列举法。
请扫描二维码，浏览并理解"创新技法"。

7. **创新思维的方法**

（1）发散思维法。
（2）侧向思维法。
（3）逆向思维法。
（4）联想思维法。
请扫描二维码，浏览并理解"创新思维的方法"。

8. **创新思维的障碍**

人人都想创新，但是因为我们的思考方式、行动方式已经固定，我们又很难突破常规，大胆创新。让我们来看看是什么妨碍了我们创新。

障碍1：思维定式

思维定式是人类心理活动的普遍现象，思维定式就是反复思考同类或类似问题所形成的定型化的思维模式。思维定式是创新思维最大的敌人。常规性思维是遵循现存常规的思维和方法进行思考，重复前人、常人过去已进行的思维过程。人的创造性是生来就有的，随着年龄的增长，创造性会受到抑制。

障碍2：权威定式

权威定式是指在思维过程中盲目迷信权威，以权威的是非为是非，缺乏独立思考的能力。权威定式来源于儿童走向成年的过程中所接受的"教育权威"，以及由于社会分工和知识技能方面的差异所导致的"专业权威"。在家听父母的，在学校听老师的，在单位听领导的，权威定式就此形成了，个性从此消失了，独立思考的能力也就失去了。

IBM公司的创始人沃森说：野鸭一旦被人驯服，就失去了野性，再也无法飞翔了。公司不需要驯服听话、平庸的人才，需要的是不畏权威、勇于创新的人才。

障碍3：从众定式

思维中的从众定式是指人云亦云，没有或不敢坚持自己的主见，时刻以众人的是非为是非，时刻与群体保持一致。

障碍4：经验定式

经验定式是指过分依赖以往的经验，不敢越出经验半步，而且习惯以经验为标准来衡量是非。

障碍5：书本定式

对书本知识不加批评地完全认同。

9. 培养创造性思维的技巧

（1）换位思考。
（2）求同求异。
（3）分解与综合。
（4）非常规思维。
（5）增加艺术性。
（6）增加新特征。
（7）胡乱联系。
（8）跳出定式。
（9）移植思想。
（10）形象思维。
（11）预测未来。
（12）哲学思考。
（13）行胜于言。
（14）学做有心人。

请扫描二维码，浏览并理解"培养创造性思维的技巧"。

10. 培养创新能力的方式

（1）善于思考。
（2）满怀好奇。
（3）敢于冒险。
（4）充满自信。
（5）具有耐力。
（6）学习求知。
（7）付诸实践。

请扫描二维码，浏览并理解"培养创新能力的方式"。

课堂教学

观点剖析

1. 创新是成功永恒的亮点

创新是一种态度，这种态度会让你拥有无数的梦想，让你渴望自己的生活变得不同，会鼓励你尝试做一些事情，从而把一切变得更美妙、更有效、更方便。

洛克菲勒曾说："如果你要成功，你应该朝新的道路前进，不要跟随被踩烂了的成功之路。"创新促进活力，活力产生动力。的确，任何企业和员工要想在激烈的竞争中站稳脚跟，都必须有创新意识。只有大胆突破惯性思维，不走常规路，更好、更快地找到解决问题之法，我们才能创造出非凡的业绩，才能增强竞争力，进而取得事业的成功。

在职场中，拥有创新意识的员工，会对工作充满激情，对问题高度敏感，对自己充满信心，对困难无所畏惧。创新与成功紧密相连，创新是成功的源泉和永恒的亮点。但如果只是习惯于中规中矩、习惯于墨守成规，以为按部就班就是好，在创新成为企业和员工不可或缺的素质时，依然采用这样一种循规蹈矩的职业心态，可以说，这样的人与成功无缘。

在企业中不犯错误并不代表你就是优秀员工，中规中矩、不敢越雷池一步如何创新呢？而不创新又如何见证你的能力呢？这就好比在战场上，如果你一枪不放，何来赫赫战功？在现代企业中，最受欢迎的是那些勇于创新，善于提出新点子、新创意的员工。职场流行这样的说法：一流员工主动创新，二流员工被动创新，三流员工拒绝创新。

2. 如何增强创新意识

（1）保持强烈的好奇心。
（2）培养丰富的想象力。
（3）突破惯常思维障碍。
请扫描二维码，浏览并剖析"如何增强创新意识"。

3. 创新并非高不可攀

创新是每个正常人都具有的自然属性和内在潜能。每个员工都要有积极的心态，相信自己可以，我能！正如贝尔实验室创办人所说："你只要离开人们常走的大道，潜入森林，就肯定会发现前所未有的东西。"
请扫描二维码，浏览并剖析"创新并非高不可攀"。

感悟反思

【案例 12-3】大英图书馆搬家

【案例描述】

相传，大英图书馆年久失修，于是在新的地方建了一个新的图书馆，新馆建成后，要把老馆的书搬到新馆去。这本来是搬家公司的活儿，没什么好策划的，把书装上车，拉走，摆放到新馆即可。问题是按预算需要 350 万英镑，图书馆没有这么多钱。眼看着雨季就到了，不马上搬，这损失就大了。怎么办？馆长想了很多方案，但一筹莫展。

正当馆长苦恼的时候，一个馆员问馆长苦恼什么，馆长把情况向这个馆员介绍了一下。几天之后，馆员找到馆长，告诉馆长他有一个解决方案，不过仍然需要 150 万英镑。馆长听完十分高兴，因为图书馆有这么多钱。

"快说出来！"馆长很着急。

"好主意也是商品，我有一个条件。"馆员说。

"什么条件？"馆长更着急了。

"如果我把 150 万英镑全花完了，那权当我为图书馆做贡献了，如果有剩余，那图书馆就把剩余的钱奖励给我。"馆员说。

"那有什么问题?350万英镑我都认可了,150万英镑以内剩余的钱给你,我马上就能做主!"馆长坚定地说。

"那咱们签个合同?"馆员意识到发财的机会来了。

合同签订了,不久就实施了馆员的新搬家方案。花150万英镑?实际上连零头都没用完,就把图书馆给搬了。

原来,该图书馆在报纸上发布了一条惊人的消息:从即日起,大英图书馆免费、无限量向市民借阅图书,条件是从老馆借出,还到新馆去……

问题就这样顺利解决了,馆员也如愿得到了丰厚的酬劳。

【感悟反思】

(1)本案例中馆员的创新思维方法对你有哪些启示?

(2)有时不按规矩、惯例来思考问题,将复杂的难题简单化处理,也会取得良好的效果。回想一下你是否有过这样的经历。

【案例12-4】三个和尚水多得喝不完

【案例描述】

有一句老话说,一个和尚挑水吃,两个和尚抬水吃,三个和尚没水吃。如今,这个观点过时了,现在的观点是"一个和尚没水吃,三个和尚水多得喝不完"。

有三个庙,这三个庙离河边都比较远,怎么解决喝水问题呢?

第一个庙,和尚的挑水路比较长,一天挑一缸就累了,不干了。于是三个和尚商量:咱们接力吧,每人挑一段。第一个和尚从河边挑到半路,停下来休息,第二个和尚继续挑,又传给第三个和尚,挑到缸里灌满,拿空桶回来再接着挑。这样一搞接力赛,就从早到晚不停地挑,水很快就满了。这是协作的办法,可以称作"机制创新"。

第二个庙,老和尚把三个徒弟叫来,说我们立下了新的庙规,引进了竞争机制:三个和尚都去挑水,谁水挑得多,晚上吃饭加一道菜,谁水挑得少,吃白饭,没菜。三个和尚拼命去挑,一会儿水就满了。这个办法称作"管理创新"。

第三个庙,三个和尚商量,天天挑水太累,咱们想办法:山上有竹子,把竹子砍下来连在一起,竹子中心是空的,然后买一个辘轳。第一个和尚把水摇上去,第二个和尚专管倒水,第三个和尚在地上休息,三个人轮流换班,一会儿水就满了。这个方法称作"技术创新"。

三个和尚要喝水,就要协作,引进新的机制,采取新的办法,搞机制创新、管理创新和技术创新。观念在改变,方法也在改变,我们一定要发挥协作精神,强化团队意识。

【感悟反思】

(1)本案例给了你哪些启示?

(2)在工作中如何合理应用机制创新、管理创新和技术创新,提高工作效率和经济效益?

各抒己见 ▶

【案例12-5】 发展背后是创新

【案例描述】

波司登公司的董事长高德康说:"只有创新才能改变自己,只有创新才有未来。""创新无处不在,一辈子不创业不创新,不甘心。在大众创业、万众创新的环境下,我们要抓住这个机会。只要有梦想,只要去坚持,不断地坚持,我相信,未来一定更加美好。"

1976年,从只有8台缝纫机、11名员工开始创业,到如今将波司登发展为规模巨大、技术先进的服装生产企业,高德康说自己的创业过程可以用6个字概括:梦想、执着、创新。

波司登像个谜,它在别人看来难以生存的激烈竞争环境中不断胜出,一步一重天,步步都精彩。设计理念创新、面料工艺创新、营销管理创新,这三大创新就是波司登成功的基础,也是波司登实现惊人发展的谜底。波司登在羽绒服设计、生产、销售过程中,一年一个思路,一年一个卖点,每个卖点都成为经典,都能不断掀起销售热潮,从而推动和引领我国羽绒服行业迅猛发展。

在未来竞争激烈的职场上如何保持创新,直接关系到一个人和一家企业的未来是"死"还是"活"。因为只有创新才能"救活"自己,从而激发自己的潜能。

【各抒己见】

(1) 由一个小组选定一位成员讲述该案例。
(2) 波司登成功的秘诀是什么?哪些方面值得我们学习和借鉴?
(3) 怎样理解"不创新就是等死,创新就是在找死"这一说法?

【案例12-6】 金门大桥堵车问题的解决

【案例描述】

美国旧金山的金门大桥横跨1900多米的金门海峡,连接北加利福尼亚与旧金山半岛,大桥建成通车后,大大节省了两地往来的时间。但是,新问题随之出现,由于出行车辆太多,金门大桥总会堵车。当地政府为堵车问题迟迟不能解决感到头疼,如果筹资建第二座金门大桥,必定要耗资上亿美元,当地政府决定以重金1000万美元向社会征集解决方案。最终,一个年轻人提出了一个方案:将原来传统的"4+4"车道改成"6+2"车道,即上午左边车道为6条,右边车道为2条,下午则相反,右边为6条,左边为2条。按照他的方案试行之后,困扰多时的堵车问题迎刃而解。同样是8条车道,"6+2"的效果明显优于"4+4"。当地政府付给了他奖金,并给予高度赞扬。

金门大桥堵车问题的解决,在于成功运用了组合创新的思维方式,通过充分发掘和利用现有资源,科学合理地进行重组,产生大于原有资源组合的高效益。

【各抒己见】

（1）由一个小组选定一位成员讲述该案例。

（2）本案例给了你哪些启示？

（3）其实有时一个金点子就可以解决看似复杂的问题，谈谈你的看法。你是否也有类似的创新经历？

【案例 12-7】 电梯里的创意

【案例描述】

江南春，挺有诗意的一个名字，分众传媒创始人。2005 年分众传媒在纳斯达克上市，缔造了江南春的财富神话，他一夜之间成了亿万富翁。作为新经济的代表人物，江南春的财富神话备受推崇。从一个文学青年到一个商业奇才，江南春用了 10 年的时间蜕变。江南春如今成了广告界呼风唤雨的"巨人"，靠的是什么？也许只能用一句话来形容：善于发现，善于开拓创新。

他在创立分众传媒前就有 10 年的广告经历，也就是说，年仅 20 岁，尚是一名在校大学生的江南春早已接触了广告。这 10 年来，是什么让这个生于 1973 年、出身普通的上海人白手起家创造了奇迹？

有一天，江南春去上海徐家汇太平洋百货办事，就在等电梯的时候，他发现了一个很多人都会发现但没有认真探究的现象：由于电梯很慢，电梯口等电梯的人很多，这些人都在好奇地看电梯门上的东西。一开始等电梯的时候他也没有怎么注意，等他前面的一拨人走进电梯后，他才看明白电梯的两扇门上张贴着广告。这一发现让江南春顿时眼前一亮，大家在等电梯的时候会感到无聊，这是一个绝佳的宣传广告的时机。

凭着自己多年从事广告工作的经验，江南春当时就想，如果把这里的平面广告换成电视屏幕，再播放一些时尚表演，中间穿插广告，这样不仅让那些等电梯的人不觉得电梯速度慢，还会有很好的广告效果，一举两得。江南春用"在电梯旁装一块电视屏幕卖广告"这一创意开发了全新的广告市场，短短几年之间，楼宇电视广告从无到有，很快占领了国内主要城市绝大多数的楼宇电梯，并开始向大卖场、连锁超市等延伸，形成了一个规模颇大的广告媒体平台。

江南春的"电梯广告"之所以能够在很短的时间内盈利，正是靠这份"人无我有，人有我优"的独创性。

【各抒己见】

（1）由一个小组选定一位成员讲述该案例。

（2）江南春的"电梯广告"给了你哪些启示？你是否感觉其实创新也并非"高大上"的东西？

（3）有时创新源自一个不经意间，但需要的是好奇心、想象力和敏锐性，当你抓住了创新机会时，也许你就会成功。谈谈你对创新的看法和你的创新经历。

扬长避短 ▶

【案例 12-8】 迪士尼乐园的路径设计

【案例描述】

迪士尼乐园举世闻名,它的路径设计者是美国哈佛大学建筑学院的院长格罗培斯。他是现代主义大师和景观建筑方面的专家,从事建筑研究 40 多年,攻克过无数个建筑方面的难题,在世界各地留下 70 多处精美的杰作。

迪士尼乐园经过 3 年建设,主体工程已全部完成,即将对外开放,但是各个景点之间的路径该如何设计还没有具体的方案。路径的设计也是非常重要的部分,它更能体现整个乐园的风格。于是,施工部发电报给正在法国参加庆典的格罗培斯大师,请他赶快定稿,以期迪士尼乐园能够按计划竣工和开放。

然而,这次的路径设计却让这位世界级大师大伤脑筋。对迪士尼乐园各景点之间的道路安排,他已修改了 50 多次,没有一次是让他满意的。接到催促电报后,他心里更加焦躁。巴黎的庆典一结束,他就让司机驾车带他去了地中海海滨。他想整理一下思绪,争取在回国前把方案定下来。令他意想不到的是,这次路途上的所见竟然给他带来了创作上的灵感,问题就迎刃而解了。

汽车在法国南部的乡间公路上奔驰,这儿是法国著名的葡萄产区,到处都是当地居民的葡萄园。一路上,他看到无数的葡萄园主把葡萄摘下来,提到路边,向过往的车辆和行人吆喝,然而很少有人停车。

可是,当他的车子拐入一个小山谷时,发现那儿停满了车。原来这儿是一个无人看管的葡萄园,你只要在路边的箱子里投入 5 法郎(原法国的法定货币单位),就可以摘一篮葡萄上路。据说,这是一位老太太的葡萄园,她因年迈无力料理而想出了这个办法。起初,她还担心这种办法是否能卖出葡萄,谁知在这绵延上百千米的葡萄产区,她的葡萄总是最先卖完。她这种给人自由、任其选择的做法使格罗培斯大师深受启发。他下车摘了一篮葡萄,就让司机掉转车头,立即返回了巴黎。

回到居住地,格罗培斯立即给施工部发了一封电报:撒下草种,提前开放。施工部按照他的要求,在乐园撒下了草种。没过多久,小草长出来了,整个乐园的空地被绿茵所覆盖。在迪士尼乐园提前开放的半年里,草地被踩出许多条小径,这些踩出的路径有宽有窄,优雅自然。第二年,格罗培斯让人按这些踩出的痕迹铺设了人行道。在 1971 年举行的伦敦国际园林建筑艺术研讨会上,迪士尼乐园的路径设计被评为世界最佳设计。

当人们问他,为什么会采取这样的方式设计迪士尼乐园的道路时,格罗培斯说:艺术是人性化的最高体现。最人性的,就是最好的。迪士尼乐园的路径设计独具匠心,充分体现了"人性化",它的最大特点是"以人为本,顺其自然"。

【思考讨论】

(1)迪士尼乐园独具匠心的路径设计给了你哪些启示?

(2)苹果公司的产品强调符合消费者的需求,迪士尼乐园的路径设计体现以人为本,这是因为开发的产品是供消费者使用的,所以创新也要充分体现"人性化"。谈谈你的看法。

【案例 12-9】 柯特大饭店的电梯

【案例描述】

柯特大饭店是美国加利福尼亚州圣地亚哥市的一家老牌饭店,由于原先配套设计的电梯过于狭小和老旧,已无法适应越来越多的客流。于是,饭店老板准备改建一部新式的电梯。他重金请来全国一流的建筑师和工程师,请他们一起商讨该如何进行改建。建筑师和工程师的经验都很丰富,他们讨论的结论是:饭店必须新换一部大电梯。为了安装好新电梯,饭店必须停止营业半年时间。

"除了关闭饭店半年就没有别的办法了吗?"老板的眉头紧皱,"要知道,那样会造成很大的经济损失……"

"必须得这样,不可能有别的方案。"建筑师和工程师坚持说。

就在这时候,饭店里的清洁工刚好在附近拖地,听到了他们的谈话。他马上直起腰,停止了工作。他望望忧心忡忡、神色犹豫的老板和那两位一脸自信的专家,突然开口说:"如果换上我,你们知道我会怎样来装这个电梯吗?"

工程师瞟了他一眼,不屑地说:"你能怎么做?"

"我会直接在屋子外面装上电梯。"清洁工说道。

建筑师和工程师听了,顿时诧异得说不出话来。

很快,这家饭店就在屋外装设了一部新电梯。在建筑史上,这是第一次把电梯安装在室外。

【思考讨论】

某一件事,不要因为别人都这样做,你就一定要这样做;不要因为过去是这样做,现在就得这样做。换一种思路,甚至用完全相反的方法试一下,你会发现问题同样能得到解决,但结果可能完全不同。当别人都纵向地将苹果切开时,你不妨横着切一次,你会发现苹果里原来还隐藏着那么多美丽的图案。

(1) 本案例给了你哪些启示?

(2) 创新并不像人们想象中那样神秘、复杂,伟大的创新往往来自对最简单、最容易被忽略的事实的观察。谈谈你的看法。

【案例 12-10】 格林斯曼成功的秘诀

【案例描述】

格林斯曼是美国一家销售安全玻璃的公司的销售员,他的销售业绩一直高居榜首。

在一次颁奖大会上,主持人问他有什么独特的方法。他说:"每次我去拜访客户时,都会随身携带几块安全玻璃和一把小铁锤。我会问他,'你相不相信安全玻璃?'如果客户说'不相信',我就把玻璃放在他们面前,然后拿锤子往玻璃上一敲。当他们发现玻璃真的没有碎裂时,他们会很惊讶。这时,我就趁机问他们,'你想买多少?'最后,买卖往往直接成交,而整个过程还不到一分钟。"

此后,公司几乎所有的销售员在出去拜访客户的时候,都会随身携带许多小块的安全玻璃及一把小铁锤。但经过一段时间,他们发现格林斯曼的业绩仍然维持在第一名,对此,他们觉得很奇怪。

于是，在第二年的颁奖大会上，主持人又问他："公司大多数的销售员已经做了和你同样的事情，为什么你的销售业绩仍是第一呢？难道你又有了新的推销秘诀？"

格林斯曼笑一笑，说："我的秘诀仍然是一锤子买卖。只不过，我知道当我上次说完这个点子之后，其他销售员会很快模仿，所以自那时起，每当我到客户那里时，就把玻璃放在他们的桌子上，然后问他们，'你相信安全玻璃吗？'当他们说'不相信'时，我就把锤子交给他们，让他们自己来砸这块玻璃。"

格林斯曼的成功源于不断地创新，创新使他与别人的思路、方法产生差异，这种差异使他获得了竞争的优势。

【思考讨论】

（1）格林斯曼成功的秘诀是什么？

（2）同样是"一锤子买卖"，带来的却是不一样的结果。如果只是一味地模仿别人的做法，而没有自己的创新，那就只能永远跟在别人的后面。谈谈你的看法。

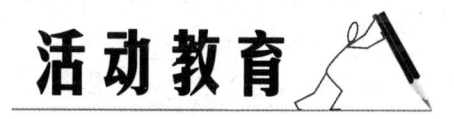

活动教育

互动交流

【话题 12-1】 解决城市交通问题

运用智力激励法，分组讨论当前或今后城市交通问题的解决方案，然后由每组的代表做主题发言，成员补充。

【话题 12-2】 我所期待的高等职业教育

综合运用智力激励法、列举法等方法，说出你所期待的高等职业教育。

【话题 12-3】 未来汽车

分别运用不同的创新技法，分组阐述你心目中的未来汽车。

【话题 12-4】 突破自我，尝试创新

根据以下方法提示和创新样例，采用头脑风暴法说出其他的创新事例或创新设想。把一个组的全体成员组织在一起，每个成员毫无顾忌地发表自己的观点。

（1）改变外形。

单层公共汽车加倍变成双层公共汽车，轿车加长变成加长汽车，根据运输货物的特殊要求设计车的外形，如液罐汽车、冷藏汽车、散装水泥汽车、集装箱汽车。裙子剪短变成超短裙或比基尼，鲜花弄干变成干花，面包切开变成汉堡包。

（2）寻找替代物。

用车载电源替代燃油，于是产生了电动汽车；用小球替代钢笔尖，于是诞生了圆珠笔；用按键拨号替代手摇方式，于是产生了按键电话机；用无线信号替代有线信号，于是产生了移动电话；用便携方式替代固定方式，于是产生了笔记本电脑；用实时聊天方式替代电子邮件方式，于是产生了QQ等聊天工具。

（3）多个元素组合。

耳机与收音机组合产生了随身听；尼龙与紧身裤组合产生了连裤袜；电话机与录音机组合产生了录音电话机；房和车的功能组合产生了房车。

（4）不断改进。

台式电脑改为笔记本电脑，再改为平板电脑；电视机由电子管式改为晶体管式，再改为集成电路式；通信方式由通过邮局寄送书信改为发 E-mail，再改为通过 QQ 或微信等实时聊天；白炽灯改为荧光灯，再改为 LED 灯。

（5）冲破功能限制。

可以将手机当成计算机用，也可以将计算机当成手机用；可以将电视机当作计算机显示器用，也可以将计算机显示器当作电视机用；电梯门口也可以做广告，饭馆内也可以搭台表演节目；塑料纸也可以做成时装，通过 QQ 也能实现视频电话。

（6）新的组合。

一个新想法是旧成分的新组合。所有的色彩都由三原色组合而成；所有的音乐都是由未超过 12 种音调的方式组合构成的；所有的数字都是由 10 个符号构成的；神奇的计算机所有的逻辑运算只有两个量——0 和 1；移动电话与上网功能、多媒体功能、辅助办公功能融为一体就产生了智能手机。

团队活动 ▶

【活动 12-1】 传递乒乓球

把放在地上的两个乒乓球捡起来，再把乒乓球依次从队首传到队尾。游戏规则是必须按照顺序，并使乒乓球经过每个同学的双手。方法新颖简单，用时最短的队取胜。

【活动 12-2】 图形绘制

请先画一个坐标轴，然后以坐标轴的零点为中心，画一个正方形，接着在该正方形中再画一个正方形。将小正方形和坐标轴所围成的面积涂上阴影。

（1）将第一象限中非阴影部分的面积用一条直线分为两个部分。要求：被分割出来的图形面积相等、形状相同，时间为 1 分钟。

（2）将第二象限中非阴影部分的面积用两条直线分为三个部分。要求：被分割出来的图形面积相等、形状相同，时间为 1 分钟。

（3）将第三象限中非阴影部分的面积分为四个部分。要求：被分割出来的图形面积相等、形状相同，时间为 1 分 30 秒。

（4）将第四象限中非阴影部分的面积分为七个部分。要求：被分割出来的图形面积相等、形状相同，时间为 2 分钟。

【活动 12-3】 设计安全过河方案

有一个人带着猫、鸡、米过河，船除需要人划外，至少能载猫、鸡、米三者之一，而当人不在场时猫要吃鸡、鸡要吃米。试设计一个安全过河方案，并使渡船次数尽量减少。

【活动 12-4】 将两个看似不相干的词语建立起联系

【活动内容】

将两个看似不相干的词语通过多个步骤的联想建立起联系。例如，高山和镜子，是两个风马牛不相及的概念，但是联想思维可以使它们之间产生联系：高山—平地，平地—平面，平面—镜面，镜面—镜子。

将以下各组词语通过多个步骤的联想建立起联系。

（1）足球—讲台；（2）汽车—绘图仪；（3）发动机—台灯；（4）黑板—冬天。

【注意事项】

（1）在读完题目后，要立即进入题目的情境，设身处地地进行联想。虚拟的情境越逼真，效果就越好。

（2）开始联想后，每联想到一个事物，就填写在相应的题目后，直到想不出来为止，但不要急于求成。

（3）一般可用 2~3 分钟完成一个问题，完成后，马上思考下一个问题。

【活动 12-5】 巧分苹果

篮子里有 4 个苹果，由 4 个小孩平分。分到最后，篮子里还有 1 个苹果。请问该怎样分？

【活动 12-6】 运用"奥斯本检核表法"进行创新设计

（1）以电扇为对象，运用"奥斯本检核表法"进行创新设计，其参考样例如表 12-4 所示。

表 12-4 运用"奥斯本检核表法"对电扇进行创新设计的参考样例

序号	检核类别	创造性设想
1	能否他用	①湿气干燥装置；②吸气除尘装置；③风洞试验装置
2	能否借用	①仿古电扇；②借用压电陶瓷制成的无翼电扇
3	能否扩大	①可吹出冷风的电扇；②可吹出热风的电扇；③驱蚊电扇
4	能否缩小	①微型吊扇；②直流电微型电扇；③太阳能微型电扇
5	能否改变	①方形电扇；②立柱形电扇；③其他外形奇异的电扇
6	能否代用	①玻璃纤维风叶的电扇；②遥控电扇；③定时电扇；④声控或光控电扇
7	能否调整	①模拟自然风的电扇；②保健电扇
8	能否颠倒	①利用转栅改变送风方向的电扇；②全方位风向的电扇
9	能否组合	①带灯电扇；②带负离子发生器的电扇；③对转风叶的电扇

(2) 眼镜、吹风机、水泥、纸张、机关枪等物品能否他用？

(3) 超声波、激光、红外辐射等技术能否借用？

(4) 在纯牛奶、纯铁、玻璃中增加点什么可增加功能或性能？

(5) 衣架、尺子、澡盆、电话机能缩小吗？

(6) 热水瓶、算盘、轮胎、自行车能改变吗？

(7) 汽车燃料、文字记录能否替代？（核能、太阳能、蓄电池；磁盘等）

(8) 车床、刨床的加工方式可否调整？（车刀的走向改为从右到左；刨刀不动工件动）

(9) 大炮能否向地下发射？（打桩、地下探矿）

(10) 定时器、程序控制器可与什么物品组合在一起？

【活动 12-7】 运用"希望点列举法"进行创新设计

坐公共汽车回家，一般要在车站等一段时间，走开怕汽车开过了，等着又不知道什么时候有车来。因此，不少人希望通过车站的站牌了解汽车的运行情况。理想中的车站是怎样的？

下面根据列出的希望点设计新式站牌。

新式站牌挂在候车亭上，可以同时显示几路车的运行情况，并且显示汽车要经过的站名。汽车开到哪儿，显示屏上的信号灯就在屏上的相应位置发光。这样，乘客在车站就可以知道汽车在这个时刻已开到哪里，离这儿还有多远，还要多长时间方可到达。

该站牌电路采用无线电测距，计算机自动进行处理后显示在显示屏上。各汽车上装有不同频率的发射器，可发出不同的电信号，供站牌接收。各线路的站牌要联网。

总结评价

改进评价

经过本单元的学习与训练，在创新能力方面有了较大提升。根据自身的表现与改进程度对创新能力进行自我评价，在表 12-5 "自我评价"列中对应处标识 "√"，再根据评价结果进行进一步的改进。

表 12-5 创新能力提升的自我评价

等　级	描　述	自我评价
优秀	① 能从独特的角度看问题，对疑难问题能提出富于想象力又切实可行的解决办法 ② 在工作中总是不断地提出新想法、新措施，善于学习，锐意求新，在工作中能创意不断，经常使用创新的方法、形式，显著提高工作效率与工作质量	
良好	① 敢于质疑传统和以往经验，能根据多种思维方式寻求解决问题的办法，或者借鉴他人的经验、其他领域的工具来解决问题 ② 经常能从多角度考虑问题，找到解决问题的新途径，并通过运用新方法、新技术来改善工作，并能组织有效实施	

续表

等级	描述	自我评价
一般	① 具备一定的想象力和创造性，有时能够提出与众不同的观点、见解和方法 ② 在工作中偶尔会提出新想法、新措施，用来解决现实工作中的一些问题	
较差	在工作中往往按部就班，很少提出新想法、新举措与新方法	
很差	因循守旧，墨守成规，从来不考虑在工作中使用新方法	

自我总结 ▶

经过本单元的学习与训练，针对创新方面，在思想观念、理论知识、行为表现方面，你认为自己哪些方面得以改进与提升，将这些成效填入表 12-6 中。

表 12-6　创新方面的改进与提升成效

评价维度	改进与提升成效
思想观念	
理论知识	
行为表现	

附录 A

课程整体设计

1. 教学单元设计

单元序号	单元名称	相关素养与能力	建议课时	
			课堂	课外
1	弘扬工匠精神、提高职业素养	敬业、精益、专注、创新、职业意识、职业兴趣	2	4
2	融入团队、合作共赢	团队意识、团队精神、团队协作	2	4
3	诚实守信、言行一致	诚信、忠诚、守时	2	4
4	阳光心态、快乐人生	积极、宽容、乐观、自信、感恩、主动、热情、坚持	2	4
5	优雅形象、彰显内涵	仪容、仪表、仪态、微笑	2	4
6	遵规明礼、良言善行	规范意识、规则意识、法纪意识、文明礼仪、人文礼节	2	4
7	关注细节、塑造完美	定置管理、时间管理、7S 管理、珍惜时间、细节精神	2	4
8	防微杜渐、确保安全	安全意识、防范意识	2	4
9	敬业担责、奋发有为	爱岗敬业、敬业精神、担责、责任感、责任意识	2	4
10	善于沟通、营造和谐	沟通能力、表达能力、交往能力、说话技巧	2	4
11	好学勤思、增长才干	学习能力、自主学习、创新学习、终身学习	2	4
12	勇于创新、激发活力	创新意识、创新能力、创新思维、创新技法	2	4

2. 教学流程设计

教学阶段	教学环节	教学组织	说明
自我诊断	自我测试	课前学生自主完成	通过自我测试了解自身某方面的职业素养状况或特点
	分析思考		通过分析与思考，明确自身的优势，了解自身的不足，明确自身改进的方向
自主学习	熟知标准	课前学生自主完成	熟悉企业、社会素养标准与要求
	明确目标		明确应逐步提升的目标和改进的目标
	榜样激励		学习榜样、激励自己、激发动力、努力提升
	知识学习		简洁明了地阐述术语概念和理论知识
课堂教学	观点剖析	课中老师指导完成	对一些与职业素养密切相关的典型观点进行剖析，训练问题分析能力等
	感悟反思		阅读案例故事，感知案例情境，悟透案例寓意或包含的道理，结合自身情况进行反思与调节
	各抒己见		针对与职业素养相关的典型案例进行评说、思考与讨论，发表自己的看法，训练表达能力、概括能力、独立思考能力等
	扬长避短		针对与职业素养相关的典型案例，评说、讨论案例中所描述的优或劣，然后结合自身实际，学习和发扬长处，克服和避开短处，弥补不足，训练辨析能力、比较能力、取舍能力等

续表

教学阶段	教学环节	教学组织	说 明
活动教育	互动交流	课后小组协作完成	针对设定的与职业素养相关的主题，采用辩论、研讨、演讲、扮演等多种形式进行互动交流，训练团队合作能力、表达交流能力、随机应变能力、语言组织能力等
	团队活动		以小组或班级形式按照规定主题组织团队活动，训练组织协调能力、自我管理能力、时间管理能力、计划能力、随机应变能力等
总结评价	改进评价	课后学生自主完成	实时、客观、动态地对自身素养的改进情况进行评价
	自我总结		从思想观念、理论知识、行为表现等方面对自身素养的改进与提升成效进行总结

3. 自我测试设计

请扫描二维码，浏览"自我测试设计"的详细内容。

4. 教学案例设计

请扫描二维码，浏览"教学案例设计"的详细内容。

5. 互动交流设计

请扫描二维码，浏览"互动交流设计"的详细内容。

6. 团队活动设计

请扫描二维码，浏览"团队活动设计"的详细内容。

参 考 文 献

[1] 彭新宇，陈承欢，陈秀清．职业素养的诊断与提高[M]．北京：电子工业出版社，2018．
[2] 陈承欢，雷希夷．通用职业素养训练与提升[M]．北京：高等教育出版社，2016．
[3] 刘兰明．职业基本素养[M]．北京：高等教育出版社，2015．
[4] 刘红，温慧颖．职业基本素质养成训练[M]．北京：高等教育出版社，2015．
[5] 叶蓉，文峥嵘．职业素养通修教程[M]．天津：天津大学出版社，2014．
[6] 史晓鹤，杨桂华．通用职业素养训练[M]．北京：北京师范大学出版社，2013．
[7] 苏建青．职业素养主题读本[M]．北京：高等教育出版社，2013．
[8] 马永飞，孟虹．表达与交流能力训练[M]．北京：北京师范大学出版社，2013．
[9] 张燕燕．自我管理能力训练[M]．北京：北京师范大学出版社，2013．
[10] 翟松辉．创新能力训练[M]．北京：北京师范大学出版社，2013．
[11] 史锋，张健，周云琪．职业礼仪[M]．北京：北京师范大学出版社，2014．
[12] 胡秀霞．团队合作能力训练[M]．北京：北京师范大学出版社，2013．
[13] 刘瑶．交流与沟通能力训练[M]．北京：北京师范大学出版社，2014．
[14] 穆学君，李良敏．高职学生综合素质培养——职业篇[M]．北京：高等教育出版社，2014．
[15] 穆学君，李良敏．高职学生综合素质培养——社会篇[M]．北京：高等教育出版社，2014．
[16] 赵学峰，刘伟．职业道德养成训导[M]．北京：高等教育出版社，2014．
[17] 罗小秋．职场安全与健康[M]．2版．北京：高等教育出版社，2014．
[18] 周艳波．形象塑造与自我展示[M]．北京：高等教育出版社，2014．
[19] 崔玉环，祝永志．商务礼仪[M]．北京：高等教育出版社，2015．
[20] 陈桃源，朱晓蓉．职场沟通与交流能力训练教程[M]．2版．北京：高等教育出版社，2015．
[21] 张英姿．大学生职业素养基础教程[M]．北京：中国铁道出版社，2013．
[22] 徐春波．现代市场型企业员工从业认知与职业素养[M]．北京：北京交通大学出版社，2013．
[23] 杜莉萍．模拟员工训练[M]．苏州：苏州大学出版社，2010．
[24] 张俊英．做合格的职业人[M]．北京：电子工业出版社，2010．
[25] 贾浓铀．知书达理·礼仪礼节全知道[M]．天津：天津古籍出版社，2010．
[26] 明卫红．沟通技能训练[M]．北京：机械工业出版社，2012．
[27] 艾建勇，陈瑛．职业道德与职业素养[M]．重庆：重庆大学出版社，2011．
[28] 艾于兰，赵海霞．职业素养开发与就业指导[M]．北京：机械工业出版社，2010．
[29] 王建华．沟通技巧[M]．北京：电子工业出版社，2009．

[30] 梅亚萍．走向职场的20讲礼仪课[M]．北京：电子工业出版社，2013．
[31] 杨宗华．敢于负责[M]．北京：石油工业出版社，2012．
[32] 张祥霖，杨俭修．高职生职业素养[M]．济南：山东人民出版社，2014．
[33] 王剑锋．蚂蚁精神[M]．北京：中国石化出版社，2013．
[34] 杜新安．职业道德养成与就业指导[M]．北京：高等教育出版社，2010．
[35] 曹建华．高职学生素质提升训练教程[M]．北京：国防工业出版社，2011．
[36] 陈龙海，李忠霖．职业提升训练[M]．北京：北京师范大学出版社，2008．
[37] 夏志强．职场中不可忽视的58个细节[M]．北京：经济管理出版社，2012．
[38] 潘安岚．综合素质拓展训练[M]．北京：旅游教育出版社，2010．
[39] 林洁．职业形象塑造[M]．北京：中国水利水电出版社，2009．
[40] 阳旭，姜献生．高职学生职业道德与礼仪实训教程[M]．北京：科学出版社，2009．
[41] 陈龙海，李忠霖．职业心态训练[M]．北京：北京师范大学出版社，2008．
[42] 刘俊敏．态度决定成就[M]．北京：中国电力出版社，2012．
[43] 高春燕．敬业成就事业[M]．北京：中国电力出版社，2012．
[44] 金书娟．员工素质提升与职业能力塑造[M]．北京：中国言实出版社，2012．
[45] 杨宗华．责任胜于能力[M]．北京：石油工业出版社，2009．
[46] 郑玉宝．学习力就是竞争力[M]．北京：石油工业出版社，2012．
[47] 常小斌，张照．成功一定有方法，失败一定有原因[M]．北京：中国言实出版社，2013．
[48] 刘延兵．员工诚实守信教育读本[M]．北京：中国言实出版社，2011．
[49] 汪中求．细节决定成败[M]．北京：新华出版社，2005．
[50] 曹明．引导青少年关注细节的168个故事[M]．北京：北京教育出版社，2014．
[51] 谢苈．从故事中学会遵纪守法[M]．芜湖：安徽师范大学出版社，2012．
[52] 沈倩倩，张铭娟．激励青少年勇于创新的168个故事[M]．北京：北京教育出版社，2014．
[53] 赵文，郝慧敏．引导青少年人际合作的168个故事[M]．北京：北京教育出版社，2014．
[54] 徐飚．职业素养基础教程[M]．北京：电子工业出版社，2009．
[55] 崔钟雷．好思维，好方法，好未来[M]．长春：吉林出版集团有限责任公司，2010．
[56] 王真徽．细节决定成败[M]．北京：中国华侨出版社，2013．
[57] 李华宾，张丽芳．通用职业素养指导与训练[M]．北京：中国人民大学出版社，2015．
[58] 罗小秋．职场安全与健康[M]．北京：高等教育出版社，2014．
[59] 汪大海，黄才华．中职安全教育[M]．北京：北京师范大学出版社，2014．
[60] 金晶．职业核心能力养成训练[M]．北京：高等教育出版社，2013．

反侵权盗版声明

电子工业出版社依法对本作品享有专有出版权。任何未经权利人书面许可，复制、销售或通过信息网络传播本作品的行为；歪曲、篡改、剽窃本作品的行为，均违反《中华人民共和国著作权法》，其行为人应承担相应的民事责任和行政责任，构成犯罪的，将被依法追究刑事责任。

为了维护市场秩序，保护权利人的合法权益，我社将依法查处和打击侵权盗版的单位和个人。欢迎社会各界人士积极举报侵权盗版行为，本社将奖励举报有功人员，并保证举报人的信息不被泄露。

举报电话：（010）88254396；（010）88258888
传　　真：（010）88254397
E-mail：dbqq@phei.com.cn
通信地址：北京市万寿路173信箱
　　　　　电子工业出版社总编办公室
邮　　编：100036